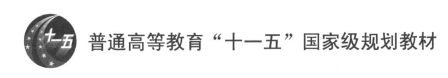

普通高等教育"十一五"国家级规划教材

高等应用型人才培养规划教材

Protel 99 SE 原理图与 PCB 设计教程

（第4版）

及 力 主编

王永成 高 敏 副主编

电子工业出版社

Publishing House of Electronics Industry

北京 · BEIJING

内 容 简 介

本书从实用角度出发，介绍了 Protel 99 SE 中的原理图与 PCB 设计方法，共分四部分。第一部分（第 1 章），主要介绍 Protel 99 SE 的界面、设计数据库结构、设计数据库内的文件操作等。第二部分（第 2 章～第 7 章），主要介绍各种电路原理图的编辑方法、元器件符号的绘制与管理、与原理图有关的各种报表的生成和原理图打印等。第三部分（第 8 章～第 12 章），主要介绍印制电路板的基本知识、印制电路板的自动布局与自动布线的原则与方法、印制电路板编辑器的常用编辑方法、元器件封装的绘制与管理、根据实际元器件确定封装参数，以及 PCB 各种报表的生成和电路板图的打印。第四部分（第 13 章），通过两个来自生产一线的设计实例，介绍了企业进行 PCB 设计的全过程，以及设计中应该考虑的因素和解决方法，这一章既是对前面各章的总结提高，也是 PCB 设计综合能力的体现。每章均附有大量练习，便于读者复习所学内容。

本书是作者根据多年教学实践，以实际产品为依托，按照教学规律所编写的，突出了以实例带教学的宗旨，语言简练，通俗易懂，实用性强，图文并茂，适合于边讲边练的教学过程，也便于读者自学。本书可作为应用型本科院校、高职院校相应课程的教材，也可供从事电路设计的人员参考。

图书在版编目（CIP）数据

Protel 99 SE 原理图与 PCB 设计教程/及力主编. —4 版. —北京：电子工业出版社，2018.7
高等应用型人才培养规划教材
ISBN 978-7-121-34348-3

Ⅰ. ①P… Ⅱ. ①及… Ⅲ. ①印刷电路－计算机辅助设计－应用软件－高等学校－教材 Ⅳ. ①TN410.2

中国版本图书馆 CIP 数据核字（2018）第 115545 号

策划编辑：薛华强（xuehq@phei.com.cn）
责任编辑：程超群 文字编辑：薛华强
印 刷：北京七彩京通数码快印有限公司
装 订：北京七彩京通数码快印有限公司
出版发行：电子工业出版社
　　　　　北京市海淀区万寿路 173 信箱 邮编：100036
开 本：787×1 092 1/16 印张：17 字数：468.4 千字
版 次：2004 年 1 月第 1 版
　　　　　2018 年 7 月第 4 版
印 次：2023 年 8 月第 9 次印刷
定 价：48.00 元

前 言

承蒙读者厚爱,本书进行了第4次改版。历经几年时间,PCB设计技术和教学水平都有很大发展,PCB设计已经成为应用型本科和职业院校有关专业学生必不可少的专业技能。

在PCB教学中,难点总是PCB部分,故本次改版,重点也是PCB部分。

本次改版,着重对以下章节进行了修改。

(1)在第8章图8.1常见元器件封装中增加了常见元器件封装所对应的实物。因为第8章是读者第一次接触PCB封装的内容,增加一些元器件封装所对应的实物照片,使读者更容易了解封装的概念。

(2)将原来的第9章与第10章内容对调,并对每章内容都做了修改。特别是第9章,增加了很多内容,从而可看出第9章是PCB设计的重点,修改后的第9章更加适应当前PCB设计的教学要求。

(3)第9章改为自动布局与自动布线,与上一版相比内容提前并加重。这是因为在PCB教学中自动布局与自动布线是非常重要的操作内容,而在各种电子大赛中自动布局与自动布线更是必不可少。在自动布线前,少不了要根据设计要求进行各种规则设置,修改后的第9章加强了这方面的内容介绍,使设计更为简便、准确。另外增加了手工调整的内容,以及在设计中可能用到的操作,使PCB设计过程更加完整,读者在学习了第9章后可以绘制一些简单的PCB图。

(4)第10章PCB编辑器常用编辑方法中介绍了一些常用的编辑方法,对第9章的内容是一个补充。

(5)第12章原来的练习是两个开放型题目,在绘制了给定的元件封装后,要求读者自行将其用到PCB设计中,对于初学者还是有一定难度。本次改版将其改为只单纯绘制元件封装,目的是熟悉元件封装的绘制方法。增加了一个从原理图到PCB封装绘制再到PCB板图设计的练习。元件封装绘制有实物图片也有封装图形和参数要求,PCB设计要求明确,便于读者进行练习。

改版后的教材仍然秉承以实例带教学、循序渐进、由浅入深的原则,内容翔实,操作步骤明确,便于读者学习。

本书第1章、第11章由王永成编写,第3章、第4章由高敏编写,其余各章由及力编写,及力统编全稿,路广健提供了书中PCB设计的全部实例素材。参与编写的还有李荣治、李志菁、孙小红、罗慧欣、钱国梁、陈姣姣。

为与软件中的内容一致,本书中将原理图元、器件符号如电阻、电容、三极管、集成电路符号等统称为原理图元件符号(Sch元件符号),简称元件符号。

为使操作简单，本书使用的都是软件本身提供的元件符号，有些可能与国标不符，特请读者注意。由于 Protel 软件不支持全角符号，因此电路图中电阻的单位不写 Ω，电容单位中的 μ 用小写的 u 代替。

在修订过程中，电子工业出版社的薛华强编辑给予了多方面支持，并提出很多建设性意见，在此表示由衷感谢！

编　者
2018.4

目 录

CONTENTS

第1章 Protel 99 SE 使用基础 ·············· 1

1.1 Protel 99 SE 简介 ·················· 1

1.2 Protel 99 SE 使用基础 ············· 1

  1.2.1 设计数据库文件的建立 ······· 1

  1.2.2 设计数据库文件结构 ········· 4

  1.2.3 设计数据库文件的打开

       与关闭 ··················· 4

  1.2.4 设计数据库文件界面介绍 ····· 5

  1.2.5 设计数据库中的文件管理 ····· 7

  1.2.6 窗口管理 ················· 12

本章小结 ························· 14

练习 ···························· 14

第2章 电路原理图设计基础 ············· 15

2.1 电路原理图的设计步骤 ············ 15

  2.1.1 印制电路板设计的一般步骤 ··· 15

  2.1.2 电路原理图设计的一般步骤 ··· 15

2.2 图纸设置 ····················· 16

  2.2.1 Document Options 对话框 ··· 16

  2.2.2 图纸的大小与形状 ········· 18

  2.2.3 图纸的网格 ·············· 19

  2.2.4 图纸颜色 ················ 20

  2.2.5 图纸边框 ················ 20

  2.2.6 图纸标题栏 ·············· 21

2.3 光标设置 ····················· 24

2.4 设置对象的系统显示字体 ·········· 25

2.5 设置对话框字体 ················ 25

本章小结 ························· 26

练习 ···························· 26

第3章 电路原理图设计 ················· 27

3.1 原理图编辑器界面介绍 ············ 27

  3.1.1 主菜单 ·················· 27

  3.1.2 主工具栏 ················ 28

  3.1.3 活动工具栏 ·············· 29

  3.1.4 画面显示状态调整 ········· 30

3.2 加载原理图元件库 ··············· 32

  3.2.1 原理图元件库简介 ········· 32

  3.2.2 加载原理图元件库方法 ····· 32

  3.2.3 浏览元件库 ·············· 33

3.3 绘制第一张电路原理图 ············ 34

  3.3.1 放置元件 ················ 34

  3.3.2 绘制导线 ················ 37

  3.3.3 放置电源和接地符号 ······· 38

  3.3.4 复合式元件的放置 ········· 39

3.4 元件及其标号等的属性编辑 ········ 40

  3.4.1 元件的属性编辑 ··········· 41

  3.4.2 元件标号的属性编辑 ······· 42

  3.4.3 元件标注的属性编辑 ······· 43

3.5 使用电路绘图工具 ··············· 43

  3.5.1 绘制导线 ················ 44

  3.5.2 绘制总线 ················ 45

  3.5.3 绘制总线分支线 ··········· 45

  3.5.4 放置网络标号 ············ 46

  3.5.5 放置电路节点 ············ 48

  3.5.6 放置端口 ················ 49

3.6 浏览原理图 ·················· 50

3.7 电路的 ERC 检查 ·············· 52

本章小结 ····················· 54

练习 ······················· 55

第 4 章　高级绘图 ·············· 60

4.1 一般绘图工具介绍 ············· 60

4.1.1 画直线 ················ 60

4.1.2 放置说明文字 ············ 61

4.1.3 放置文本框 ············· 62

4.1.4 绘制矩形和圆角矩形 ······· 63

4.1.5 绘制多边形 ············ 64

4.1.6 绘制椭圆弧线 ··········· 64

4.1.7 绘制椭圆图形 ··········· 65

4.1.8 绘制扇形 ············· 65

4.1.9 绘制曲线 ············· 66

4.1.10 插入图片 ············· 66

4.2 对象的选择、复制、剪切、

粘贴、移动和删除 ··········· 67

4.2.1 对象的聚焦与选择 ········ 67

4.2.2 对象的复制、剪切、粘贴 ···· 68

4.2.3 对象的移动与拖曳 ········ 69

4.2.4 对象叠放次序 ··········· 70

4.2.5 删除对象 ············· 71

4.3 对象的排列和对齐 ············· 71

4.4 字符串查找与替换 ············· 73

4.4.1 字符串查找 ············ 73

4.4.2 字符串替换 ············ 74

4.4.3 元件编号 ············· 75

本章小结 ····················· 75

练习 ······················· 75

第 5 章　层次原理图 ·············· 76

5.1 层次原理图结构 ·············· 76

5.2 不同层次电路文件之间的切换 ······ 76

5.2.1 利用项目导航树进行切换 ······ 77

5.2.2 利用导航按钮或命令

进行切换 ············· 77

5.3 自顶向下的层次原理图设计 ········ 78

5.3.1 设计主电路图 ············ 78

5.3.2 设计子电路图 ············ 80

5.4 自底向上的层次原理图设计 ········ 81

5.4.1 建立子电路图文件 ········· 81

5.4.2 根据子电路图产生方块

电路图 ··············· 81

本章小结 ····················· 82

练习 ······················· 83

第 6 章　报表文件生成和原理图打印 ····· 85

6.1 生成网络表 ················· 85

6.1.1 网络表的作用 ············ 85

6.1.2 网络表的格式 ············ 85

6.1.3 产生网络表 ············· 86

6.2 生成元件引脚列表 ············· 87

6.3 生成元件清单 ··············· 87

6.4 生成交叉参考元件列表 ·········· 89

6.5 生成层次项目组织列表 ·········· 89

6.6 产生网络比较表 ·············· 90

6.7 原理图打印 ················· 91

本章小结 ····················· 92

练习 ······················· 93

第 7 章　原理图元件库编辑 ·········· 94

7.1 新建原理图元件库文件 ·········· 94

7.2 打开原理图元件库 ············· 95

7.3 原理图元件库编辑器界面介绍 ······ 95

7.4 创建新的原理图元件符号 ········· 96

7.4.1 元件绘制工具 ············ 96

7.4.2 IEEE 符号说明 ··········· 97

7.4.3 绘制一个新的元件符号 ······· 98

7.4.4 根据已有元件绘制自己的

新元件符号 ············ 101

7.4.5 绘制复合元件中的

不同单元 ············· 103

7.4.6 在原理图中使用自己绘制的

元件符号 ············· 104

7.4.7 查找元件符号 ··········· 105

7.5 原理图元件库管理工具 ·········· 106

本章小结 ······ 107

练习 ······ 108

第 8 章　PCB 设计基础 ······ 110

8.1　印制电路板基础 ······ 110

　8.1.1　印制电路板的结构 ······ 110

　8.1.2　元件的封装 ······ 111

　8.1.3　焊盘与过孔 ······ 113

　8.1.4　铜膜导线 ······ 113

　8.1.5　安全间距 ······ 114

　8.1.6　PCB 设计流程 ······ 114

8.2　PCB 编辑器 ······ 114

　8.2.1　PCB 编辑器的启动与退出 ······ 115

　8.2.2　PCB 编辑器的画面管理 ······ 116

8.3　电路板的工作层 ······ 119

　8.3.1　工作层的类型 ······ 119

　8.3.2　工作层的设置 ······ 120

　8.3.3　工作层的打开与关闭 ······ 122

8.4　设置 PCB 工作参数 ······ 123

　8.4.1　Options 选项卡的设置 ······ 124

　8.4.2　Display 选项卡的设置 ······ 125

　8.4.3　Colors 选项卡的设置 ······ 126

　8.4.4　Show/ Hide 选项卡的设置 ······ 127

　8.4.5　Defaults 选项卡的设置 ······ 128

　8.4.6　Signal Integrity 选项卡的
　　　　　设置 ······ 128

8.5　PCB 中的定位 ······ 129

　8.5.1　使用 PCB MiniViewer 定位 ······ 129

　8.5.2　手动移动图纸 ······ 130

　8.5.3　跳转到指定位置 ······ 130

　8.5.4　PCB 管理器中 Browse PCB
　　　　　选项卡的功能 ······ 131

本章小结 ······ 132

练习 ······ 133

第 9 章　自动布局与自动布线 ······ 134

9.1　印制电路板图设计流程 ······ 134

9.2　自动布局与自动布线基本步骤 ······ 135

　9.2.1　准备原理图 ······ 135

　9.2.2　规划印制电路板 ······ 136

　9.2.3　绘制电路板轮廓 ······ 136

　9.2.4　导入数据 ······ 142

　9.2.5　元器件自动布局 ······ 144

　9.2.6　手工调整布局 ······ 144

　9.2.7　自动布线规则 ······ 145

　9.2.8　自动布线 ······ 149

　9.2.9　拆线 ······ 151

9.3　布线前的其他设置 ······ 152

　9.3.1　安全间距、网络线宽设置 ······ 153

　9.3.2　指定网络工作层、指定元件
　　　　　位置和工作层 ······ 157

9.4　原理图与印制电路板图一致性 ······ 164

　9.4.1　将 PCB 图中的改变更新到
　　　　　原理图 ······ 164

　9.4.2　将原理图中的改变更新到
　　　　　PCB 图 ······ 165

　9.4.3　原理图与印制电路板图
　　　　　一致性检查 ······ 165

9.5　创建当前 PCB 文件的封装库 ······ 167

9.6　在 PCB 文件中快速查找有关内容 ······ 168

9.7　单面板、多层板设置 ······ 169

　9.7.1　单面板设置 ······ 169

　9.7.2　多层板设置 ······ 170

9.8　印制电路板图的单层显示 ······ 174

本章小结 ······ 177

练习 ······ 177

第 10 章　PCB 编辑器常用编辑方法 ······ 180

10.1　放置对象 ······ 180

　10.1.1　放置元件封装 ······ 180

　10.1.2　放置焊盘 ······ 181

　10.1.3　放置螺丝孔 ······ 183

　10.1.4　放置过孔 ······ 184

　10.1.5　放置铜膜导线 ······ 185

　10.1.6　放置连线 ······ 187

　10.1.7　放置字符串 ······ 188

　10.1.8　放置矩形填充 ······ 191

　10.1.9　放置多边形平面填充 ······ 192

10.1.10 放置位置标注 ……………… 194

10.1.11 放置尺寸标注 ……………… 195

10.1.12 放置圆弧 …………………… 196

10.1.13 补泪滴操作 ………………… 197

10.2 对象的复制、粘贴、删除、

排列、旋转等 …………………… 198

10.2.1 对象的复制、粘贴和删除 …… 199

10.2.2 对象的排列 ………………… 201

10.2.3 对象的旋转 ………………… 201

本章小结 ………………………………… 202

练习 ……………………………………… 202

第 11 章 报表的生成与 PCB 文件

的打印 ……………………………… 203

11.1 生成选取引脚报表 ……………… 203

11.2 生成电路板信息报表 …………… 204

11.3 生成网络状态报表 ……………… 206

11.4 生成设计层次报表 ……………… 207

11.5 生成 NC 钻孔报表 ……………… 207

11.6 生成元件报表 …………………… 209

11.7 生成信号完整性报表 …………… 210

11.8 生成插件表报表 ………………… 211

11.9 距离测量报表 …………………… 212

11.10 对象距离测量报表 ……………… 212

11.11 打印电路板图 …………………… 213

11.11.1 打印机的设置 ……………… 213

11.11.2 设置打印模式 ……………… 214

11.11.3 打印输出 …………………… 215

本章小结 ………………………………… 216

练习 ……………………………………… 216

第 12 章 PCB 元器件封装库 ………… 217

12.1 创建 PCB 元器件封装 …………… 217

12.1.1 手工绘制 PCB 元器件

封装 …………………………… 217

12.1.2 利用向导绘制 PCB 元器件

封装 …………………………… 221

12.1.3 根据实际元件绘制封装

实例 …………………………… 223

12.1.4 使用自己绘制的元器件

封装 …………………………… 226

12.2 PCB 封装库文件常用命令介绍 …… 227

12.2.1 浏览元件封装 ……………… 227

12.2.2 删除元器件封装符号 ……… 227

12.2.3 放置元器件封装符号 ……… 227

本章小结 ………………………………… 228

练习 ……………………………………… 228

第 13 章 PCB 板图设计实例 ………… 230

13.1 印制电路板设计技巧 …………… 230

13.1.1 设计布局 …………………… 230

13.1.2 布线规则 …………………… 231

13.1.3 接地线布线规则 …………… 231

13.2 单面印制电路板设计实例 ……… 232

13.2.1 绘制原理图元器件符号 …… 232

13.2.2 确定并绘制元器件

封装符号 ……………………… 233

13.2.3 绘制原理图 ………………… 239

13.2.4 绘制单面印制电路板图 …… 239

13.2.5 原理图与 PCB 图的一致性

检查 …………………………… 245

13.3 双面印制电路板设计实例 ……… 246

13.3.1 绘制原理图元器件符号 …… 248

13.3.2 确定并绘制元器件

封装符号 ……………………… 251

13.3.3 绘制原理图与创建网络表 … 254

13.3.4 绘制双面印制电路板图 …… 254

13.3.5 印制电路板图的单层显示 … 259

13.3.6 创建项目元件封装库 ……… 260

本章小结 ………………………………… 260

附录 A 常用元件符号的元件名与所在

元件库 ……………………………… 261

参考文献 ……………………………… 264

第 1 章

Protel 99 SE 使用基础

▥➤ 1.1 Protel 99 SE 简介

Protel 99 SE 是由 Protel 99 版本发展而来的，是基于 Windows 环境下使用的 EDA 软件，主要包括以下几个模块。

- 电路原理图（Schematic）设计模块。该模块主要包括设计原理图的原理图编辑器，用于修改、生成元件符号的元件库编辑器以及各种报表的生成器。
- 印制电路板（PCB）设计模块。该模块主要包括用于设计电路板图的 PCB 编辑器，用于 PCB 自动布线的 Route 模块。用于修改、生成元件封装的元件封装库编辑器以及各种报表的生成器。
- 可编程逻辑器件（PLD）设计模块。该模块主要包括具有语法意识的文本编辑器、用于编译和仿真设计结果的 PLD 模块。
- 电路仿真（Simulate）模块。该模块主要包括一个功能强大的数/模混合信号电路仿真器，能提供连续的模拟信号和离散的数字信号仿真。

▥➤ 1.2 Protel 99 SE 使用基础

Protel 99 SE 是以设计数据库的形式来保存设计过程中的所有信息的。
设计数据库文件的扩展名为.ddb。

1.2.1 设计数据库文件的建立

双击桌面上的 Protel 99 SE 快捷图标，或按图 1.1 所示步骤即可启动 Protel 99 SE，进入设计环境，如图 1.2 所示。

图 1.1 启动 Protel 99 SE 步骤

在设计环境中，执行菜单命令 File | New，系统将弹出如图 1.3 所示的"New Design Database（新建设计数据库）"对话框。

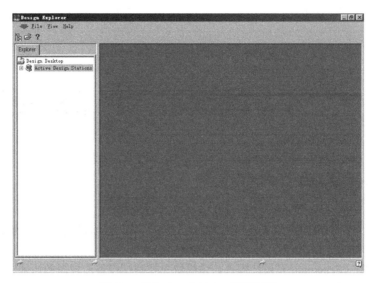

图 1.2　进入 Protel 99 SE 设计环境

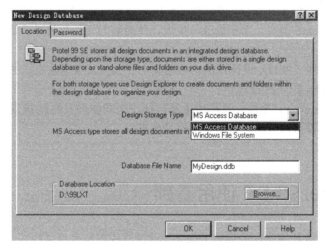

图 1.3　"New Design Database（新建设计数据库）"对话框

"New Design Database"对话框的设置内容如下。

1．Design Storage Type（设计保存类型）

鼠标左键单击 Design Storage Type 右侧的下拉列表框按钮，可以选择两个类型选项，其功能介绍如下。

（1）MS Access Database：设计过程中的全部文件都存储在单一的数据库中，即所有的原理图、PCB 文件、网络表、报表文件等都存在一个.ddb 文件中，在资源管理器中只能看到唯一的.ddb 文件。

（2）Windows File System：在对话框底部指定的硬盘位置建立一个设计数据库的文件夹，所有文件被保存在文件夹中。可以直接在资源管理器中对数据库中的设计文件（如原理图、PCB 文件等）进行复制、粘贴等操作。这种设计数据库的存储类型，可以在硬盘上方便地对数据库内部的文件进行操作，但不支持 Design Team（设计组）特性。

系统在默认状态下，选择 MS Access Database 类型，此时在如图 1.3 所示的对话框中有 Location 和 Password 两个选项卡；如果设计者选择 Windows File System 类型，则没有 Password 选项卡。

注：本书所有内容均对应于 MS Access Database 类型的设计数据库。

2．Database File Name（数据库文件名）

在 Database File Name 右侧的文本框中输入设计数据库的文件名。在未输入名称前，系统给出的默认名为 MyDesign.ddb。

3．Database Location（保存数据库文件的路径）

在 Database Location 区域中，显示出保存该设计数据库的默认路径。如果要改变默认的路径，单击"Browse"按钮，弹出如图 1.4 所示的"Save As（保存文件）"对话框。单击"保存在"下拉列表框按钮来选择路径；在"文件名"文本框中输入设计数据库的名称；最后单击"保存"按钮，返回如图 1.3 所示对话框。

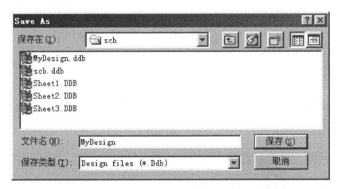

图 1.4 "Save As（保存文件）"对话框

如果不需要设立密码，单击图 1.3 中的"OK"按钮，一个设计数据库文件就建立了，如图 1.5 所示。

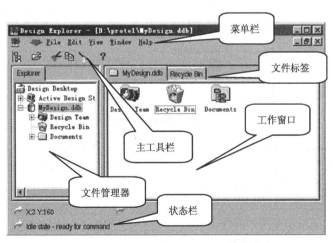

图 1.5 设计数据库设计环境

4．为设计数据库文件设立密码

在图 1.3 中单击 Password 选项卡，如图 1.6 所示。选择"Yes"单选框，可在"Password"文本框中输入所设置的密码，然后在"Confirm Password（确认密码）"文本框中再次输入设置的密码，最后，单击"OK"按钮，完成设计数据库文件设置密码的操作。

练一练：新建一个设计数据库，选择 MS Access Database 保存类型，名称为 LX.ddb，并设置密码。

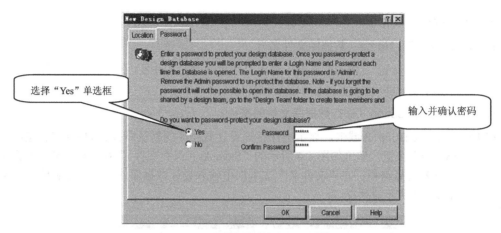

图 1.6　设计数据库文件的密码设置

1.2.2　设计数据库文件结构

新设计数据库在创建之后，同时被创建的还有一个设计组文件夹、回收站和一个 Documents 文件夹，如图 1.7 所示。

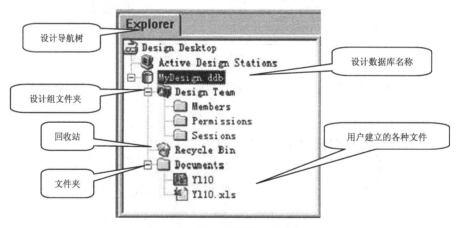

图 1.7　设计数据库文件结构

设计组文件夹 Design Team 用于存放权限数据，包括三个文件夹：其中 Members 文件夹包含能够访问该设计数据库的所有成员列表；Permissions 文件夹包含各成员的权限列表；Sessions 文件夹负责设计数据库的网络管理，包含处于打开状态的属于该设计数据库的文档或者文件夹的窗口名称列表。

设计组文件夹主要用于多用户操作。

回收站 Recycle Bin 用于存放临时删除的文档。

Documents 文件夹一般用于存放用户建立的文件夹和各种文档。

1.2.3　设计数据库文件的打开与关闭

1．设计数据库文件的打开

打开已经存在的设计数据库，其操作步骤如下。

（1）在 Protel 99 SE 的设计环境下，执行菜单命令 File | Open，或单击主工具栏的 ⬏ 按钮。对于最近打开过的设计数据库文件，也可以在 File 菜单项下面的文件名列表中直接选择文件名。

（2）执行命令后，系统弹出"Open Design Database（打开设计数据库）"对话框，如图 1.8 所示。利用"搜寻"下拉列表框来确定设计数据库的所在路径；然后在文件列表框中选取要打开的文件名称，最后单击"打开"按钮。

如果该设计数据库没有设置密码，在单击"打开"按钮后，系统直接打开该设计数据库文件。

（3）如果对设计数据库设置了密码，则系统弹出如图 1.9 所示的对话框，输入用户名和用户密码。在"Name"文本框中输入 admin（系统管理员），在"Password"文本框中输入密码，则该设计数据库文件被打开。打开设计数据库后的设计环境如图 1.5 所示。

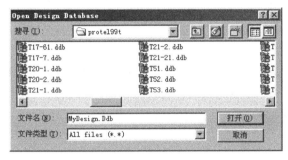
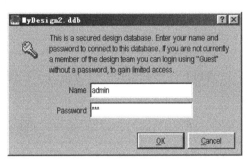

图 1.8　打开设计数据库　　　　　　　　图 1.9　输入用户名和密码

2．设计数据库文件的关闭

第一种方法：执行菜单命令 File | Close Design，即可关闭当前打开的设计数据库文件。

第二种方法：在工作窗口的设计数据库文件名标签（如 MyDesign.ddb）上单击鼠标右键，在弹出的快捷菜单中选择 Close。

注：Protel 99 SE 在打开设计数据库时会自动回到上一次关闭时的状态，因此最好先将设计数据库中所有已打开的文件或文件夹关闭，再关闭设计数据库。

练一练：关闭 1.2.1 节"练一练"中新建的设计数据库文件 LX.ddb 后，再打开。

1.2.4　设计数据库文件界面介绍

建立或打开一个设计数据库的界面如图 1.5 所示。它包括标题栏、菜单栏、工具栏、文件管理器、工作窗口和状态栏，标题栏在本处不进行介绍，其他各项所包含的内容分别如下。

1．菜单栏

菜单栏只有五项，包括 File、Edit、View、Window 和 Help 菜单。

（1）File 菜单：如图 1.10 所示。主要命令包括文件或设计数据库的新建、打开、关闭和保存；文件的导入、导出、链接、查找和查看属性等。我们将在后面对主要功能进行详细介绍。

（2）Edit 菜单：如图 1.11 所示。主要命令包括对文件的剪切、复制、粘贴、删除和重命名等操作。

（3）View 菜单：如图 1.12 所示。其中 Design Manager、Status Bar、Command Status 和 Toolbar 命令分别用于打开和关闭文件管理器、状态栏、命令栏和工具栏。在命令前有"√"表示已经打开。中间四个命令用于改变文件夹中文件显示的方式。Refresh 为刷新命令。

（4）Window 菜单：如图 1.13 所示。这些命令主要用于工作窗口的管理，我们将在后面对主要功能进行详细介绍。

（5）Help 菜单：主要用于打开系统提供的帮助文件。

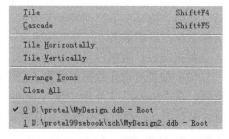

图 1.10　File 菜单　　图 1.11　Edit 菜单　　图 1.12　View 菜单　　　　图 1.13　Window 菜单

2．工具栏

在没有打开任何应用文件时，工具栏提供的工具按钮仅有六个，如图 1.14 所示，其功能如表 1.1 所示。

图 1.14　工具栏

表 1.1　工具栏各种工具的功能

工 具 图 标	对应菜单命令	功　　能
	View|Design Manager	打开或关闭文件管理器
	File|Open	打开设计数据库文件
	Edit|Cut	剪切文件
	Edit|Copy	复制文件
	Edit|Paste	粘贴文件
	Help|Contents	打开帮助内容

3．文件管理器

如图 1.15 所示。从图中可以看出，文件管理器不仅显示设计数据库中所有文件和文件夹，而且还将这些文件之间的关系以树形方式表示出来。单击文件管理器中的某个文件，可以打开该文件，并将其内容在工作窗口显示出来。

注：目录树也可称为设计导航树。

图 1.15　文件管理器

4．工作窗口

打开设计数据库文件后，会在设计环境窗口的右边打开一个对应的工作窗口，在工作窗口内进行文件操作或文件编辑操作。工作窗口大致分为文件类型工作窗口和编辑类型窗口。如图 1.16 所示窗口是文件类型工作窗口（文件类型窗口也称为视图窗口），显示已打开的设计数据库下的文件及文件夹。如图1.17 所示窗口是编辑类型工作窗口，显示已打开的某 PCB 文件的内容。

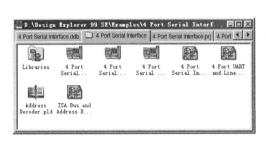

图 1.16 文件类型工作窗口

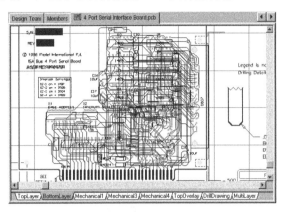

图 1.17 编辑类型工作窗口

5．状态栏

如图 1.18 所示。系统提供两种状态栏，分别称为状态栏和命令栏。状态栏用来显示当前光标的坐标位置；命令栏显示当前正在执行的命令名称及其状态。

以上我们讲解了打开设计数据库文件时的界面。当打开设计数据库下的某个应用文件时，如 Sch 文件或 PCB 文件，其呈现在我们面前的界面会有所变化，如菜单项和工具栏的工具按钮会增多，我们将在后面章节中陆续介绍。

图 1.18 状态栏

1.2.5 设计数据库中的文件管理

在建立设计数据库后，相应的应用文件并没有建立，如原理图设计文件、印制电路板图设计文件等。要想使用 Protel 99 SE 的相应功能模块，必须在该设计数据库下，建立相应的设计文件。

1．新建文件或文件夹

（1）新建文件或文件夹的操作步骤。下面，我们在一个新建的设计数据库文件下建立文件或文件夹，操作步骤如下。

① 打开相应的设计数据库文件，如图 1.5 所示。

② 在图 1.5 中左边的文件管理器窗口内，用鼠标左键单击设计数据库文件名前的"+"，或双击该设计数据库文件名展开目录树，可以看到在目录树中包括 Design Team、Recycle Bin（回收站）和 Documents 文件夹。

③ 在文件管理器中用鼠标左键单击 Documents 文件夹，使其在工作窗口打开，若发现里面是空的，说明没有建立任何文件（Documents 文件夹名称前既无"+"也无"−"，就说明该文件夹下无任何文件）。

④ 在工作窗口空白处单击鼠标右键，在弹出的快捷菜单中选择 New，或执行菜单命令File|New，弹出如图 1.19 所示的"New Document（新建文件）"对话框。在该对话框中选择对

应的文件类型图标后（各种图标的含义见表 1.2），单击"OK"按钮，即在 Documents 文件夹下建立了新的文件或文件夹。

注：也可以在该设计数据库下的其他地方建立文件或文件夹。

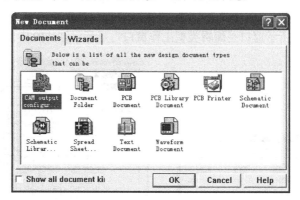

图 1.19　"New Document（新建文件）"对话框

（2）文件类型。如图 1.19 所示的文件类型图标共有十个，代表了不同的文件类型。表 1.2 中给出了各图标所代表的文件类型。

表 1.2　新建文件类型

图　标	文 件 类 型	图　标	文 件 类 型
CAM output configura...	生成 CAM 制造输出配置文件	Schematic Document	原理图文件
Document Folder	文件夹	Schematic Librar...	原理图元件库文件
PCB Document	PCB 文件	Spread Sheet Document	表格文件
PCB Library Document	PCB 元件封装库文件	Text Document	文本文件
PCB Printer	PCB 打印文件	Waveform Document	波形文件

练一练： 在一个设计数据库下，新建一个文件夹，并在该文件夹下，分别创建原理图和 PCB 文件，所有名称均采用系统默认名。

2．文件或文件夹重命名

在新建一个文件或文件夹时，系统将自动生成文件名或文件夹名。例如，新建原理图文件时，系统将自动命名为 Sheet1.Sch、Sheet2.Sch 等；新建 PCB 文件时，系统将自动命名 PCB1.PCB、PCB2.PCB 等。一般来说，最好给文件或文件夹起一个有具体含义且比较容易记忆的名字。

对文件或文件夹重命名有两种方法。

第一种方法：在新建文件或文件夹时，直接命名，不采用系统默认的名字。

第二种方法：将光标移到要重命名的文件或文件夹图标上，单击鼠标右键，在弹出的快捷菜单中选择 Rename 选项。此时，图标下的文件名变成了编辑状态，再输入新的名字即可。

练一练： 将上面新建的文件夹和两个文件分别重命名为 FDDL、YLT.Sch 和 DLB.PCB。

3．打开与关闭文件或文件夹

（1）打开文件或文件夹的方法。用鼠标左键单击文件管理器窗口导航树中的文件或文件夹图标，或在右边的工作窗口双击文件或文件夹图标，即可打开它们。打开的文件或文件夹以标签的形式显示在工作窗口中，并成为当前的活动窗口。如图1.20所示，已打开的文件或文件夹以层的结构按打开顺序排列，其中 YLT.Sch 文件是当前的活动窗口。

（2）关闭文件或文件夹的方法。第一种方法：执行菜单命令 File | Close，可将打开的文件或文件夹关闭，同时文件标签也消失。如果文件在打开后已经被修改，系统会弹出一个"Confirm（确认）"对话框用于确认，如图1.21所示，询问是否在关闭文件之前先保存。选择"Yes"按钮，为保存文件；选择"No"按钮，为不保存而直接关闭该文件。

图1.20　文件标签　　　　　　图1.21　"Confirm（确认）"对话框

第二种方法：将光标移到工作窗口中要关闭的文件标签上，单击鼠标右键，弹出如图1.22所示的快捷菜单，选择 Close 选项即可关闭已打开的文件或文件夹。

第三种方法：在文件管理器中，将光标移到已打开的文件或文件夹图标上，单击鼠标右键，在弹出的快捷菜单中，选择 Close 选项，可将该文件或文件夹关闭。

练一练：在工作窗口或文件管理器，练习打开与关闭文件或文件夹的操作。

4．保存文件

当完成原理图或印制电路板图等各种文件的内容编辑后，必须将各种文件的内容及时保存在所在的设计数据库文件内。系统提供的保存文件的方法有如下三种。

第一种方法：执行菜单命令 File | Save，或单击工具栏的 🖫 按钮，可保存当前打开的文件。

第二种方法：执行菜单命令 File | Save Copy As（另存为），其功能是将当前打开的文件重命名并保存为另一个新文件。系统弹出一个"Save Copy As"对话框，如图1.23所示，在"Name"文本框中输入新的文件名，当前图中"Name"文本框中的名字为系统默认名；在"Format"下拉列表框中，选择文件的格式。最后单击"OK"按钮完成保存操作。

第三种方法：执行菜单命令 File | Save All，将保存当前打开的所有文件。

图1.22　快捷菜单　　　　　　图1.23　"Save Copy As"对话框

练一练：练习三种保存文件的操作，并比较它们之间的区别。

5．导出文件或文件夹

从前面所讲述的知识来看，Protel 99 SE 将所有的文件或文件夹都保存在一个设计数据库文件中，该设计数据库保存在磁盘上的只是一个扩展名为.ddb 的文件，而该设计数据库中的其他文件或文件夹在磁盘上是看不见文件名的。系统提供了文件或文件夹的导出命令，将设计数据库中内的文件或文件夹复制输出，生成独立于该设计数据库的文件或文件夹，以便于将文件移到另外的计算机上进行编辑。

操作步骤如下。

（1）在工作窗口中，将光标移到要导出的文件图标上，单击鼠标右键，弹出如图 1.24 所示的快捷菜单。

（2）在弹出的快捷菜单中选择 Export 选项。

（3）在随后弹出的导出文件对话框中，设定导出文件的路径及导出后的文件名，最后单击"保存"按钮，完成导出操作。导出后，到指定的路径下，查看导出的文件，此时会发现导出后文件的容量要比该文件所在的设计数据库文件的容量小得多，这也是为什么要导出文件的主要原因。

另外，用鼠标左键单击要导出的文件或文件夹图标，然后执行菜单命令 File | Export；或在文件管理器下，将光标移到要导出的文件或文件夹上，单击鼠标右键，在弹出的快捷菜单中选择 Export 选项，均可完成导出操作。

练一练：将系统所带例题 Z80 microprocessor.ddb 设计数据库文件中的 cpu clock.Sch 和 memory.Sch 文件导出到 D:\自己建的文件夹下（Z80 microprocessor.ddb 设计数据库文件的存放路径为 C:\Program Files\Design Explorer 99 SE\Examples）。

6．导入文件或文件夹

Protel 99 SE 系统不仅支持文件和文件夹的导出，同时还支持文件和文件夹的导入操作。其功能是将位于某个设计数据库文件之外的文件或文件夹，复制输入到该设计数据库文件中。一般来说，任何文件均可导入进来，但有些文件的格式是 Protel 99 SE 系统无法识别打开的。

导入文件或文件夹的操作步骤如下：

（1）在设计数据库中，先选择需要导入文件的目标文件夹（打开该文件夹即可），然后在工作窗口的空白处单击鼠标右键，弹出如图 1.25 所示的快捷菜单。

图 1.24　快捷菜单　　　　　　　　　　图 1.25　在空白处单击鼠标右键弹出快捷菜单

（2）选择 Import 选项，在弹出的导入文件对话框中，确定要导入文件的路径和名称，最后单击"打开"按钮，完成导入文件的操作。如选择 Import Folder 选项，则完成导入文件夹的操作。

另外，执行菜单命令 File | Import，也可完成文件的导入操作。

练一练：新建一个设计数据库 MyDesign1.ddb，将刚才导出的两个文件 cpu clock.Sch 和 memory.Sch 导入到该设计数据库中的 Documents 文件夹下。

7．链接文件

Protel 99 SE 提供了链接文件的功能，可将外部的文件与设计数据库链接起来。链接文件与导入文件的不同之处在于，链接文件只是在设计数据库中建立了该文件的快捷方式，所链接的文件仍保留在原路径下；而导入文件则将要导入的文件复制一份保存到设计数据库中。链接文件的操作步骤如下。

（1）在设计数据库文件中，执行菜单命令 File | Link Document，或在工作窗口的空白处，单

击鼠标右键，在弹出的快捷菜单中选择 Link 选项。

（2）系统弹出"Link Document（链接文件）"对话框。确定所要链接文件的路径及名称后，单击"打开"按钮，完成链接文件的操作。此时在目标文件夹下，多出一个虚化的文件快捷方式图标。

练一练：在以上练习所建的 MyDesign1.ddb 文件中，链接一个文本文件，并观察链接文件的图标。

8．文件或文件夹的剪切、复制与粘贴

利用系统提供的文件或文件夹的剪切、复制和粘贴功能，可以很方便地在不同设计数据库下或单个设计数据库的不同文件夹下，实现文件或文件夹的复制和移动操作。

（1）复制文件或文件夹。

① 将光标移到要复制的文件或文件夹图标上，单击鼠标右键，弹出如图 1.24 所示的快捷菜单。选择 Copy 选项，则该文件或文件夹进入剪贴板中。

② 先选择要复制的目标文件夹，然后将光标移到工作窗口的空白处，单击鼠标右键，弹出快捷菜单。

③ 如选择 Paste 选项，则将剪贴板中的内容复制到目的文件夹中，并在工作窗口中显示出来。如选择 PasteShortcut 选项，那么剪贴板中的内容仅以快捷方式复制过来。

（2）移动文件或文件夹。

① 将光标移到要移动的文件或文件夹图标上，单击鼠标右键，弹出如图 1.24 所示的快捷菜单，选择 Cut 选项，则该文件夹或文件进入剪贴板中。

② 选择移动的目的文件夹，然后将光标移到工作窗口的空白处，单击鼠标右键，在弹出的快捷菜单中选择 Paste 选项，完成文件或文件夹的移动操作，并在工作窗口中显示出来。

练一练：在设计数据库 MyDesign1.ddb 下，新建一个文件夹 FDDL。然后将 Documents 文件夹中的一个文件复制到 FDDL 中；另一个文件移到 FDDL 中。

9．删除文件或文件夹

Protel 99 SE 为每个设计数据库建立了一个回收站（Recycle Bin），它提供了与 Windows 下回收站相似的功能，系统可将删除的文档发送到回收站，而不是永久删除。

（1）将文档放入设计数据库回收站。

① 关闭要删除的文件或文件夹。

② 将光标移到要删除的文件或文件夹图标上，单击鼠标右键，弹出如图 1.24 所示的快捷菜单。

③ 选择 Delete 选项，系统将弹出"Confirm"对话框，询问是否确认将该文件放入回收站，单击"Yes"按钮，则将文档放入设计数据库回收站。

（2）彻底删除文档。

① 关闭要删除的文件或文件夹。

② 在工作窗口选中文件或文件夹。（用鼠标左键单击文件名即可）

③ 按 Shift+Delete 组合键，系统弹出"Confirm"对话框，询问是否确认删除该文件，单击"Yes"按钮即删除。

（3）恢复文档。

对于放入回收站的文件，系统可以将其恢复。

① 在工作窗口打开回收站。

② 在要恢复的文件图标上单击鼠标右键，在弹出的快捷菜单中选择 Restore 选项，或选中该文件名执行菜单命令 File | Restore，则将该文件恢复到原路径下。

（4）清空回收站。

① 在工作窗口打开回收站。

② 在空白处单击鼠标右键，在弹出的快捷菜单中选择 Empty Recycle Bin 选项，即可删除回收站中的所有内容。

练一练：在设计数据库 MyDesign1.ddb 中，将文件夹 FDDL 下的文件全部删除。然后进入回收站，将其中一个文件彻底删除，另一个文件还原。

1.2.6 窗口管理

当建立或打开一个设计数据库时，系统就为其分配一个工作窗口。打开设计数据库中的文件或文件夹后，工作窗口中会出现相应的图标，并以标签形式在工作窗口的上部显示出来，如图 1.20 所示。

1. 多设计数据库的窗口管理

以打开两个设计数据库为例，单击菜单栏中的 Window 选项，在下拉菜单项中列出了对打开多个设计数据库进行窗口管理的命令，如图 1.13 所示。各命令的功能如下。

（1）Tile 命令：将打开的各设计数据库工作窗口以平铺方式显示。平铺方式分 Tile Horizontally（水平平铺）和 Tile Vertically（垂直平铺）两种形式，执行相应的命令即可。效果如图 1.26 所示。

（a）水平平铺显示

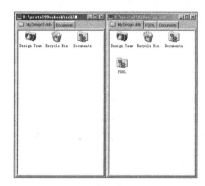

（b）垂直平铺显示

图 1.26 平铺方式

（2）Cascade 命令：将打开的各设计数据库工作窗口以层叠方式显示，如图 1.27 所示。

（3）Arrange Icons 命令：当设计数据库最小化时，执行该命令可使最小化图标在工作窗口底部有序排列。

（4）Close All 命令：执行该命令，可关闭所有的设计数据库文件。

练一练：打开两个设计数据库，并使它们以平铺、层叠方式显示。

图 1.27 层叠方式

2．单设计数据库的窗口管理

打开一个设计数据库时的窗口管理与打开多个设计数据库的窗口管理有所不同。将光标移到文件标签位置，单击鼠标右键，弹出如图1.22所示的快捷菜单。其中和窗口管理有关的命令其功能如下。

（1）Split Vertical 命令：将光标所在的文件标签与其他文件标签垂直分割显示，如图1.28所示。

（2）Split Horizontal 命令：将光标所在的文件标签与其他文件标签水平分割显示，如图1.29所示。

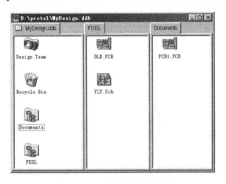 

图1.28　垂直分割显示　　　　　　　图1.29　水平分割显示

（3）Tile All 命令：将设计数据库中打开的文件及文件夹在工作窗口平铺显示，如图1.30所示。

（4）Merge All 命令：将设计数据库中的文件标签合并在一起。这是系统默认的显示方式，如图1.31所示。

图1.30　平铺显示　　　　　　　　　图1.31　文件标签合并显示

3．文件及文件夹的显示方式

从上边几个图可以看出，图中的文件或文件夹都是以大图标方式显示在窗口中的。系统提供了四种文件及文件夹的显示方式。如图1.12所示的菜单，其中和文件及文件夹显示方式有关的命令其功能如下。

（1）Large Icons 命令：大图标显示方式，如图1.32中的窗口1。

（2）Small Icons 命令：小图标显示方式，如图1.32中的窗口2。

（3）List 命令：列表显示方式，如图1.32中的窗口3。

（4）Details 命令：详细资料显示方式，显示内容包括文件图标、名称、大小、类型、修改时间和描述等，如图1.32中的窗口4。

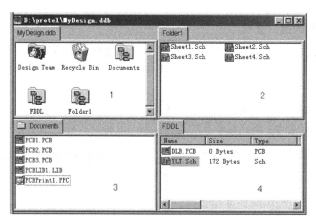

图 1.32　文件夹内容的显示方式

本 章 小 结

本章重点讲解了设计数据库的概念，以及建立、打开和关闭等操作。读者要熟悉 Protel 99 SE 的设计界面，熟练掌握对设计数据库中的文件和文件夹的操作，以及利用窗口管理功能对窗口显示方式及其显示内容的方式进行管理。这在以后各章的学习过程中是非常有用的。

练 习

1．Protel 99 SE 中的设计保存类型分几种方式？它们之间有何不同？

2．Protel 99 SE 中提供的文件类型有哪几种？

3．对于设计数据库，文件的链接和文件的导入有何区别？使用导出文件功能有何优点？

4．新建一个设计数据库，选择 MS Access Database 保存类型，名称为 MYpro.ddb，并设置密码。

5．关闭第 4 题中新建的设计数据库文件 MYpro.ddb 后，再打开。

6．在 MYpro.ddb 中新建一个文件夹，并在该文件夹下，分别创建原理图和 PCB 文件，文件名称均采用系统默认名。

7．将上面新建的文件夹和两个文件分别更名为 FDDL、YLT.Sch 和 DLB.PCB。

8．在工作窗口或文件管理器，练习打开和关闭文件夹或文件的操作。

9．将系统所带例题 LCD Controller.ddb 中的一个原理图文件导出。

10．将刚才导出的原理图文件导入到 MYpro.ddb 中的 Documents 文件夹下。

11．分别查看 MYpro.ddb 设计数据库文件和导出的原理图文件的大小，并进行比较。

12．在设计数据库 MYpro.ddb 中，练习复制、粘贴、放入回收站、还原、彻底删除等操作。

第2章

电路原理图设计基础

在本章中，我们将学习并了解：利用 Protel 99 SE 进行印制电路板的设计时所要经过的步骤；绘制一张完整、正确、漂亮的电路原理图所要经过的步骤；设置图纸的尺寸和原理图编辑器的工作环境等具体方法。

2.1 电路原理图的设计步骤

根据电路原理图自动转换成印制电路板图是 Protel 99 SE 的重要功能之一，因此首先介绍印制电路板设计的一般步骤。

2.1.1 印制电路板设计的一般步骤

利用 Protel 99 SE 进行印制电路板的设计，整个过程需要三个步骤，如图 2.1 所示。

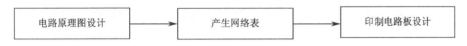

图 2.1　印制电路板的三个步骤

电路原理图设计（Sch）：利用 Protel 99 SE 的原理图设计系统，绘制完整的、正确的电路原理图。

产生网络表：网络表是表示电路原理图或印制电路板中元件连接关系的文本文件，是连接电路原理图与印制电路板图的桥梁。

印制电路板设计（PCB）：根据电路原理图，利用 Protel 99 SE 提供的强大的 PCB 设计功能，进行印制电路板的设计工作。

2.1.2 电路原理图设计的一般步骤

电路原理图设计是整个电路设计的基础，它决定了后面工作的进展。电路原理图的设计过程一般可以按图 2.2 所示的设计流程进行。其中各环节的具体含义如下。

开始：即启动 Protel 99 SE 原理图编辑器。

图纸设置：包括设置图纸尺寸、标题栏、网格和光标等。

加载元件库：在 Protel 99 SE 中，原理图中的元器件符号均存放在不同的原理图元件库中，在绘制电路原理图之前，必须将所需要的原理图元件库装入原理图编辑器。

放置元器件：即将所需要的元件符号从元件库中调入到原理图中。

调整元器件布局位置：调整各元器件的位置。

进行布线及调整：将各元器件用具有电气性能的导线连接起来，并进一步调整元器件的位置、元器件标注的位置及连线等。

最后存盘打印。

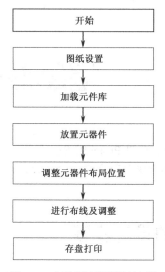

图 2.2　电路原理图设计流程

⇒ 2.2　图纸设置

图纸设置是绘制电路图的第一步，必须根据实际电路的大小或设计要求来选择合适的图纸。

2.2.1　Document Options 对话框

图纸设置主要是在"Document Options"对话框中进行的。欲打开"Document Options"对话框，首先要新建或打开一个原理图文件。

（1）第一种方法（新建原理图文件）。

① 在右边视图窗口打开 Documents 文件夹。

② 在窗口的空白处单击鼠标右键，在弹出的快捷菜单中选择 New 选项，如图 2.3 所示。

图 2.3　在 Documents 文件夹中新建文件

　　③ 系统弹出"New Document"对话框，在对话框中选择 Schematic Document 图标，如图 2.4 所示，而后单击"OK"按钮。

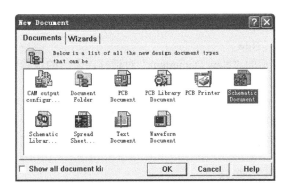

图 2.4 "New Document"对话框

④ 系统建立了一个原理图文件,默认的文件名是 Sheet1.Sch。其中.Sch 是原理图文件的扩展名,Sheet1 是系统默认的主文件名。打开 Sheet1.Sch 文件,进入原理图编辑器,如图 2.5 所示。

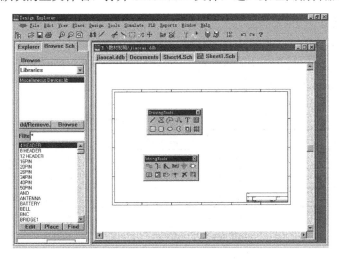

图 2.5 原理图编辑器界面

从图 2.5 中可以看出,原理图编辑器有两个窗口,左边的窗口称为管理窗口,右边的窗口称为编辑窗口。它们的使用方法将在后续章节中陆续介绍。

⑤ 执行菜单命令 Design | Options,或在图纸区域内单击鼠标右键,在弹出的快捷菜单中选择 Document Options 选项。系统弹出"Document Options"对话框,如图 2.6 所示。

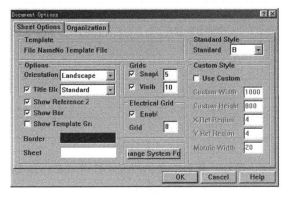

图 2.6 "Document Options"对话框

（2）第二种方法（新建原理图文件）。

① 执行菜单命令 File | New。

② 系统弹出图 2.4 所示的 "New Document" 对话框，之后的步骤同第一种方法。

（3）第三种方法（打开原理图文件）。

在左边导航树中单击原理图文件图标 Sheet1.Sch 的图标，或在右边视图窗口中双击 Sheet1.Sch 文件图标，打开原理图文件，进入原理图编辑器，如图 2.5 所示。

之后重复第一种方法中的 "⑤" 步骤。

2.2.2 图纸的大小与形状

图纸的大小与形状是在 "Document Options" 对话框的 Sheet Options 选项卡中进行设置的，如图 2.6 所示。

图纸的单位是 mil，1 mil=1/1000 in=0.0254mm。

1. 设置图纸尺寸

在图 2.6 的 Standard Style 区域中设置图纸尺寸。

用鼠标左键单击 Standard 旁边的下拉列表框按钮，可从中选择图纸的大小。

Protel 99 SE Schematic 提供了多种英制或公制图纸尺寸，见表 2.1。

表 2.1 Protel 99 SE 提供的标准图纸尺寸

尺　　寸	宽度×高度（in）	宽度×高度（mm）
A	11.00×8.50	279.42×215.90
B	17.00×11.00	431.80×279.40
C	22.00×17.00	558.80×431.80
D	34.00×22.00	863.60×558.80
E	44.00×34.00	1078.00×863.60
A4	11.69×8.27	297×210
A3	16.54×11.69	420×297
A2	23.39×16.54	594×420
A1	33.07×23.39	840×594
A0	46.80×33.07	1188×840
ORCAD A	9.90×7.90	251.15×200.66
ORCAD B	15.40×9.90	391.16×251.15
ORCAD C	20.60×15.60	523.24×396.24
ORCAD D	32.60×20.60	828.04×523.24
ORCAD E	42.80×32.80	1087.12×833.12
Letter	11.00×8.50	279.4×215.9
Legal	14.00×8.50	355.6×215.9
Tabloid	17.00×11.00	431.8×279.4

注：对于较为复杂的设计项目，最好不要把所有元件都放在一张图纸上，否则图纸太大不便于编辑和打印。可按照第 5 章介绍的方法进行设计。

2．自定义图纸尺寸

在图 2.6 的 Custom Style 区域中自定义图纸尺寸，如图 2.7 所示。区域中的内容说明如下。

- Custom Width：设置图纸宽度。
- Custom Height：设置图纸高度。
- X Ref Region：设置 X 轴的参考坐标刻度。
- Y Ref Region：设置 Y 轴的参考坐标刻度。
- Margin Width：设置图纸边框宽度。

3．设置图纸方向

在图 2.6 的 Options 区域中设置图纸方向，如图 2.8 所示。其中 Orientation 用于设置图纸方向，有两个选项，分别是 Landscape 和 Portrait，Landscape 表示水平放置，Portrait 表示垂直放置，如图 2.9 所示。

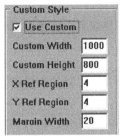

图 2.7　自定义图纸设置

图 2.8　Options 选项区域

图 2.9　设置图纸方向

2.2.3　图纸的网格

1．网格类型

Protel 99 SE 提供了两种不同形状的网格，线状网格（Line Grid）和点状网格（Dot Grid）。网格设置的操作步骤如下。

（1）执行菜单命令 Tools | Preferences，系统弹出"Preferences"对话框。

（2）在 Graphical Editing 选项卡中单击 Cursor/Grid Options 区域中 Visible Grid 选项右侧的下拉列表框按钮，从中选择网格的类型，如图 2.10 所示。

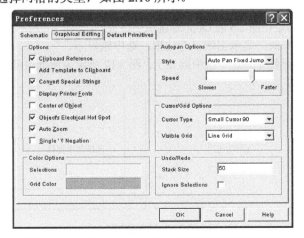

图 2.10　在"Preferences"对话框中进行网格设置

（3）设置完毕后单击"OK"按钮。

2．图纸栅格尺寸

图纸的栅格尺寸设置是在图2.6的Grids区域中进行，如图2.11所示。

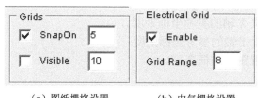

（a）图纸栅格设置　　　　（b）电气栅格设置

图2.11　栅格设置

- Snap On：锁定栅格，即光标位移的步长。选中此项表示光标移动时以Snap On右边的设置值为单位。
- Visible：可视栅格，屏幕上实际显示的栅格距离。选中此项表示栅格可见，栅格的尺寸为Visible右边的设置值。
- 锁定栅格和可视栅格是相互独立的。如图2.11所示为系统默认值，一般可以将Snap On设置为5，Visible仍为10，这样设置的效果是光标一次移动半个栅格，在以后绘制电路原理图的过程中，会发现这样设置的方便之处。
- Electrical Grid：电气节点。若选中此项，系统在连接导线时，以光标位置为圆心，以Grid栏中的设置值为半径，自动向四周搜索电气节点，当找到最接近的节点时，就会将光标自动移到此节点上，并在该节点上显示一个圆点。此项一般选中。

2.2.4　图纸颜色

图纸的颜色设置是在图2.6的Options区域中进行，如图2.8所示，区域中的内容说明如下。
- Border Color：图纸边框颜色。
- Sheet Color：图纸底色设置。

单击以上标题旁边的颜色框，即可进行相应内容的颜色设置。

2.2.5　图纸边框

图纸边框的显示与否是在图2.6的Options区域中设置的，如图2.8所示，区域中的内容说明如下。
- Show Reference Zone：显示图纸参考边框，选中则显示。
- Show Border：显示图纸边框，选中则显示。图2.12所示为图纸边框和参考边框的显示效果。

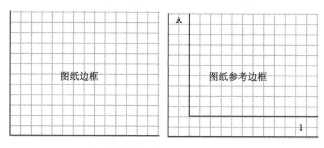

图2.12　图纸边框

2.2.6 图纸标题栏

1. 标题栏的类型与显示

图纸标题栏的类型与显示是在图 2.6 的 Options 区域中设置的，如图 2.8 所示，区域中的内容说明如下。

Title Block：设置图纸标题栏，有两个选项，分别为 Standard 和 ANSI，Standard 指的是标准型模式，ANSI 指的是美国国家标准协会模式，如图 2.13 所示。

选中图 2.13 中 Title Block 前的复选框，则显示标题栏，否则不显示。图 2.14、图 2.15 分别为两种标题栏的格式。

图 2.13 设置图纸标题栏

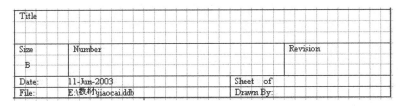

图 2.14 Standard 标题栏

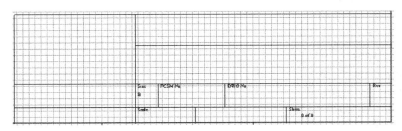

图 2.15 ANSI 标题栏

2. Organization 选项卡

图纸标题栏中的内容可在"Document Options"对话框的 Organization 选项卡（文件信息选项卡）中进行设置。

Organization 选项卡主要用来设置电路原理图的文件信息，为设计的电路建立档案，如图 2.16 所示。选项卡中的内容说明如下。

- Organization 区域：公司或单位的名称。
- Address 区域：公司或单位的地址。
- Sheet 区域：电路图编号。其中 No.表示本张电路图编号；Total 表示本设计文档中电路图的数量。
- Document 区域：文件的其他信息。其中 Title 表示本张电路图的标题；No.表示本张电路图编号；Revision 表示电路图的版本号。

用户可以将文件信息与标题栏配合使用，构成完整的电路原理图文件信息。

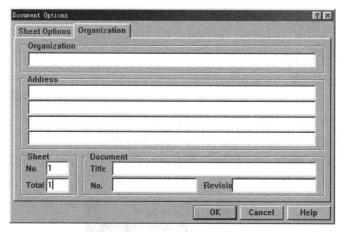

图 2.16　Organization 选项卡

3．标题栏中的内容设置

（1）特殊字符串。为了使原理图中的信息表达得更准确、更详细，Protel 系统设置了特殊字符串，如下所示。

- .Organization：制图者、公司等。
- .address1：地址 1。
- .address2：地址 2。
- .address3：地址 3。
- .address4：地址 4。
- .Title：标题。
- .Date：日期。
- .Doc_file_name：带路径的原理图名称。
- .Doc_file_name_no_path：不带路径的原理图名称。
- .Sheettotal：原理图总数。
- .Revision：版本。
- .Time：时间。
- .Sheet number：原理图号。
- .Document number：文档号。

（2）特殊字符串内容的显示。要将特殊字符串的内容显示出来，则应该对原理图环境参数设置对话框中关于特殊字符串的内容进行设置。设置方法如下。

执行菜单命令 Tools | Preferences，系统弹出"Preferences"对话框，选择 Graphical Editing 选项卡，在 Options 区域中选中"Convert Special Strings"复选框，即可将特殊字符串的内容显示出来。

（3）标题栏内容设置举例。

【例 2-1】标题栏类型选择 Standard，用特殊字符串设置制图者为"蓝牙设计室"，标题为"新的设计"，字体为"华文彩云"，字体颜色"223#"，文档编号为"10-1"，显示不含路径的原理图文件名，如图 2.17 所示。

操作步骤如下。

① 设置特殊字符串显示模式。执行菜单命令 Tools | Preferences，选择 Graphical Editing 选项卡。在 Options 区域选中"Convert Special Strings"复选框，然后单击"OK"按钮。

Title	新的设计			
Size B	Number 10-1		Revision	
Date:	20-Feb-2007		Sheet of	Sheet1.Sch
File:	F:\及力\实际PCB板图课设.Ddb		Drawn By:	蓝牙设计室

图 2.17 【例 2-1】题图

② 设置标题栏类型。执行菜单命令 Design | Options，选择 Options 选项卡，按照图 2.13 所示进行设置。

③ 编辑标题栏内容。选择 Organization 选项卡，在 Organization 下的文本框输入"蓝牙设计室"，在 Document 区域中的"Title"文本框中输入"新的设计"，在"No."文本框中输入"10-1"，然后单击"OK"按钮，如图 2-18 所示。

④ 设置特殊字符串。单击 Drawing tools 工具栏中的 T 图标→按 Tab 键→在 Text 下拉列表中选择.ORGANIZATION（如图 2.19 所示）→单击"Change"按钮→选择"华文彩云"→单击"确定"按钮→单击 Color 旁的颜色框→选择"223#"颜色→单击"OK"按钮。将该字符串放置到标题栏中的 Drawn By 栏中。

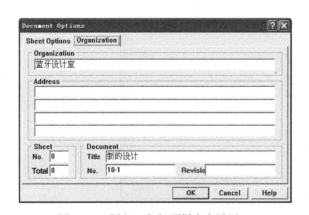

图 2.18 【例 2-1】标题栏内容设置

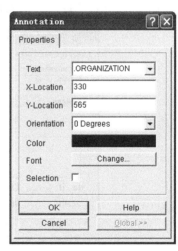

图 2.19 选择特殊字符串.ORGANIZATION

单击 Drawing tools 工具栏中的 T 图标→按 Tab 键→在 Text 下拉列表中选择.Title→单击"Change"按钮→选择"华文彩云"→单击"确定"按钮→单击 Color 旁的颜色框→选择"223#"颜色→单击"OK"按钮。将该字符串放置到标题栏中的 Title 栏中。

单击 Drawing tools 工具栏中的 T 图标→按 Tab 键→在 Text 下拉列表中选择.Document number→单击"OK"按钮。将该字符串放置到标题栏中的 Number 栏中。

单击 Drawing tools 工具栏中的 T 图标→按 Tab 键→在 Text 下拉列表中选择. Doc_file_name_no_path →单击"OK"按钮。将该字符串放置到标题栏中的 Sheet of 栏中。

【例 2-2】标题栏类型选择 ANSI，用特殊字符串设置制图者为"蓝牙设计室"，标题为"主原理图设计"，字体和颜色均为默认，10 张原理图中的第 1 张，如图 2.20 所示。

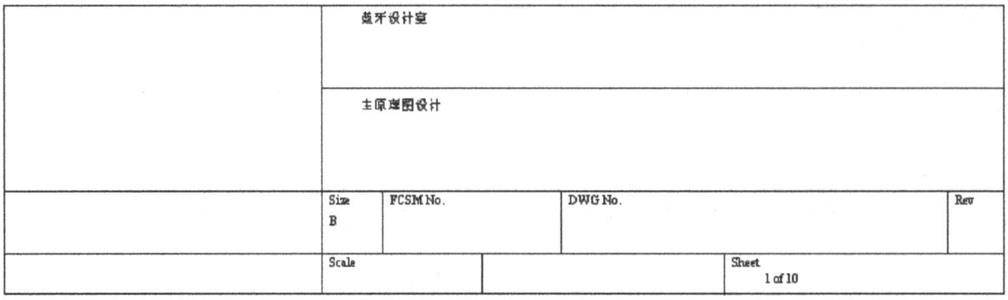

		蓝牙设计室				
		主原理图设计				
	Size B	FCSM No.		DWG No.		Rev
	Scale				Sheet 1 of 10	

图 2.20 【例 2-2】题图

操作步骤如下。

① 设置特殊字符串显示模式。执行菜单命令 Tools | Preferences，选择 Graphical Editing 选项卡。

在 Options 区域中选中"Convert Special Strings"复选框，然后单击"OK"按钮。

② 设置标题栏类型。执行菜单命令 Design | Options，选择 Options 选项卡，在图 2.13 中选择 ANSI。

③ 编辑标题栏内容。选择 Organization 选项卡，在 Organization 下的文本框输入"蓝牙设计室"，在 Sheet 区域中的"No."文本框里输入"1"，在"Total"文本框里输入"10"，在 Document 区域的"Title"文本框中输入"主原理图设计"，然后单击"OK"按钮，如图 2.21 所示。

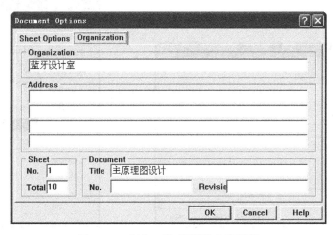

图 2.21 【例 2-2】标题栏内容设置

2.3 光标设置

Protel 99 SE 可以设置光标在画图、连线和放置元件时的形状。

操作方法如下。

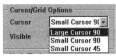

图 2.22 光标设置

（1）执行菜单命令 Tools|Preference，系统弹出"Preference"对话框。

（2）在"Preference"对话框中选择 Graphical Editing 选项卡。

（3）单击 Cursor/Grid Options 区域中 Cursor 右侧的下拉列表框按钮，从中选择光标形式。如图 2.22 所示。共有三项，其具体含义分别如下。

Large Cursor 90：大十字光标。

Small Cursor 90：小十字光标。

Small Cursor 45：小 45°十字光标。

2.4　设置对象的系统显示字体

这里的对象指的是元件引脚号和电源符号等对象的字体，电路图中其他对象的字体可在该对象的属性对话框中设置。

设置对象的系统字体操作步骤如下。

（1）执行菜单命令 Design|Options，或在图纸区域内单击鼠标右键，在弹出的快捷菜单中选择 Document Options 选项。

（2）系统弹出"Document Options"对话框，如图 2.6 所示，选择 Sheet Options（图纸设置）选项卡。

（3）单击"Change System Font"按钮，系统弹出"字体"对话框，如图 2.23 所示。

设置完毕单击"OK"按钮。

图 2.24（a）是默认设置时的情况，图 2.24（b）是将字体样式设置为粗斜体时的情况。U1 和 AND 字体的设置将在后续章节中介绍。

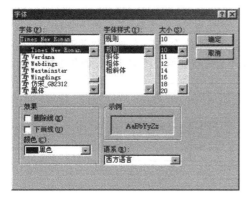

图 2.23　"字体"对话框

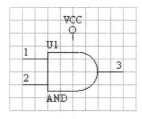

（a）系统字体为默认设置

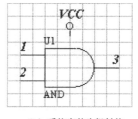

（b）系统字体为粗斜体

图 2.24　设置对象的系统字体

2.5　设置对话框字体

Protel 99 SE 系统的最大缺点就是对话框内的文字常常被切掉，如图 2.13 所示的 Title Block，这种情况可以通过重新设置对话框字体来改变。

操作步骤如下。

（1）进入 Protel 99 SE 系统。

（2）单击屏幕窗口最左上方的  图标，系统弹出"Preferences"对话框。

（3）选中"Use Client System Font All Dialogs"复选框。

（4）单击"Change System Font"按钮，系统弹出"字体"对话框。

（5）在"字体"对话框中将字体改为 Arial Narrow，字体样式改为规则，单击"确定"按钮。

（6）单击"OK"按钮，关闭此对话框。

即设置好对话框的显示字体。

本 章 小 结

本章简单介绍了利用 Protel 99 SE 进行印制电路板设计以及其中的电路原理图设计的一般步骤，使读者对设计过程有一个初步的了解。重点介绍了在原理图编辑器中对图纸的设置，标题栏内容的设置，对网格、光标、对象系统字体的设置方法。学习本章以后，读者就可以根据实际电路图的大小，设置合适的图纸及其显示风格。

练 习

1. "Document Options" 对话框的作用是什么？

2. 怎样调出 "Document Options" 对话框？

3. 新建一个原理图文件，图纸版面设置为：A4 图纸、横向放置、标题栏为标准型，光标设置为一次移动半个网格。

4. 新建一个原理图文件，设置所有边框都不显示，工作区颜色为 "233#" 颜色，边框颜色为 "63#" 颜色。

5. 新建一个原理图文件，设置系统字体为 "仿宋"，字号为 "8"，"斜体"，带下画线。

6. 标题栏类型选择 Standard，用特殊字符串设置制图者为 "浩海公司"，标题为 "关键设计"，字体为 "幼圆"，字体颜色 "223#"，文档编号为 "2-10"，显示不含路径的原理图文件名，如图 2.25 所示。

Title	关键设计		
Size B	Number 　　2-10		Revision
Date:	21-Feb-2007	Sheet of	Sheet3. Sch
File:	F:\攻力\实际PCB板图\课设.ddb	Drawn By:	浩海公司

图 2.25　第 6 题图

7. 标题栏类型选择 ANSI，用特殊字符串设置制图者为 "山峰工作室"，标题为 "控制系统"，字体和颜色均为默认，10 张原理图中的第 2 张，如图 2.26 所示。

山峰工作室			
控制系统			
Size B	FCSM No.	DWG No.	Rev
Scale		Sheet 2 of 10	

图 2.26　第 7 题图

第 *3* 章

电路原理图设计

在前一章中，我们已经学习了设置图纸、设置原理图编辑器工作环境的操作。现在，可以进行电路原理图的设计了。

电路原理图设计是 Protel 99 SE 的一个重要功能，也是进行印制电路板设计的基础，因此绘制出一张正确的能满足生产实际要求的电路图极为重要。本章将通过三个不同的例子介绍绘制原理图的基本方法。

3.1 原理图编辑器界面介绍

打开一个原理图文件就进入了原理图编辑器。

原理图编辑器中共有两个窗口。如前所述，左边的称作管理窗口，右边的称作编辑窗口，如图 3.1 所示。下面将介绍编辑器界面中的主要部分。

3.1.1 主菜单

利用主菜单中的命令可以完成 Protel 99 SE 提供的原理图编辑的所有功能。各菜单命令如下。

- File：文件菜单，完成文件方面的操作。如新建、打开、关闭、打印文件等功能。
- Edit：编辑菜单，完成编辑方面的操作。如复制、剪切、粘贴、选择、移动、拖曳、查找、替换等功能。
- View：视图菜单，完成显示方面的操作。如编辑窗口的放大与缩小、工具栏的显示与关闭、状态栏和命令栏的显示与关闭等功能。
- Place：放置菜单，完成在原理图编辑器窗口放置各种对象的操作。如放置元件、电源接地符号、绘制导线等功能。
- Design：设计菜单，完成元件库管理、网络表生成、电路图设置、层次原理图设计等操作。
- Tools：工具菜单，完成 ERC 检查、元件编号、原理图编辑器环境和默认设置的操作。
- Simulate：仿真菜单，完成与模拟仿真有关的操作。
- PLD：如果电路中使用了 PLD 元件，可实现 PLD 方面的功能。
- Reports：完成产生原理图各种报表的操作，如元器件清单、网络比较报表、项目层次表等。
- Window：完成窗口管理的各种操作。
- Help：帮助菜单。

主菜单命令的快捷键：命令中带有下画线的字母即为该命令对应的快捷键。如 Place | Part，其操作可简化为依次按两下 P 键，再如 Edit | Select | All，其操作可简化为依次按 E 键、S 键、A 键。其余同理。

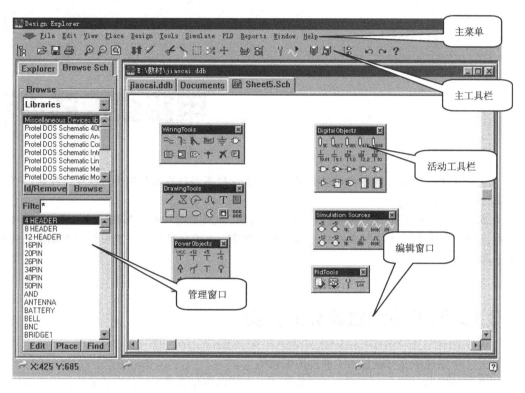

图 3.1　原理图编辑器界面

在原理图文件的编辑窗口，单击鼠标右键，可弹出快捷菜单，其中列出了一些常用的菜单命令，读者可自行查看。菜单中有关命令的具体使用情况，将在后续章节中陆续介绍。

3.1.2　主工具栏

主工具栏的打开与关闭可执行菜单命令 View | Toolbars | Main Tools，如图 3.2 所示。该命令是一个开关。主工具栏打开后的结果如图 3.1 所示。

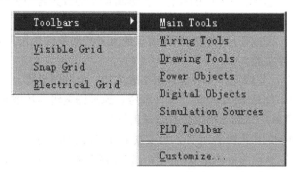

图 3.2　打开主工具栏的操作

主工具栏中的每个按钮，都对应一个具体的菜单命令。表 3.1 中列出了这些按钮的功能及其对应的菜单命令。

表 3.1 主工具栏按钮功能

按　　钮	功　　能
	切换显示文档管理器，对应于 View|Design Manager
	打开文档，对应于 File|Open
	保存文档，对应于 File|Save
	打印文档，对应于 File|Print
	画面放大，对应于 View|Zoom In
	画面缩小，对应于 View|Zoom Out
	显示整个文档，对应于 View|Fit Document
	层次原理图的层次转换，对应于 Tools|Up/Down Hierarchy
	放置交叉探测点，对应于 Place|Directives|Probe
	剪切选中对象，对应于 Edit|Cut
	粘贴操作，对应于 Edit|Paste
	选择选项区域内的对象，对应于 Edit|Select|Inside
	撤销选择，对应于 Edit|Deselect|All
	移动选中对象，对应于 Edit|Move|Move Selection
	打开或关闭绘图工具栏，对应于 View|Toolbar|Drawing Tools
	打开或关闭布线工具栏，对应于 View|Toolbar|Wiring Tools
	仿真分析设置
	运行仿真器，对应于 Simulate|Run
	加载或移去元件库，对应于 Design|Add/Remove
	浏览已加载的元件库，对应于 Design|Browse Library
	增加元件的单元号，对应于 Edit|Increment Part
	取消上次操作，对应于 Edit|Undo
	恢复取消的操作，对应于 Edit|Redo
	激活帮助

3.1.3 活动工具栏

在原理图编辑器中，Protel 99 SE 提供了各种活动工具栏，有效地利用这些工具栏可以使设计工作更加方便、灵活，使操作更加简便。

1．Wiring Tools 工具栏

Wiring Tools 工具栏提供了原理图中电气对象的放置命令。

打开或关闭 Wiring Tools 工具栏的方法有两种。

第一种方法：执行菜单命令 View | Toolbars | Wiring Tools。

第二种方法：单击主工具栏中的 ■ 按钮。

2．Drawing Tools 工具栏

Drawing Tools 工具栏提供了绘制原理图所需要的各种图形，如直线、曲线、多边形、文本等。

打开或关闭 Drawing Tools 工具栏的方法有两种。

第一种方法：执行菜单命令 View | Toolbars | Drawing Tools。

第二种方法：单击主工具栏中的 ■ 按钮。

3．Power Objects 工具栏

Power Objects 工具栏提供了一些在绘制电路原理图中常用的电源和接地符号。

打开或关闭 Power Objects 工具栏的方法：执行菜单命令 View | Toolbars | Power Objects。

4．Digital Objects 工具栏

Digital Objects 工具栏提供了一些常用的数字器件。

打开或关闭 Digital Objects 工具栏的方法：执行菜单命令 View | Toolbars | Digital Objects。

5．Simulation Sources 工具栏

Simulation Sources 工具栏提供了各种各样的模拟信号源。

打开或关闭 Simulation Sources 工具栏的方法：执行菜单命令 View | Toolbars | Simulate Sources。

6．PLD Toolbar 工具栏

PLD Toolbar 工具栏可以在原理图中支持可编程设计。

打开或关闭 PLD Toolbar 工具栏的方法：执行菜单命令 View | Toolbars | PLD Toolbar。

注：以上所讲述的关于工具栏操作命令具有开关特性，每执行一次，命令对象的状态就会变化一次，即如果第一次执行此命令是打开某工具栏，下一次执行此命令就是关闭某工具栏。

3.1.4 画面显示状态调整

电路设计人员在绘图过程中，有时需要查看整张电路图，有时需要查看某一局部视图，Protel 99 SE View 菜单提供了很多调整画面显示状态的命令，下面逐一进行介绍。

1．画面管理

（1）显示整个电路图及边框。执行菜单命令 View | Fit Document 或单击主工具栏上的 ■ 图标。

（2）显示整个电路图，不包括边框。执行菜单命令 View | Fit All Objects。

（3）放大指定区域。执行菜单命令 View | Area。

操作方法：执行此命令后，光标变成十字形状，单击鼠标左键确定区域左上角，再在对角线位置单击鼠标左键确定区域右下角，则选中的区域放大到充满编辑窗口。

（4）放大指定区域。执行菜单命令 View | Around Point。

操作方法：同执行菜单命令 View | Area 后的操作方法。只是第一次单击鼠标左键是确定区域的中心，第二次单击鼠标左键是确定区域的大小。

（5）将电路按 50%大小显示。执行菜单命令 View | 50%。

（6）将电路按 100%大小显示。执行菜单命令 View | 100%。

（7）将电路按 200%大小显示。执行菜单命令 View | 200%。

（8）将电路按 400%大小显示。执行菜单命令 View | 400%。

（9）放大画面。执行菜单命令 View | Zoom In 或单击 🔍 图标，或按 Page Up 键。

（10）缩小画面。执行菜单命令 View | Zoom Out 或单击 🔍 图标，或按 Page Down 键。

（11）以光标为中心显示画面。执行菜单命令 View | Pan。

操作方法：只能用快捷键执行此命令。先按 V 键，再按 P 键，此时光标变成十字形，在要确定区域的中心单击鼠标左键并拖曳光标，此时屏幕上形成一个虚线框，在此虚线框的任意一个角单击一下左键，则选定区域出现编辑窗口中心。

（12）刷新屏幕。执行菜单命令 View | Refresh 或按 End 键。

注：Page Up 键、Page Down 键、End 键在任何时候都有效。

2．Design Explore 管理器的切换

操作方法：执行菜单命令 View | Design Manager 或单击主工具栏上的 🗂 图标，可以打开或关闭 Design Explore 管理器，如图 3.3 和图 3.4 所示。

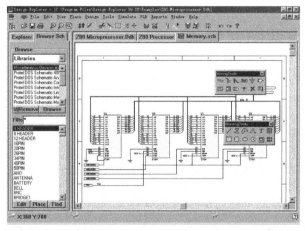

图 3.3　打开 Design Explore 管理器时的画面

当编辑窗口不够大时，可以关闭管理器窗口，如图 3.4 所示。

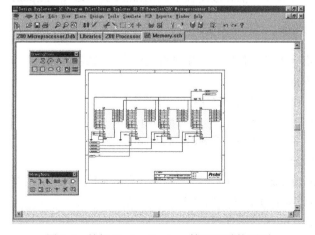

图 3.4　关闭 Design Explore 管理器时的画面

3．状态栏和命令栏的切换

（1）状态栏的切换。执行菜单命令 View | Status Bar。

状态栏用来显示光标的当前位置。在命令前有√表示打开。

（2）命令栏的切换。执行菜单命令 View | Command Status。

命令栏用来显示当前正在执行的命令。在命令前有√表示打开。

状态栏与命令栏如图 3.5 所示。

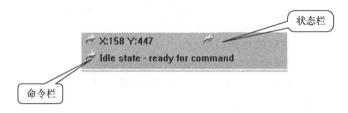

图 3.5　状态栏和命令栏

Ⅲ➡ 3.2　加载原理图元件库

绘制原理图最重要的是放置元件符号。Protel 99 SE 原理图的元件符号都分门别类地存放在不同的原理图元件库中。

3.2.1　原理图元件库简介

原理图元件库的扩展名是.ddb。此.ddb 文件是一个容器，它可以包含一个或几个具体的元件库，这些包含在.ddb 文件中的具体元件库的扩展名是.Lib。

在这些具体的元件库中，存放不同类别的元件符号。如元件库 Protel DOS Schematic Libraries.ddb 中的 Protel DOS Schematic 4000 CMOS.Lib 存放的是 4000 CMOS 系列的集成电路符号，Protel DOS Schematic TTL.Lib 存放的是 TTL74 系列的集成电路符号。

原理图元件库文件在系统中的存放路径是\Program Files\Design Explorer 99 SE\Library\Sch。

3.2.2　加载原理图元件库方法

要在原理图编辑器中使用元件库，首先要将元件库加载到编辑器中。

第一种加载元件库的方法：

① 打开（或新建）一个原理图文件。

② 在 Design Explore 管理器中选择 Browse Sch 选项卡。

③ 在 Browse 下面的下拉列表框中选择 Libraries。

④ 单击"Add/Remove"按钮，如图 3.6 所示。

⑤ 弹出"Change Library File List（加载或移出元件库）"对话框，如图 3.7 所示。

⑥ 在存放元件库的路径下，选择所需要元件库文件名，然后单击"Add"按钮，则所选元件库文件名出现在 Selected Files 显示框内。

⑦ 重复上述操作，可加载多个元件库，最后单击"OK"按钮关闭此对话框，加载完毕。

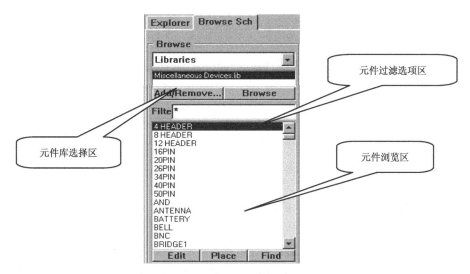

图 3.6 Browse Sch 选项卡

图 3.7 "Change Library File List（加载或移出元件库）"对话框

图 3.6 显示的是加载了元件库 Miscellaneous Devices.ddb 后的情况。

第二种加载元件库的方法：

执行菜单命令 Design | Add/Remove Library，弹出图 3.7 对话框，后续操作同上。

第三种加载元件库的方法：

单击主工具栏中的 ▒ 图标，弹出图 3.7 对话框，后续操作同上。

若从原理图中移出元件库，仍要在 Browse Sch 选项卡中单击"Add/Remove"按钮，在弹出的图 3.7 对话框中的 Selected Files 显示框中选中文件名，单击"Remove"按钮即可。

3.2.3 浏览元件库

在图 3.6 所示的 Browse Sch 选项卡中，通过三个区域可以浏览元件库。

元件库选择区：显示的是所有加载的元件库文件名。因为.ddb 文件是个容器，里面包含一个或几个具体的元件库文件（扩展名为.Lib），所以元件库加载后，在原理图管理器中显示的是这些具体的元件库文件名，如 Miscellaneous Devices.Lib。

元件过滤选项区：可以设置元件列表的显示条件，在条件中可以使用通配符"*"和"？"。

元件浏览区：显示元件库选择区所选中的元件库中符合过滤条件的元件列表。

如图 3.6 所示，被选中的元件库是 Miscellaneous Devices.Lib，元件过滤条件为*，则在元件浏览区内显示 Miscellaneous Devices.Lib 中的所有元件名。

在图 3.8 中，元件过滤条件为 C*，则在元件浏览区内显示 Miscellaneous Devices.Lib 中所有 C 开头的元件名。

图 3.8　设置过滤条件

⫸ 3.3　绘制第一张电路原理图

准备工作做好了，现在开始绘制第一张电路原理图。

【例 3-1】绘制电路原理图。本节以图 3.9 所示原理图为例，介绍原理图的基本绘制方法。

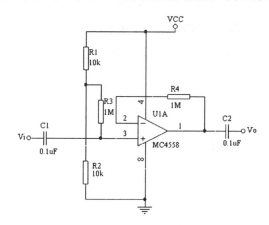

图 3.9　【例 3-1】电路原理图

3.3.1　放置元件

1. 元件属性

Protel 99 SE 中对原理图元件符号设置了四个属性，分别介绍如下。

- Lib Ref（元件名称）：元件符号在元件库中的名称。如图 3.9 中的电阻符号在元件库中的名称是 RES2，在放置元件时必须输入，但不会在原理图中显示出来。
- Footprint（元件的封装形式）：是元件的外形名称。一个元件可以有不同的外形，即可以有多种封装形式。元件的封装形式主要用于印制电路板图，这一属性值在原理图中不显示。关于元件的封装，将在第 8 章中介绍。
- Designator（元件标号）：元件在原理图中的序号，如 R1、C1 等。
- Part Type（元件标注或类别）：如 10k、0.1uF、MC4558 等。

在这四个属性中，Lib Ref 必须输入具体内容，否则系统将找不到元件。Designator 也应输入内容，如果没有输入具体的元件标号，系统自动给出一个默认的元件标号前缀如 U？。Part Type 可以不输入具体值。对于 Footprint，如果绘制的原理图需要转换成印制电路板，在元件属性中必须输入该项内容。

2．放置元件

表 3.2 中列出了图 3.9 中各元件的属性，我们根据此表放置元件。

由于 Protel 软件不支持全角符号，因此在电路图中电阻的单位不写Ω，电容单位中的μ用小的 u 代替。

表 3.2　【例 3-1】电路原理图所涉及的元件属性列表

Lib Ref	Designator	Part Type	Footprint
Cap	C1	0.1uF	RAD0.2
Cap	C2	0.1uF	RAD0.2
RES2	R1	10k	AXIAL0.4
RES2	R2	10k	AXIAL0.4
RES2	R3	1M	AXIAL0.4
RES2	R4	1M	AXIAL0.4
1458	U1	MC4558	DIP8

1458 在 Protel DOS Schematic Libraries.ddb 中的 Protel DOS Schematic Operational Amplifiers.Lib 中，其余元件在 Miscellaneous Devices.ddb 中

（1）加载元件库。从表 3.2 中看出【例 3-1】所需的元件库为 Protel DOS Schematic Libraries.ddb 和 Miscellaneous Devices.ddb，按照 3.2.2 中介绍的方法进行加载。

（2）放置元件。

第一种方法：

① 按两下 P 键，系统弹出图 3.10 所示的"Place Part（放置元件）"对话框。

② 在对话框中依次输入元件的各属性值后单击"OK"按钮。

③ 光标变成十字形，且元件符号处于浮动状态，随十字光标的移动而移动，如图 3.11 所示。

④ 在元件处于浮动状态时，可按空格键旋转元件的方向、按 X 键使元件水平翻转、按 Y 键使元件垂直翻转。

⑤ 调整好元件方向后，单击鼠标左键放置元件，如图 3.12 所示。

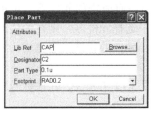
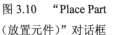
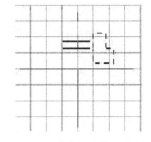
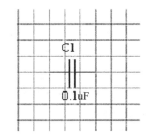

图 3.10　"Place Part（放置元件）"对话框　　图 3.11　处于浮动状态的元件符号　　图 3.12　放置好的元件符号

⑥ 系统继续弹出图 3.10 所示的"Place Part"对话框，重复上述步骤，放置其他元件，或单击"Cancel"按钮，退出放置状态。

注：在放置 U1 时，其元件标号是 U1，而不是 U1A，A 是系统自动加上的，此问题将在后面解释。

第二种方法：

单击 Wiring Tools 工具栏中的 ▣ 图标，系统弹出图 3.10 对话框，后续操作同上。

第三种方法：

执行菜单命令 Place | Part，系统弹出图 3.10 对话框，后续操作同上。

第四种方法（以放置 U1 为例）：

① 在图 3.6 所示的元件库选择区中选择相应的元件库名 Protel DOS Schematic Operational Amplifiers.Lib。

② 在元件浏览区中选择元件名 1458。

③ 单击"Place"按钮，则该元件符号附着在十字光标上，处于浮动状态。

④ 此时可移动，也可按空格键旋转、按 X 键或 Y 键翻转。

⑤ 移动到适当位置后，单击鼠标左键放置元件。

⑥ 单击鼠标右键退出放置元件状态。

如图 3.13 所示为元件全部调入原理图后的情况。

第五种方法：

如果元件名不知道，可在"Place Part"对话框中单击"Browse"按钮，出现图 3.14 所示"Browse Libraries（浏览元件库）"对话框。

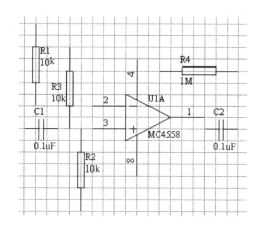

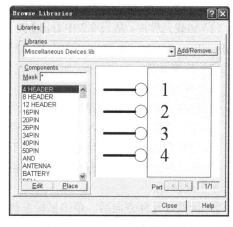

图 3.13　元件全部调入原理图后的情况　　　图 3.14　"Browse Libraries（浏览元件库）"对话框

在 Libraries 下拉列表框中选择相应的元件库名（如果列表框中没有所需的元件库，可单击 "Add/Remove"按钮加载元件库），在 Components 区域的元件列表中选择元件名，则在旁边的显示框中显示该元件的图形，找到所需的元件后，单击"Close"按钮，元件的属性设置完毕，返回图 3.10 所示的"Place Part"对话框继续下面的操作。

（3）移动元件和元件标号等。元件全部调入原理图后，要调整图 3.13 中元件、元件标号和标注的位置。

移动操作：在元件、元件标号或标注上按住鼠标左键，并拖曳。

改变方向操作：在元件、元件标号或标注上按住鼠标左键，再按空格键旋转、按 X 键水平翻转或按 Y 键垂直翻转。

调整后的元件位置如图 3.15 所示。

（4）删除元件。在放置元件过程中，有时需要删除多余的元件。

删除元件的简单方法：在元件上单击鼠标左键，使元件周围出现虚线框，如图 3.16 所示，按

"Delete" 键，即可删除。对于其他放置对象（如导线、电源符号等），也可按此方法进行删除。

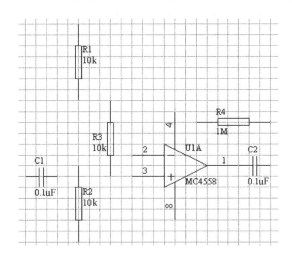

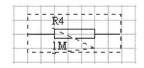

图 3.15 调整位置后的元件　　　　　　图 3.16 元件周围出现虚线框

3.3.2 绘制导线

在 Protel 99 SE 中导线具有电气性能，不同于一般的直线，这一点要特别注意。

第一种方法：

① 单击 Wiring Tools 工具栏中的 ⌇ 图标，光标变成十字形。

② 单击鼠标左键确定导线的起点。

③ 在导线的终点处单击鼠标左键确定终点。

④ 单击鼠标右键，则完成了一段导线的绘制，如图 3.17 所示。

⑤ 此时仍为绘制状态，将光标移到新导线的起点，单击鼠标左键，按前面的步骤绘制另一条导线，最后单击鼠标右键两次退出绘制状态。

绘制折线：在导线拐弯处单击鼠标左键确定拐点，如图 3.18 所示，其后继续绘制即可。

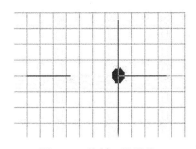

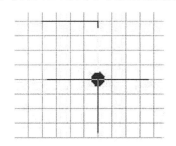

图 3.17 绘制一段导线　　　　　　图 3.18 绘制折线

第二种方法：

执行菜单命令 Place | Wire，后续步骤同上。

初学者在绘制原理图时往往会出现多余的节点，主要原因是对象之间的重叠，如导线与导线相重叠、导线与元件引脚相重叠、导线或元件的位置放置不合适。下面介绍在图 3.15 中绘制导线时应注意的问题，这些问题在其他原理图绘制中也具有普遍意义。

● 导线的端点要与元件引脚的端点相连，不要重叠。在放置导线状态下，将光标移至元件引脚的端点，则在十字光标的中心出现一个大的黑点，如图 3.19 和图 3.20 所示。这是由于在第 2 章中设置了 Electrical Grid 电气节点这一选项。否则，就不会出现这种情况。

- 导线与导线之间、导线与元件引脚之间不要重叠。
- R2 只与 R1 相连，与 C1、R3、U1 的第 3 引脚之间并无节点。绘制时不要将 R2 的引脚端点与 C1、R3 相接，如图 3.21 所示。R4 与 U1 的第 4 引脚也是如此。

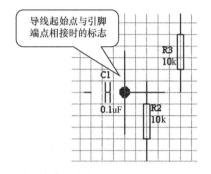

图 3.19　导线起始点与 C1 引脚端点相连

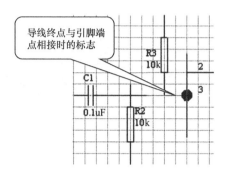

图 3.20　导线终点与 U1 引脚端点相连

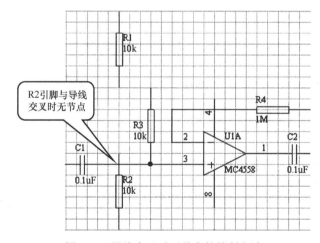

图 3.21　导线交叉时无节点的绘制方法

注：如果两条导线或导线和元件引脚相重叠，在重叠处会出现多余的节点。若使用删除节点的方法将此节点删除，则这两点之间在电气上不相连。

3.3.3　放置电源和接地符号

1. 放置电源/接地符号

第一种方法：

① 单击 Wiring Tools 工具栏中的 图标。

② 此时光标变成十字形，电源/接地符号处于浮动状态，与光标一起移动。

③ 可按空格键旋转、按 X 键水平翻转或 Y 键垂直翻转。

④ 单击鼠标左键放置电源/接地符号，如图 3.22 所示。

⑤ 系统仍为放置状态，可继续放置，也可单击鼠标右键退出放置状态。

第二种方法：

单击 Power Objects 工具栏中的电源符号，后续操作同上。

第三种方法：

执行菜单命令 Place | Power Port，后续操作同上。

2. 修改电源/接地符号

如果电源/接地符号不符合要求，可双击电源符号，弹出"Power Port"属性对话框，在属性对话框中进行修改，如图 3.23 所示。

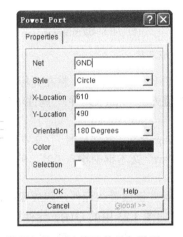

图 3.22 放置好的电源/接地符号与设置

图 3.23 "Power Port"属性对话框显示类型选择

"Power Port"属性对话框中的内容说明如下。

- Net：电源的网络标号，如图 3.22 中用 GND 表示接地。如果是电源可输入 VCC 等名称。
- Style：电源符号的显示类型，见图 3.24。
- X-Location、Y-Location：电源符号的位置。
- Orientation：电源符号的放置方向。有 0 Degrees、90 Degrees、180 Degrees、270 Degrees 共四个方向。
- Color：电源符号的显示颜色。
- Selection：电源符号是否被选中。

修改完毕，单击"OK"按钮。

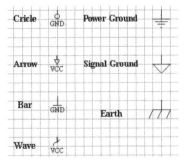

图 3.24 电源符号类型

3.3.4 复合式元件的放置

对于集成电路，在一个芯片上往往有多个相同的单元电路。如非门电路 74LS04，它有 14 个引脚，在一个芯片上包含六个非门，这六个非门元件名一样，只是引脚号不同，如图 3.25（b）中的 U1A、U1B 等。其中引脚为 1、2 的图形称为第一单元，对于第一单元系统会在元件标号的后面自动加上 A，引脚为 3、4 的图形称为第二单元，对于第二单元系统会在元件标号的后面自动加上 B，其余同理。

在放置复合式元件时，默认的是放置第一单元，下面介绍放置其他单元的方法。

操作步骤：

① 按两下 P 键，弹出"Place Part"对话框。

② 在对话框中输入有关内容后，单击"OK"按钮。

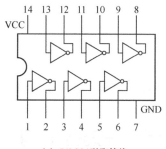

(a) 74LS04引脚接线

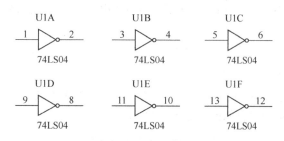

(b) 74LS04原理图符号

图 3.25　74LS04 集成芯片

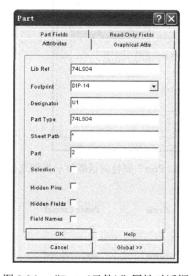

图 3.26　"Part（元件）"属性对话框

③ 此时元件处于浮动状态，粘在光标上。

④ 按 Tab 键弹出"Part（元件）"属性对话框，如图 3.26 所示。

⑤ 在"Designator（元件标号）"文本框中输入元件标号"U1"，在"Part"文本框中输入"2"，单击"OK"按钮，如图 3.26 所示。

⑥ 单击鼠标左键放置该元件，则放置的是 74LS04 中的第二个单元，如图 3.25 中的 U1B，元件标号 U1B 中的 B 表示第二个单元，是系统自动加上的，若放置的是第一单元，则系统在 U1 后面自动加上 A。依此类推。

练一练：

1. 分别放置与非门 74LS00 中的四个单元，如图 3.27 所示。74LS00 所在的元件库为 Protel DOS Schematic Libraries.ddb。

2. 分别放置非门 4069 中的六个单元，如图 3.28 所示。4069 所在的元件库为 Protel DOS Schematic Libraries.ddb。

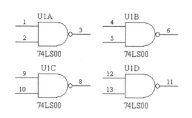

图 3.27　74LS00 元件符号

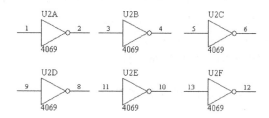

图 3.28　4069 元件符号

3.4　元件及其标号等的属性编辑

在放置元件的过程中，有时需要修改元件的标号、标注、封装形式，以及显示字体的颜色和大小等，这就是元件及其标号等的属性编辑。

3.4.1　元件的属性编辑

元件的属性编辑在如图 3.26 所示的"Part"属性对话框中进行，调出元件属性对话框的方法有四种。

第一种方法：在放置元件过程中元件处于浮动状态时，按 Tab 键。

第二种方法：双击已放置好的元件。

第三种方法：在元件符号上单击鼠标右键，在弹出的快捷菜单中选择 Properties 选项。

第四种方法：执行菜单命令 Edit|Change，用十字光标单击对象。

其他对象的属性对话框均可采用这四种方法调出。

"Part"属性对话框中常用选项的含义如下。

（1）Attributes 选项卡。

- Lib Ref：元件名称。
- Footprint：元件的封装形式。
- Designator：元件标号。
- Part Type：元件标注或类别。
- Part：元件的单元号。
- Selection：确定元件是否处于选中状态，√表示选中。
- Hidden Pins：是否显示引脚号，√表示显示，如图 3.29 中的 1、2 等。
- Hidden Field：是否显示标注选项区内容，√表示显示，每个元件有 16 个标注，可输入有关元件的任何信息，如果标注中没有输入信息，则显示"*"。
- Field Names：是否显示标注的名称，√表示显示，标注区名称为 Part Field 1～Part Field 16。

（2）Graphical Attrs 选项卡（如图 3.30 所示）。

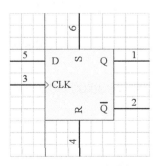

图 3.29　显示引脚号

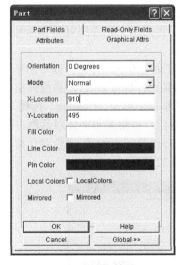

图 3.30　"Part"属性对话框 Graphical Attrs 选项卡

- Orientation：设置元件的摆放方向。有 0 Degrees、90 Degrees、180 Degrees、270 Degrees 四个方向。
- Mode：设置元件的图形显示模式。
- X-Location、Y-Location：元件的位置。

- Fill Color：设置方块图式元件的填充颜色。默认设置为黄色。
- Line Color：设置方块图式元件的边框颜色。
- Pin Color：设置元件引脚颜色。默认设置为黑色。
- Local Color：是否使用 Fill Color、Line Color、Pin Color 选项区所设置的颜色，√ 表示使用。
- Mirrored：元件是否左右翻转，√ 表示翻转。

设置完毕，单击"OK"按钮。

3.4.2 元件标号的属性编辑

要修改元件标号的显示属性，如元件标号的内容、显示方向、字体及颜色，是否被隐藏等，可在元件标号属性对话框中进行。

双击某元件标号如 R1，系统弹出"Part Designator（元件标号）"属性对话框，如图 3.31 所示。"Part Designator"属性对话框中各项含义如下。

- Text：元件标号。
- X-Location、Y-Location：元件标号的位置。
- Orientation：元件标号的摆放方向。有 0 Degrees、90 Degrees、180 Degrees、270 Degrees 四个方向。
- Color：元件标号的颜色。单击蓝颜色处，在弹出的"Choose Color"对话框中选择所需颜色，而后单击"OK"按钮关闭"Choose Color"对话框。系统默认颜色为蓝色。
- Font：设置元件标号的字体，单击"Change"按钮，在弹出的字体对话框中进行设置，而后单击"确定"按钮关闭字体对话框。
- Selection：元件标号是否处于选中状态，√ 表示选中。
- Hide：元件标号是否隐藏，√ 表示隐藏。

设置完毕单击"OK"按钮。

以上所讲方法对于修改单个元件标号是非常方便的，如果要改变原理图中所有元件标号的某一显示属性，再采用上述方法对所有标号逐一修改就非常麻烦，且容易出错，下面介绍一种全局性的修改方法。

以将当前原理图中所有元件标号的字体均设置为粗斜体为例，介绍全局修改方法的操作步骤。

① 双击某元件标号如 R1，系统弹出"Part Designator"属性对话框。

② 在对话框中单击"Change"按钮，在弹出的字体对话框中将字体改为粗斜体字号改为 14 后，单击"确定"按钮关闭字体对话框。

③ 在"Part Designator"属性对话框中单击"Global"按钮，此时"Part Designator"属性对话框变为图 3.32 所示。

图 3.31　"Part Designator（元件标号）"属性对话框

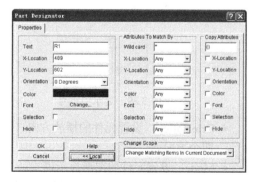

图 3.32　全局修改时的"Part Designator"对话框

④ 在 Attributes To Match By（匹配对象和匹配条件）区域中，匹配对象选择 Font（字体），并在 Font 旁边的匹配条件中选择 Same。

⑤ 在 Change Scope（设置操作范围）中选择 Change Matching Item In Current Document。

⑥ 设置完毕单击"OK"按钮，系统弹出"Confirm"对话框，要求用户确认，选择"Yes"后，当前原理图上与 R1 字体相同的元件标号，全部变为粗斜体，字号变为 14，如图 3.33 所示。

注：在其他对象的属性对话框中，单击"Global"按钮，同样可以进行全局修改。

练一练：在原理图中任意放置几个元件，将所有元件标号的字体均改为 14 号粗体。

3.4.3　元件标注的属性编辑

要修改元件标注的属性，可在元件标注属性对话框中进行。

双击某元件标注如 10k，弹出"Part Type（元件标注）"属性对话框，如图 3.34 所示。

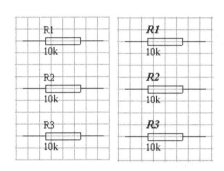

图 3.33　元件标号修改前后的情况

图 3.34　"Part Type（元件标注）"属性对话框

"Part Type"属性对话框中各项含义如下。

- Type：元件标注或类别。
- X-Location、Y-Location：元件标注的显示位置。
- Orientation：元件标注的显示方向。
- Color：元件标注的显示颜色。
- Font：元件标注的显示字体。
- Selection：元件标注是否处于选中状态，√表示选中。
- Hide：元件标注是否隐藏，√表示隐藏。

这些选项的设置均与"Part Designator"属性对话框中相同，故不再赘述。

练一练：按照 3.4.2 节中所讲的全局修改方法，将原理图中所有元件标注的颜色改为红色。

3.5　使用电路绘图工具

在 Protel 99 SE 中，绘制电路原理图时所放置的对象可分为两类：具有电气特性的和不具有电气特性的对象。

Wiring Tools 工具栏中包括的均为具有电气特性的对象。本节主要介绍 Wiring Tools 工具栏的使用。

3.5.1 绘制导线

1．绘制导线

单击～图标，或执行菜单命令 Place | Wire，导线的绘制方法见 3.3.2 节。

2．导线的属性设置

第一种方法：当系统处于画导线状态时按下 Tab 键，系统弹出"Wire（导线）"属性对话框，如图 3.35 所示。

第二种方法：双击已经画好的导线，也可弹出"Wire"属性对话框。该对话框中各项含义如下。

- Wire：设置导线宽度。单击列表框右边的下拉箭头，出现导线宽度列表。共有四种导线宽度：Smallest、Small、Medium、Large。
- Color：设置导线颜色。单击颜色框可设置导线的颜色。
- Selection：导线是否处于选中状态，√表示选中。

设置完毕，单击"OK"按钮。

如果将当前原理图上所有导线的宽度从 Small 改为 Medium，仍然要采用全局修改方法。具体操作步骤如下。

① 双击已经画好的一条导线，系统弹出"Wire"属性对话框。

② 将导线的宽度 Wire 设置为 Medium。

③ 单击"Global"按钮，"Wire"属性对话框变为如图 3.36 所示。

④ 在 Attributes To Match By 区域的 Wire 中选择 Same，Copy Attributes 选择 Wire。

⑤ 在 Change Scope 中选择 Change Matching Item In Current Document。

⑥ 设置完毕单击"OK"按钮，系统弹出"Confirm"对话框，要求用户确认，选择"Yes"后，当前原理图中所有线宽为 Small 的导线，宽度全部变为 Medium。

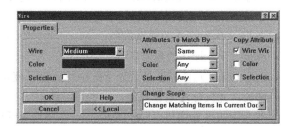

图 3.35 "Wire（导线）"属性对话框　　图 3.36 全局修改时的"Wire"属性对话框

3．改变导线的走线模式（即拐弯样式）

在光标处于画线状态时，按下 Shift+空格组合键可自动转换导线的拐弯样式，如图 3.37（a）所示。

4．改变已画导线的长短

单击已画好的导线，导线两端出现两个小黑点即控制点，拖曳控制点可改变导线的长短，如图 3.37（b）所示。

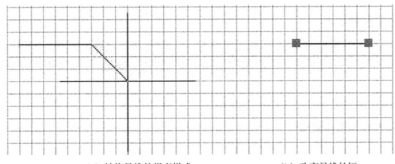

（a）转换导线的拐弯样式　　　　　（b）改变导线长短

图 3.37　改变导线长短

3.5.2　绘制总线

总线是多条并行导线的集合，如图 3.38 中的粗线所示。在原理图中合理的使用总线，可以使图面简洁明了。

1．总线的绘制

第一种方法：单击 ⊥ 图标。

第二种方法：执行菜单命令 Place|Bus。

总线的绘制方法同导线的绘制。

2．总线的属性设置

第一种方法：当系统处于画总线状态时，按下"Tab"键则弹出"Bus（总线）"属性对话框，如图 3.39 所示。

第二种方法：双击已经画好的总线，也可弹出"Bus"属性对话框。

"Bus"对话框的设置与导线的设置基本相同，不再赘述。

3．改变总线的走线模式（拐弯样式）

在光标处于画线状态时，按下 Shift+空格组合键可自动转换总线的拐弯样式。

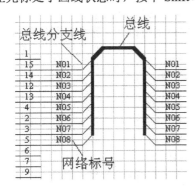

图 3.38　总线、总线分支线、网络标号

图 3.39　"Bus（总线）"属性对话框

3.5.3　绘制总线分支线

总线分支线是总线和导线的连接点。如图 3.38 中的斜线所示。

1．总线分支线的绘制

第一种方法：单击 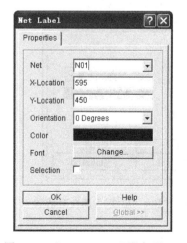图标，光标变成十字形，此时可按空格键、X 键、Y 键改变方向，在适当位置单击鼠标左键，即可放置一个总线分支线。此后可继续放置，最后单击鼠标右键退出放置状态。

第二种方法：执行菜单命令 Place | Bus Entry，后续操作同上。

2．总线分支线的属性设置

第一种方法：当系统处于画总线分支线状态时按下 Tab 键，系统弹出"Bus Entry（总线分支线）"属性对话框。

第二种方法：双击已经画好的总线分支线，也可弹出"Bus Entry"属性对话框。

"Bus Entry"属性对话框的设置与导线的设置基本相同，其中各项含义如下。

- X1-Location、Y1-Location：总线分支线的起点位置。
- X2-Location、Y2-Location：总线分支线的终点位置。
- Line Width：总线分支线的显示宽度。与导线宽度相同，也有四种。
- Selection：确定总线分支线是否处于选中状态。

设置完毕单击"OK"按钮。

3.5.4 放置网络标号

在总线中聚集了多条并行导线，怎样表示这些导线之间的具体连接关系呢？在比较复杂的原理图中，有时两个需要连接的电路（或元件）距离很远，甚至不在同一张图纸上，该怎样进行电气连接呢？这些都要用到网络标号。

网络标号的物理意义是电气连接点。在电路图上具有相同网络标号的电气连线是连在一起的。即在两个以上没有相互连接的网络中，把应该连接在一起的电气连接点定义成相同的网络标号，使它们在电气含义上属于真正的同一网络。如图 3.38 中的 N01、N02 等，图中标有 N01 的两条导线在电气上是连在一起的，其他同理。这个功能在将电路原理图转换成印制电路板的过程中十分重要。

网络标号多用于层次式电路、多重式电路各模块电路之间的连接和具有总线结构的电路图中。

网络标号的作用范围可以是一张电路图，也可以是一个项目中的所有电路图。

1．网络标号的放置

① 单击 图标，或执行菜单命令 Place | Net Label，光标变成十字形且网络标号表示为一虚线框随光标浮动。

② 按 Tab 键系统弹出"Net Label（网络标号）"属性设置对话框，如图 3.40 所示。

"Net Label"属性设置对话框中各项含义如下。

- Net：网络标号名称。
- X-Location、Y-Location：网络标号的位置。
- Orientation：设置网络标号的方向。共有四种方向，0 Degrees、90 Degrees、180 Degrees、270 Degrees。

图 3.40 "Net Label（网络标号）"属性设置对话框

- Color：设置网络标号的颜色。
- Font：设置网络标号的字体、字号。

设置完毕，单击"OK"按钮。

③ 网络标号仍为浮动状态，此时按空格键可改变其方向。

④ 在适当位置单击鼠标左键，放置好网络标号。

⑤ 单击鼠标左键继续放置，单击鼠标右键退出放置状态。

2．网络标号属性编辑

第一种方法：在放置过程中进行编辑，如上述方法。

第二种方法：双击已放置好的网络标号，在弹出的"Net Label"属性设置对话框中进行设置。

3．注意问题

（1）网络标号不能直接放在元件的引脚上，一定要放置在引脚的延长线上，如图 3.38 所示。
网络标号 N01 等均放置在与引脚相连的导线上。

（2）如果定义的网络标号最后一位是数字，在下一次放置时，网络标号的数字将自动加 1。

（3）网络标号是有电气意义的，千万不能用任何字符串代替。

练一练：绘制如图 3.41 所示带有总线的电路原理图，其元件属性见表 3.3。

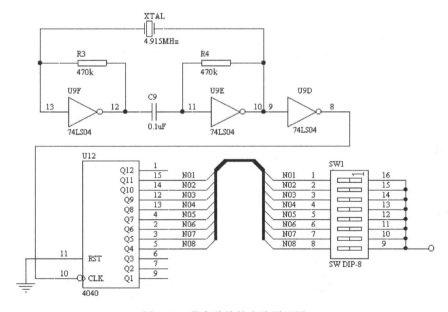

图 3.41　带有总线的电路原理图

表 3.3　带有总线的电路图元件属性列表

Lib Ref	Designator	Part Type	Footprint
Cap	C9	0.1uF	RAD0.2
Crystal	XTAL	4.915MHz	RAD0.2
74LS04	U9	74LS04	DIP14
RES2	R3、R4	470k	AXIAL0.4
4040	U12	4040	DIP16

（续表）

Lib Ref	Designator	Part Type	Footprint
SW DIP-8	SW1	SW DIP-8	DIP16
U9 在 Protel DOS Schematic Libraries.ddb 中的 Protel DOS Schematic TTL.Lib，U12 在 Protel DOS Schematic Libraries.ddb 中的 Protel DOS Schematic 4000CMOS.Lib，其余元件在 Miscellaneous Devices.ddb 中			

3.5.5　放置电路节点

电路节点表示两条导线相交时的状况。在电路原理图中两条相交的导线，如果有节点，则认为两条导线在电气上相连接；若没有节点，则在电气上不相连。

1．电气节点的放置

① 单击 ✛ 图标，或执行菜单命令 Place | Junction。
② 在两条导线的交叉点处单击鼠标左键，则放置好一个节点。
③ 此时仍为放置状态，可继续放置，单击鼠标右键，退出放置状态。

2．电气节点属性编辑

第一种方法：
在放置过程中按下 Tab 键，系统弹出"Junction（节点）"属性设置对话框，如图 3.42 所示。
第二种方法：
双击已放置好的电路节点，在弹出的"Junction"属性设置对话框中进行设置。
"Junction"属性设置对话框中各项含义分别如下。

- X-Location、Y-Location：设置节点位置。
- Size：设置节点大小。共有四种选择。
- Color：设置节点颜色。
- Selection：确定节点是否被选中。
- Locked：确定节点是否被锁定。若不选定此属性，当导线的交叉不存在时，该处原有的节点自动删除；如果选定此属性，当导线的交叉不存在时，节点仍继续存在。

3．有关提示

关于节点的放置，用户可通过原理图文件的设置使操作简化。

① 执行菜单命令 Tools | Preferences，系统弹出"Preferences"对话框，如图 3.43 所示。

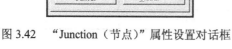

图 3.42　"Junction（节点）"属性设置对话框

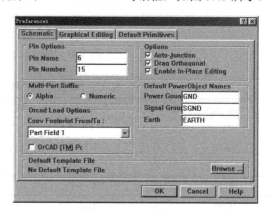

图 3.43　"Preferences"对话框

② 选择 Schematic 选项卡。

③ 在 Options 区域中选中 Auto-Junction，单击"OK"按钮。

选中此项后，在画导线时，系统将在"T"字连接处自动产生节点；如果没有选择此项，系统不会在"T"字连接处自动产生节点。

注意：Auto-Junction 在默认状态下处于被选中状态。

3.5.6 放置端口

如前所述，用户可以通过设置相同的网络标号，使两个电路具有电气连接关系。

此外，用户还可以通过制作 I/O 端口，并且使某些 I/O 端口具有相同的名称，从而使它们被视为同一网络，而在电气上具有连接关系。

1．放置端口

① 单击 📼 图标，或执行菜单命令 Place | Port。

② 此时光标变成十字形，且一个浮动的端口粘在光标上随光标移动。单击鼠标左键，确定端口的左边界。在适当位置单击鼠标左键，确定端口右边界，如图 3.44 所示。

③ 现在仍为放置端口状态，单击鼠标左键继续放置，单击鼠标右键退出放置状态。

2．端口属性编辑

端口属性编辑包括端口名、端口形状、端口电气特性等内容的编辑。

第一种方法：

在放置过程中按下 Tab 键，系统弹出"Port（端口）"属性设置对话框，如图 3.45 所示。

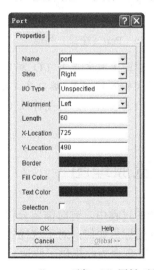

图 3.44　放置端口　　　　　图 3.45　"Port（端口）"属性对话框

第二种方法：

双击已放置好的端口，在弹出的"Port"属性设置对话框中进行设置。

"Port"属性设置对话框中各项含义分别如下。

- Name：I/O 端口名称。
- Style：I/O 端口外形。端口外形见图 3.46。

- I/O Type：I/O 端口的电气特性。共设置了四种电气特性，分别为 Unspecified（无端口）、Output（输出端口）、Input（输入端口）和 Bidirectional（双向端口）。
- Alignment：端口名在端口框中的显示位置，分别包括 Center（中心对齐）、Left（左对齐）和 Right（右对齐）。
- Length：端口长度。
- X-Location、Y-Location：端口位置。
- Border：端口边界颜色。
- Fill Color：端口内的填充颜色。
- Text Color：端口名的显示颜色。
- Selection：确定端口是否处于选中状态。

设置完毕，单击"OK"按钮。

3．改变已放置好端口的大小

对于已经放置好的端口，也可以不通过属性对话框直接改变其大小，操作步骤如下。

① 单击已放置好的端口，端口周围出现虚线框。

② 拖曳虚线框上的控制点，即可改变其大小，如图 3.47 所示。

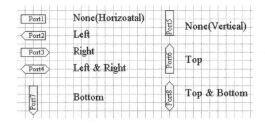

图 3.46　Port（端口）外形

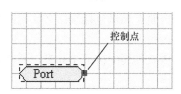

图 3.47　改变端口大小的操作

练一练：在原理图上放置三个 I/O 端口，端口的属性分别设置如下：端口名（Data1）、外形（Right）、电气特性（输入端口）；端口名（Data2）、外形（Left）、电气特性（输出端口）；端口名（Data3）、外形（Left & Right）、电气特性（双向端口）。

▮▶ 3.6　浏览原理图

在绘制原理图的过程中，有时需要分门别类地查看某些内容。如想查看图中已经放置了哪些元件，且这些元件的标号如何，对于这样的要求，如果在整张原理图中查看，显然不现实，原理图编辑器中的设计管理器为此提供了快速、简单、有效的分类浏览原理图的方法。

操作步骤如下。

① 打开一个原理图文件，在左边的设计管理器中选择 Browse Sch 选项卡。

② 在 Browse 选项区中单击下拉列表框按钮，选择 Primitives，如图 3.48 所示。

③ 此时图 3.48 中所显示的是原理图中的有关内容。

1．信息选择区

信息选择区列出了原理图中所有可以显示的项目，具体含义分别如下。

- All：所有内容。

- Bus Entries：总线分支信息。
- Busses：总线信息。
- Directives：设计指示。
- Error Markers：错误标志信息。
- Images：图片信息。
- Junctions：连接点信息。
- Labels：单行文字标注信息。
- Layout Directives：PCB 布线指示信息。
- Net Identifiers：网络标识符信息。
- Net Labels：网络标号信息。
- Part Fields：元件标注区信息，即每个元件 Part Field 1～Part Field 16 的内容。
- Part Types：元件标注信息。
- Parts：元件信息。
- Pins & Parts：元件及其引脚信息。
- Pins：引脚信息。
- Hierarchical Nets：层次网络信息。
- Ports：端口信息。
- Power Objects：电源和接地信息。
- Sheet Entries：方块电路出入口信息。
- Sheet Parts：电路图式元件信息。
- Sheet Symbols：方块电路图信息。
- Sheet Sym Files：方块电路图的文件信息。
- Sim. Directives：电路模拟仿真指示信息。
- Sim. Probes：电路模拟仿真探测信息。
- Sim. Vectors：电路模拟仿真测试向量。
- Sim. Stimulus：电路模拟仿真激励信息。
- Suppress ERC：忽略 ERC 检查信息。
- Text Frames：文字区块信息。
- Wires：导线信息。

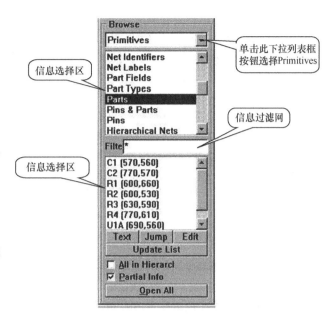

图 3.48　浏览原理图内容

选择要浏览的项目如图 3.48 信息选择区中的"Parts"，则在信息浏览区中列出该项目的具体内容。

2．信息过滤区

如果选择的某项内容太多，浏览查询起来不方便，可在过滤区中设置显示条件，以屏蔽掉不需要的信息。信息过滤区的使用方法与元件过滤区的使用方法相同，参见 3.2.3 节。

3．信息浏览区

显示符合过滤条件的信息。如图 3.48 中在信息选择区中选择了 Parts，则在浏览区显示原理图中的所有元件。

图 3.48 中各按钮和选项的含义如下。

- "Text"按钮：可以编辑信息浏览区中选中对象的文字内容。
- "Jump"按钮：可以跳转到指定对象的位置。如在信息浏览区中选中元件 R1，单击"Jump"按钮，则 R1 将显示在编辑窗口的中央。
- "Edit"按钮：可以编辑信息浏览区中选中对象的属性。
- All in Hierarchy：当打开项目中所有原理图后，选中此复选框，表示显示整个项目的信息，不选中表示只显示当前激活的原理图信息。
- Partial Info：选中表示只简单地显示主要信息，否则将显示完整信息。
- Update List：更新信息列表框中的内容。电路图改变后，单击此按钮，可更新信息列表框中的内容。

图 3.48 中，在信息选择区中选中了 Parts，即显示原理图中的所有元件信息，在信息过滤框中是通配符"*"，且选中了 Partial Info 选项，所以在信息浏览区中显示的是原理图中所有元件的主要信息，即元件标号和所在位置。

练一练：

1. 打开一个已经绘制好的电路原理图文件，按照图 3.48 进行选择，看看信息浏览区中的显示内容。

2. 在以上选择中，去掉 Partial Info 项前的 √，再看看信息浏览区中的显示内容。

⇒ 3.7 电路的 ERC 检查

电路图在绘制过程中，可能会出现一些人为的错误。有些错误可以忽略，有些错误却是致命的，如 VCC 和 GND 短路。Protel 99 SE 提供了对电路的 ERC 检查，利用软件测试用户设计的电路，以便找出这些错误。

1. ERC 电气法则检查

ERC 电气法则检查即 Electronic Rule Checker，是利用软件测试用户电路的方法，能够测试设计者在物理连接上的错误。

2. ERC 检查步骤

执行菜单命令 Tools | ERC，系统弹出"Setup Electrical Rule Check（ERC 设置）"对话框，如图 3.49 所示。设置完毕单击"OK"按钮，进行 ERC 检查。

3. ERC 设置对话框

（1）Setup 选项卡。

- Multiple net names on net：检查同一个网络上是否拥有多个不同名称的网络标识符。
- Unconnected net labels：检查是否有未连接到其他电气对象的网络标号。
- Unconnected Power objects：检查是否有未连接到任一电气对象的电源对象。
- Duplicate sheet numbers：检查项目中是否有绘图页号码相同的绘图页。
- Duplicate component designators：检查是否有标号相同的元件。
- Bus label format errors：检查附加在总线上的网络标号的格式是否非法。
- Floating input pins：检查是否有悬空引脚。
- Suppress warnings：忽略警告（Warning）等级的情况。
- Create report file：设置列出全部 ERC 信息并产生错误信息报告。

- Add errors markers：设置在原理图上有错误的位置上放置错误标记。
- Descend into sheet parts：在执行 ERC 检查时，同时深入到原理图元件内部电路进行检查。此项针对电路图式元件。
- Sheets to Netlist：设置检查范围。

Active sheet：只检查当前打开的原理图文件。

Active project：对当前打开电路图的整个项目进行 ERC 检查。

Active sheet plus sub sheet：对当前打开的电路图及其子电路图进行检查。

- Net Identifier Scope：设置网络标号的工作范围。

（2）Rule Matrix 选项卡（如图 3.50 所示）。这是一个彩色的正方形区块，称为电气规则矩阵。

该选项卡主要用来定义各种引脚、输入输出端口、电路图出入口彼此间的连接状态是否已构成错误（Error）或警告（Warning）等级的电气冲突。

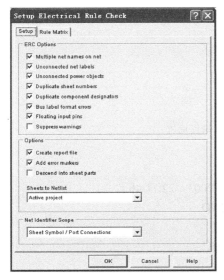

图 3.49 "Setup Electrical Rule Check"
对话框 Setup 选项卡

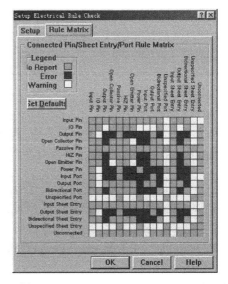

图 3.50 "Setup Electrical Rule Check"
对话框 Rule Matrix 选项卡

矩阵中以彩色方块表示检查结果。绿色方块表示这种连接方式不会产生错误或警告信息（如某一输入引脚连接到某一输出引脚上），黄色方块表示这种连接方式会产生警告信息（如未连接的输入引脚），红色方块表示这种连接方式会产生错误信息（如两个输出引脚连接在一起）。

错误指电路中有严重违反电路原理的连线情况，如 VCC 和 GND 短路。

警告是指某些轻微违反电路原理的连线情况，由于系统不能确定它们是否真正有误，所以用警告表示。

这个矩阵是以交叉接触的形式读入的。如要查看输入引脚接到输出引脚的检查条件，就观察矩阵左边的 Input Pin 这一行和矩阵上方的 Output Pin 这一列之间的交叉点即可，交叉点以彩色方块来表示检查结果。

交叉点的检查条件可由用户自行修改，在矩阵方块上单击鼠标左键即可在不同颜色的彩色方块之间进行切换。

4．ERC 检查结果

可以输出相关的错误报告，即*.ERC 文件，主文件名与原理图相同，扩展名为.ERC，同时可以在电路原理图的相应位置显示错误标记。

如图 3.51 所示，是对该电路利用默认设置进行 ERC 检测的结果。其中电源 VCC 和接地 GND 因不与任何电路相连，经 ERC 检查后，显示错误标志，并在 ERC 报告中说明。

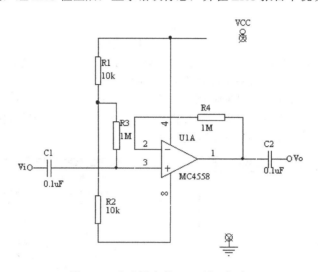

图 3.51　电路图中的 ERC 错误标志

下面是 ERC 报告的文件内容。

```
Error Report For : Documents\Sheet2.Sch        31-May-2003    22:11:46
  #1 Warning     Unconnected Power Object On Net GND
      Sheet2.Sch GND
  #2 Warning     Unconnected Power Object On Net VCC
      Sheet2.Sch VCC
End Report
```

本 章 小 结

原理图中放置的对象可以分为两大类，一类是具有电气特性的对象，一类不具有电气特性。本章介绍的是具有电气特性对象的放置方法及其属性的编辑方法。

具有电气特性的对象包括：元件、导线、电源/接地符号、节点、总线、总线分支线、网络标号、I/O 端口等，这些对象的放置命令都包括在 Wiring Tools 工具栏中。这些对象的编辑均可以在各自的属性对话框中进行。值得说明的是，在 3.4.2 节中关于元件标号的全局修改方法具有普遍意义，其他对象的全局修改也可参照此种方法进行。

在本章中还介绍了利用设计管理器浏览、管理、编辑原理图的方法，这种方法对于分类浏览复杂电路图非常方便。最后介绍了对原理图的 ERC 电气法则检测。

读者在学习了第 3 章以后，已经掌握了绘制原理图的基本方法。对于比较简单的原理图，应能比较容易地完成绘制任务。

练　习

1．原理图中放大、缩小屏幕的快捷键分别是什么？试一试，好用吗？

2．加载/移出原理图元件库的方法有几种，你会操作吗？

3．元件的属性有几个，它们的含义分别是什么？

4．放置元件的操作有几种方法？

5．如果不想显示原理图中所有的元件标注（注意：是不显示，而不是没有内容），应怎样操作？在将元件标注隐藏后，若想重新显示，又该怎样操作？

6．放置网络标号应注意什么问题？

7．ERC 电气检测法则能检查电路中的逻辑错误吗？

8．绘制如图 3.52 所示电路图，图中相关元件的属性见表 3.4。

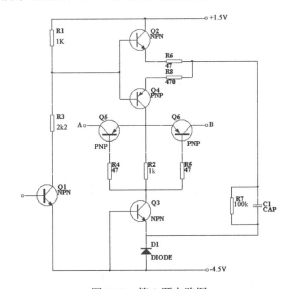

图 3.52　第 8 题电路图

表 3.4　第 8 题电路图元件属性列表

Lib Ref	Designator	Part Type	Footprint
RES2	R1、R2	1k	AXIAL0.4
RES2	R3	2k2	AXIAL0.4
RES2	R4、R5、R6	47	AXIAL0.4
RES2	R7	100k	AXIAL0.4
RES2	R8	470	AXIAL0.4
CAP	C1	CAP	RAD0.2
DIODE	D1	DIODE	DIODE0.4
NPN	Q1、Q2、Q3	NPN	TO-92A
PNP	Q4、Q5、Q6	PNP	TO-92A
元件库：Miscellaneous Devices.ddb			

9．绘制如图 3.53 所示电路图，图中相关元件属性见表 3.5。

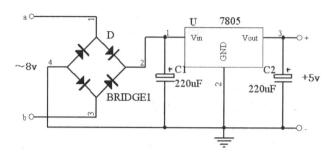

图 3.53　第 9 题电路图

表 3.5　第 9 题电路图元件属性列表

Lib Ref	Designator	Part Type	Footprint
BRIDGE1	D	BRIDGE1	
VOLTREG	U	7805	
ELECTRO1	C1、C2	220uF	
元件库：Miscellaneous Devices.ddb			

10．绘制如图 3.54 所示电路图，图中相关元件属性见表 3.6。

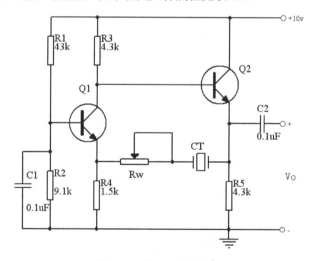

图 3.54　第 10 题电路图

表 3.6　第 10 题电路图元件属性列表

Lib Ref	Designator	Part Type	Footprint
RES2	R1	43k	
RES2	R2	9.1k	
RES2	R3、R5	4.3k	
RES2	R4	1.5k	
CAP	C1、C2	0.1uF	
NPN	Q1、Q2		

（续表）

Lib Ref	Designator	Part Type	Footprint
POT2	Rw		
CRYSTAL	CT		
元件库：Miscellaneous Devices.ddb			

11. 绘制如图 3.55 所示电路图，图中相关元件属性见表 3.7。

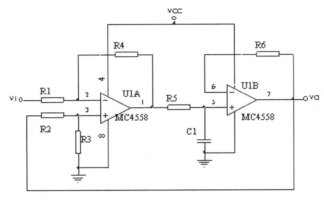

图 3.55　第 11 题电路图

表 3.7　第 11 题电路图元件属性列表

Lib Ref	Designator	Part Type	Footprint
1458	U1	MC4558	DIP8
RES2	R1~R5		AXIAL0.4
Cap	C1		RAD0.2
1458 在 Protel DOS Schematic Libraries.ddb 中的 Protel DOS Schematic Operational Amplifiers.Lib 中，其余元件在 Miscellaneous Devices.ddb 中			

12. 绘制如图 3.56 所示电路图，图中相关元件属性见表 3.8。

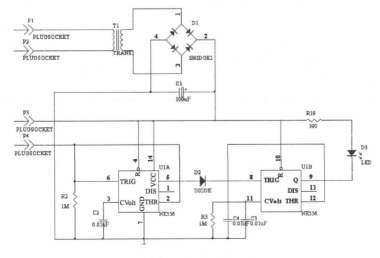

图 3.56　第 12 题电路图

表 3.8　第 12 题电路图元件属性列表

Lib Ref	Designator	Part Type	Footprint
CAP	C2、C3、C4	0.01uF	
RES1	R2、R3	1M	
ELECTRO1	C1	100uF	
RES1	R19	390	
BRIDGE1	D1	BRIDGE1	
DIODE	D2	DIODE	
LED	D3	LED	
NE556	U1	NE556	
PLUGSOCKET	P1～P4	PLUGSOCKET	
TRANS1	T1	TRANS1	
元件库：U1 在 Protel DOS Schematic Libraries.ddb 中的 Protel DOS Schematic Linear.Lib 中，其余元件在 Miscellaneous Devices.ddb 中			

13．绘制如图 3.57 所示电路图，图中相关元件属性见表 3.9。

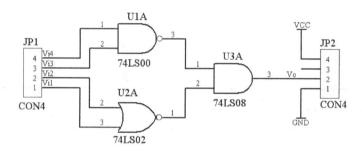

图 3.57　第 13 题电路图

表 3.9　第 13 题电路图元件属性列表

Lib Ref	Designator	Part Type	Footprint
CON4	JP1、JP2	CON4	SIP4
74LS00	U1	74LS00	DIP14
74LS02	U2	74LS02	DIP14
74LS08	U3	74LS08	DIP14
元件库：U1、U2、U3 在 Protel DOS Schematic Libraries.ddb 中的 Protel DOS Schematic TTL.Lib 中，其余元件在 Miscellaneous Devices.ddb 中			

14．绘制如图 3.58 所示电路图，图中相关元件属性见表 3.10。

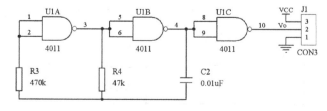

图 3.58　第 14 题电路图

表 3.10　第 14 题电路图元件属性列表

Lib Ref	Designator	Part Type	Footprint
RES2	R3	470k	AXIAL0.4
RES2	R4	47k	AXIAL0.4
CAP	C2	0.01uF	RAD0.2
4011	U1	4011	DIP14
元件库：U1 在 Protel DOS Schematic Libraries.ddb 中的 Protel DOS Schematic 4000 CMOS.Lib 中，其余元件在 Miscellaneous Devices.ddb 中			

15. 绘制如图 3.59 所示电路图，图中相关元件属性见表 3.11。

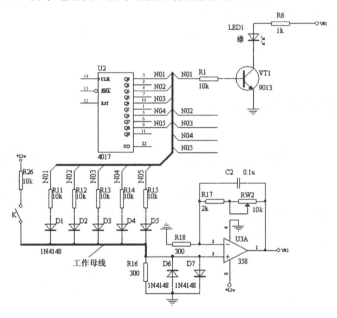

图 3.59　第 15 题电路图

表 3.11　第 15 题电路图元件属性列表

Lib Ref	Designator	Part Type	Footprint
RES2	R1、R11、R12、R13、R14、R15、R26	10k	AXIAL0.4
RES2	R6	1k	AXIAL0.4
RES2	R16、R18	300	AXIAL0.4
RES2	R17	2k	AXIAL0.4
4017	U2	4017	DIP16
LED	LED1	绿	
NPN	VT1	9013	TO-92A
DIODE	D1、D2、D3、D4、D5、D6、D7		DIODE0.4
SW SPST	K		
1458	U3	358	DIP8
POT2	RW2	10kΩ	VR1
元件库：U2 在 Protel DOS Schematic Libraries.ddb 中的 Protel DOS Schematic 4000 CMOS.Lib 中，U3 在 Protel DOS Schematic Libraries.ddb 中的 Protel DOS Schematic Operational Amplifiers.Lib 中，其余元件在 Miscellaneous Devices.ddb 中			

高级绘图

为了使电路图清晰、易读，设计者往往需要在图中增加一些文字或图形，辅助说明电路的功能、信号流向等。而这些文字或图形的增加，应该对图中的电气特性没有丝毫影响，为此 Protel 99 SE 提供了很好的绘图功能。另外，为了使操作简单，系统还提供了复制、剪切、粘贴、排列、层次变换，以及字符串查找与替换等功能。

⇒ 4.1　一般绘图工具介绍

Protel 99 SE 中的绘图功能，都体现在 Drawing Tools 工具栏中，如图 4.1 所示。

需要说明的是，该工具栏中所绘制的对象均不具有电气特性，在做电气规则 ERC 检查和产生网络表时，不产生任何影响。

图 4.1　Drawing Tools 工具栏

4.1.1　画直线

这里所说的直线（Line）完全不同于 Wiring Tools 工具栏中的导线（Wire），因此在元器件之间切不要用此直线进行连接。

1．操作方法

操作方法与画导线相同，具体步骤如下。

① 单击 ∕ 图标，或执行菜单命令 Place | Drawing Tools | Line，光标变成十字形。

② 单击鼠标左键确定直线的起点。

③ 在画直线的过程中，可以按 Shift+空格组合键改变拐弯样式。

④ 在适当位置单击鼠标左键确定直线的终点。

⑤ 单击鼠标右键完成一段直线的绘制。

可按以上步骤绘制新的直线，绘制完毕，连续单击鼠标右键两下，退出画线状态。

2．直线属性的编辑

第一种方法：在画直线的过程中按下 Tab 键，系统弹出"PolyLine"属性设置对话框，如图 4.2 所示。在属性对话框中进行设置。

第二种方法：双击已画好的直线，也可弹出"PolyLine"属性设置对话框。

"PolyLine"属性设置对话框中各选项的含义如下。

- Line Width：线宽，共有 4 种线宽，分别是 Smallest、Small、Medium 和 Large。
- Line Style：线型，共有 3 种线型，分别是 Solid（实线）、Dashed（虚线）和 Dotted（点线）。
- Color：直线的颜色。
- Selection：确定直线是否选中。

设置完毕，单击"OK"按钮。

3．改变直线的长短或位置

单击已画好的直线，在直线两端出现控制点时，拖曳控制点可改变直线的长短，拖曳直线本身可改变其位置。

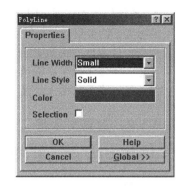

图 4.2 "PolyLine"属性设置对话框

4.1.2 放置说明文字

如果需要在原理图中放置单行说明文字，可按下列步骤操作。

① 单击 T 图标，或执行菜单命令 Place | Annotation（此命令只能写单行注释）。光标变成十字形，且在光标上有一虚线框。

② 按下 Tab 键，系统弹出"Annotation"属性对话框，如图 4.3 所示。

"Annotation"属性对话框中各项含义如下。

- Text：说明文字内容。
- X-Location、Y-Location：说明文字的位置。
- Orientation：说明文字的方向，共有 4 种方向，分别是 0 Degrees、90 Degrees、180 Degrees 和 270 Degrees。
- Color：说明文字的颜色。
- Font：可以设置说明文字的字体和字号。单击"Font"按钮，系统弹出"字体"对话框如图 4.4 所示，设置后单击"确定"按钮。
- Selection：确定说明文字是否处于选中状态。

设置完毕单击"OK"按钮。

图 4.3 "Annotation"属性设置对话框

图 4.4 "字体"对话框

③ 此时说明文字仍处于浮动状态，在适当位置单击鼠标左键即放置好。

④ 系统仍处于放置说明文字状态，单击鼠标左键可继续放置，单击鼠标右键退出放置状态。如果说明文字的最后一位是数字，继续放置时数字会自动加1。

双击已放置好的说明文字，也可弹出图4.3所示"Annotation"属性对话框，进行编辑。

注意： 千万不能用字符串代替网络标号！

练一练： 在原理图上放置"原理图练习"的说明文字，并设置成不同的字体和字号。

4.1.3　放置文本框

如果需要放置多行说明文字，则要用放置文本框的命令。

1. 操作方法

图4.5　放置好的文本框

① 单击▦图标，或执行菜单命令 Place | Text Frame，光标变成十字形，且在光标上有一虚线框。

② 单击鼠标左键确定文本框的左下角。

③ 移动鼠标可以看到屏幕上有一个虚线预拉框，在该预拉框的对角位置单击鼠标左键，则放置了一个文本框，并自动进入下一个放置过程。放置好的文本框如图4.5所示。

④ 单击鼠标右键结束放置状态。

2. 编辑文本框

第一种方法：在放置文本框的过程中按下 Tab 键，系统弹出"Text Frame"属性对话框。

第二种方法：双击已放置好的文本框，也可弹出"Text Frame"属性对话框，如图4.6所示。

"Text Frame"属性对话框中各选项含义如下。

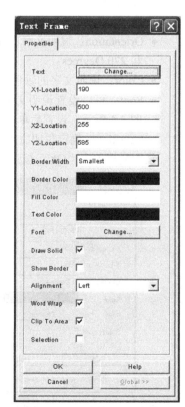

图4.6　"Text Frame"属性对话框

- Text：编辑文字。单击右边的"Change"按钮，出现"Edit TextFrame Text"文字编辑窗口，如图4.7所示。在文字编辑窗口输入要显示的文字后单击"OK"按钮，返回图4.6"Text Frame"属性对话框。
- X1-Location、Y1-Location：文本框对角线顶点位置。
- X2-Location、Y2-Location：文本框对角线另一个顶点位置。
- Border Width：边框宽度。与直线的宽度设置相同。
- Border Color：边框颜色。
- Fill Color：填充颜色。
- Text Color：文本颜色。
- Font：文本字体。
- Draw Solid：是否填充 Fill Color 选项中设置的颜色，选中表示填充。
- Show Border：是否显示边框线，选中表示显示。
- Alignment：文字的对齐方式，有 3 种对齐方式，分别是 Center、Left 和 Right。
- Word Wrap：确定文本超出边框时是否自动换行。选中为自动换行。

- Clip To Area：如果文字超出了边框，确定是否显示，选中为不显示。
- Selection：确定文本框是否被选中。

设置完毕，单击"OK"按钮。

3. 改变已放置好文本框的尺寸

单击已放置好的文本框，文本框四周出现控制点。如图 4.8 所示。拖曳任一控制点即可改变文本框的尺寸。

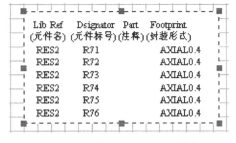

图 4.7 "Edit TextFrame Text"文字编辑窗口　　　图 4.8 文本框四周出现控制点

练一练：在原理图上放置一个没有填充颜色、没有边框的文本框，内容自选。

4.1.4 绘制矩形和圆角矩形

1. 绘制矩形（圆角矩形）

① 单击□图标或执行菜单命令 Place | Drawing Tools | Rectangle（绘制圆角矩形单击◎图标或执行菜单命令 Place | Drawing Tools | Round Rectangle）。（以绘制矩形为例）光标变成十字形，且十字光标上带着一个与前次绘制相同的浮动矩形。

② 移动光标到合适位置，单击鼠标左键，确定矩形的左上角。

③ 拖曳光标选择合适的矩形大小，在矩形的右下角单击鼠标左键，则放置好一个矩形。

④ 此时仍为放置状态，可继续放置，也可单击鼠标右键退出放置状态。

2. 矩形的编辑

第一种方法：在放置矩形的过程中按下 Tab 键，系统弹出"Rectangle"属性对话框。

第二种方法：双击已放置好的矩形，也可弹出"Rectangle"属性对话框。

"Rectangle"属性对话框中主要选项的含义如下。

- Border Width：矩形边框的线宽。
- Border Color：矩形边框的颜色。
- Fill Color：矩形的填充颜色。
- Draw Solid：是否填充颜色。选中为填充，即矩形显示 Fill Color 中选择的填充颜色。

3. 改变已绘制好矩形的大小

单击已放置好的矩形，矩形四周出现控制点，如图 4.9 所示。拖曳任一控制点即可改变矩形的大小。

4.1.5　绘制多边形

以图 4.10 为例，讲解绘制多边形的操作方法。

① 单击 ⊠ 图标或执行菜单命令 Place | Drawing Tools | Polygons，光标变成十字形。

② 在多边形的每一个顶点处单击鼠标左键，即可绘制出所需的多边形。

③ 绘制完毕，单击鼠标右键，自动进入下一个绘制状态。

④ 此时可继续绘制其他多边形，最后连续单击鼠标右键两次退出绘制状态。

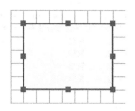

图 4.9　矩形四周出现控制点　　　　　图 4.10　绘制好的多边形

4.1.6　绘制椭圆弧线

绘制椭圆弧线需要确定椭圆的圆心、横向半径、纵向半径、弧线的起点和终点位置，因此，绘制椭圆弧线的过程比较复杂。

操作步骤如下。

① 单击 图标或执行菜单命令 Place | Drawing Tools | Elliptical Arcs，光标变成十字形，且十字光标上带着一个与前次绘制相同的椭圆弧线形状。

② 在合适位置单击鼠标左键，确定椭圆圆心。

③ 此时光标自动跳到椭圆横向的圆周顶点，移动光标，在合适位置单击鼠标左键，确定横向半径长度。

④ 光标自动跳到椭圆纵向的圆周顶点，移动光标，在合适位置单击鼠标左键，确定纵向半径长度。

⑤ 光标自动跳到椭圆弧线的一端，移动光标，在合适位置单击鼠标左键，确定椭圆弧线的起点。

⑥ 光标自动跳到椭圆弧线的另一端，移动光标，在合适位置单击鼠标左键，确定椭圆弧线的终点。

⑦ 至此一个完整的椭圆弧线绘制完成，同时自动进入下一个绘制过程。单击鼠标右键退出绘制状态。

图 4.11 为绘制椭圆弧线的过程。

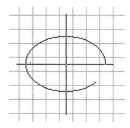

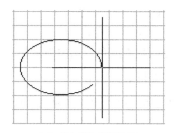

（a）确定圆心位置　　　　　（b）确定横向半径长度

图 4.11　绘制椭圆弧线

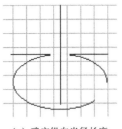
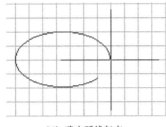
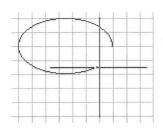

（c）确定纵向半径长度　　　　　　（d）确定弧线起点　　　　　　（e）确定弧线终点

图 4.11　绘制椭圆弧线（续）

注：在以上操作过程中，单击鼠标右键，系统可回到前一状态，用户可进行修改。

练一练：绘制一个半径为 50mil，线宽为 Medium 的半圆弧线。

4.1.7　绘制椭圆图形

操作步骤如下。

① 单击 图标或执行菜单命令 Place | Drawing Tools | Ellipses，光标变成十字形，且十字光标上带着一个与前次绘制相同的椭圆图形形状。

② 在合适位置单击鼠标左键，确定椭圆圆心。

③ 此时光标自动跳到椭圆横向的圆周顶点，移动光标，在合适位置单击鼠标左键，确定横向半径长度。

④ 光标自动跳到椭圆纵向的圆周顶点，移动光标，在合适位置单击鼠标左键，确定纵向半径长度。

⑤ 至此一个完整的椭圆图形绘制完毕，同时自动进入下一个绘制过程。单击鼠标右键退出绘制状态。

如果设置的横向半径与纵向半径相等，则可以绘制圆形，如图 4.12 所示。

椭圆和圆的编辑方法可参见 4.1.4 节中矩形的编辑方法。

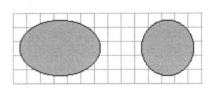

图 4.12　绘制的椭圆和圆

练一练：绘制一个半径为 50mil 的圆形。

4.1.8　绘制扇形

扇形的绘制与椭圆图形的绘制类似。具体操作步骤如下。

① 单击 图标或执行菜单命令 Place | Drawing Tools | Pie charts，光标变成十字形，且十字光标上带着一个与前次绘制相同的扇形形状。

② 在合适位置单击鼠标左键，确定扇形圆心。

③ 在合适位置单击鼠标左键，确定扇形半径。

④ 移动光标，在合适位置单击鼠标左键，确定扇形的起点。

⑤ 移动光标，在合适位置单击鼠标左键，确定扇形的终点。

⑥ 至此一个完整的扇形绘制完毕，同时自动进入下一个绘制过程。单击鼠标右键退出绘制状态。

扇形的编辑方法可参见 4.1.4 节中矩形的编辑方法。

4.1.9 绘制曲线

利用 Protel 99 SE 提供的工具可以绘制我们所需要的任意曲线。

1. 操作方法

① 单击 圖 图标或执行菜单命令 Place | Drawing Tools | Beziers，光标变成十字形。

② 单击鼠标左键确定曲线起始点，如图 4.13 中的 A 点。

③ 移动光标在图 4.13 中 B 点处单击左键，确定与曲线相切的两条切线的交点。

④ 移动光标，屏幕出现一个弧线，在合适位置如图 4.13 中 C 点单击两次鼠标左键，将弧线固定。

⑤ 此时可继续绘制曲线的另外部分，也可单击鼠标右键，完成一个绘制过程，并自动进入下一个绘制过程。

⑥ 最后再单击鼠标右键退出绘制状态。

2. 编辑曲线

单击曲线的任一端点，曲线周围出现控制点，如图 4.14 所示，拖曳控制点可改变曲线的形状。

曲线的绘制过程中需要确定与曲线相切的两条切线的交点位置，如图 4.13 中的 B 点。因此要迅速画好各种曲线，还应当多加练习。

练一练：绘制一个正弦曲线。

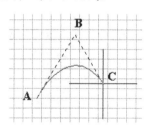

图 4.13 绘制曲线的过程

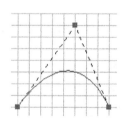

图 4.14 编辑曲线

4.1.10 插入图片

在原理图中可以插入图片。Protel 99 SE 支持的图形文件类型有：位图文件（扩展名为 BMP、DIB、RLE）、JPEG 文件（扩展名为 JPG）、图元文件（扩展名为 WMP）。

1. 操作方法

① 单击 图 图标或执行菜单命令 Place | Drawing Tools | Graphic。

② 系统弹出文件选择对话框，选择文件后单击"打开"按钮。

③ 此时光标变成十字形，并有一矩形框随光标移动。单击鼠标左键确定图片的左上角。

④ 在右下角单击鼠标左键，即放置好一张图片，并自动进入下一放置过程。

⑤ 单击鼠标右键退出放置状态。

2. 编辑图片的显示属性

双击放置好的图片，系统弹出"Graphic"属性对话框，如图 4.15 所示。对话框中各选项含义如下。

● File Name：插入的图形文件名。

- Browse：单击此按钮可重新选择图形文件。
- X1-Location、Y1-Location、X2-Location、Y2-Location：图片两个对角顶点位置。改变其数值，可改变图片大小。
- Border Width：图片边框线宽度。
- Border Color：图片边框线颜色。
- Selection：图片是否处于选中状态。
- Border On：是否显示图片边框，√表示显示。
- X:Y Ratio：是否保持图片 X 轴方向与 Y 轴方向原有的比例关系，√表示保持。

设置完毕，单击"OK"按钮。

练一练：插入一张图片，选中"X:Y Ratio"复选框，改变其大小，再去掉"X:Y Ratio"复选框前的√，改变其大小，对比一下效果如何。

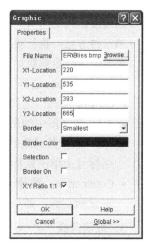

图 4.15　"Graphic"属性对话框

⇒ 4.2　对象的选择、复制、剪切、粘贴、移动和删除

4.2.1　对象的聚焦与选择

1. 对象的聚焦

对象的聚焦即对象处于获取焦点的状态。

对象被聚焦时，周围出现虚线框，如图 4.16（a）所示。同一时刻只能有一个对象获取焦点。

聚焦对象的操作：在对象上单击鼠标左键。

取消聚焦状态：在聚焦对象以外的任何地方，单击鼠标左键。

2. 选择对象

选择对象与聚焦对象是相互独立的。对象被选中时周围出现黄线框，如图 4.16（b）所示。

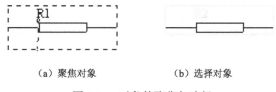

（a）聚焦对象　　　　　　　　（b）选择对象

图 4.16　对象的聚焦与选择

选择对象的操作有以下三种。

第一种方法：按住鼠标左键并拖曳，此时屏幕出现一虚线框，松开鼠标左键后，虚线框内的所有对象全部被选中。

第二种方法：

① 单击主工具栏上的 ▦ 图标，光标变成十字形。

② 在适当位置单击鼠标左键，确定虚线框的一个顶点。

③ 在虚线框另一对角线单击鼠标左键确定另一顶点。

则虚线框内的所有对象全部被选中。

第三种方法：执行菜单命令 Edit | Selection，在下一级菜单中选择有关命令。

菜单中各命令解释如下。

- Inside Area：选择区域内的所有对象，同第一、二种方法。
- Outside Area：选择区域外的所有对象，操作同上，只是选择的对象在区域外面。
- All：选择图中的所有对象。
- Net：选择某网络的所有导线。执行命令后，光标变成十字形，在要选择的网络导线上或网络标号上单击鼠标左键，则该网络的所有导线和网络标号全部被选中。
- Connection：选择一个物理连接。执行命令后光标变成十字形，在要选择的一段导线上单击鼠标左键，则与该段导线相连的导线均被选中。

3. 取消选择

最简单的方法是单击主工具栏上的 图标，则所有选中状态被取消。

执行菜单 Edit | Deselection 中的各命令，也可以取消选中状态。其操作与选择的操作类似，不再赘述。

4.2.2 对象的复制、剪切、粘贴

Protel 99 SE 提供了自己的剪贴板，对象的复制、剪切、粘贴都是在其内部的剪贴板上进行的。

1. 对象的复制

① 选中要复制的对象。

② 执行菜单命令 Edit | Copy，光标变成十字形。

③ 在选中的对象上单击鼠标左键，确定参考点。参考点的作用是在进行粘贴时的基准点。

此时选中的内容被复制到剪贴板上。

2. 对象的剪切

① 选中要剪切的对象。

② 执行菜单命令 Edit | Cut，光标变成十字形。

③ 在选中的对象上单击鼠标左键，确定参考点。

此时选中的内容被复制到剪贴板上，与复制不同的是选中的对象也随之消失。

3. 对象的粘贴

① 接复制或剪切操作。

② 单击主工具栏上的 图标，或执行菜单命令 Edit | Paste，光标变成十字形，且被粘贴对象处于浮动状态粘在光标上。

③ 在适当位置单击鼠标左键，完成粘贴。

4. 阵列式粘贴

阵列式粘贴可以完成同时粘贴多次剪贴板内容的操作。

① 接复制或剪切操作。

② 单击 Drawing Tools 工具栏的 按钮，或执行菜单命令 Edit | Paste Array，系统弹出"Setup Paste Array"设置对话框。

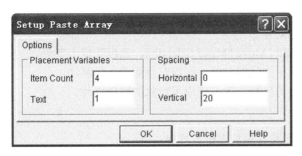

图 4.17 "Setup Paste Array" 设置对话框

③ 设置好对话框的参数后，单击"OK"按钮。

④ 此时光标变成十字形，在适当位置单击鼠标左键，则完成粘贴。

"Setup Paste Array"设置对话框中各选项含义如下。

- Item Count：要粘贴的对象个数。
- Text：元件序号的增长步长。
- Horizontal：粘贴对象的水平间距。
- Vertical：粘贴对象的垂直间距。

图 4.18 为阵列式粘贴的操作过程。

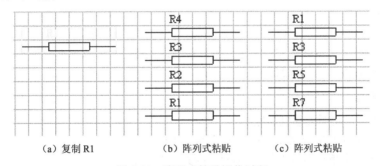

(a) 复制 R1　　　　(b) 阵列式粘贴　　　　(c) 阵列式粘贴

图 4.18　阵列式粘贴操作过程

图 4.18 中（b）图的参数设置如下：Item Count 设置为 4；Text 设置为 1；Horizontal 设置为 0；Vertical 设置为 20。

图 4.18 中（c）图的参数设置如下：Item Count 设置为 4；Text 设置为 2；Horizontal 设置为 0；Vertical 设置为 -20。

练一练：

1. 在原理图文件中放置一个元件，对该元件进行复制、剪切、粘贴的操作。

2. 将该元件同时复制 3 个，要求复制结果为 3 个元件在水平一条线上，元件标号依次增长。

4.2.3 对象的移动与拖曳

1. 移动对象

第一种方法：

① 执行菜单命令 Edit | Move | Move，光标变成十字形。

② 在要移动的对象上单击鼠标左键，则该对象随着光标移动。

③ 在适当的位置单击鼠标左键，完成了对象的移动操作。

第二种方法：

① 选中需要移动的对象。

② 执行菜单命令 Edit | Move | Move Selection，光标变成十字形。

③ 在选中的对象上单击鼠标左键，则该对象随着光标移动。

④ 在适当的位置单击鼠标左键，完成了对象的移动操作。

2．拖曳对象

在需要移动的对象上按住鼠标左键并拖曳。

4.2.4 对象叠放次序

1．移到最上层

以图 4.19 为例，将矩形移到最上层。

第一种方法：

① 执行菜单命令 Edit | Move | Move To Front，光标变成十字形。

② 在矩形图形上单击鼠标左键，则矩形变为浮动状态，随光标移动。

③ 再单击鼠标左键，矩形图形移到最上层。

④ 单击鼠标右键退出此状态。

第二种方法：

① 执行菜单命令 Edit | Move | Bring To Front，光标变成十字形。

② 在矩形图形上单击鼠标左键，矩形图形移到最上层。

③ 单击鼠标右键退出此状态。

2．移到最底层

以图 4.19 为例，将矩形移到最底层。

① 执行菜单命令 Edit | Move | Send To Back，光标变成十字形。

② 在矩形图形上单击鼠标左键，矩形图形移到最底层。

③ 单击鼠标右键退出此状态。

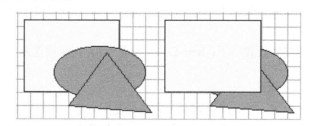

图 4.19 改变对象的叠放次序

3．将一个对象移到另一个对象的上面

例如，将矩形移到椭圆与三角形之间，如图 4.20 所示。

① 执行菜单命令 Edit | Move | Bring To Front of，光标变成十字形。

② 用鼠标左键单击准备上移的对象如矩形，此时该对象消失。

③ 在参考对象即椭圆上单击鼠标左键，则消失的对象立即处于参考对象的上面。

④ 单击鼠标右键退出此状态。

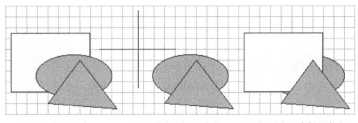

（a）改变层次前　　　（b）单击后矩形消失　　（c）矩形出现在椭圆之上

图 4.20　移到另一个对象的上面

4．将一个对象移到另一个对象的下面

执行菜单命令 Edit | Move | Send To Back of，后续操作同 Bring To Front of。

练一练：按照图 4.19、图 4.20 分别做改变对象叠放次序的操作。

4.2.5　删除对象

第一种方法：

① 使对象聚焦。

② 按 Delete 键。

第二种方法：

① 选中对象。

② 按 Ctrl+Delete 组合键，或执行菜单命令 Edit | Clear。

第三种方法：

① 执行菜单命令 Edit | Delete，光标变成十字形。

② 在要删除的对象上单击鼠标左键，即完成删除。

③ 此时仍可继续删除其他对象，也可单击鼠标右键退出删除状态。

‖➡ 4.3　对象的排列和对齐

当原理图上的元件摆放杂乱无章时，利用 Protel 99 SE 的排列与对齐功能，可以使图面整齐，且进一步提高工作效率。

1．对象左对齐

操作步骤：

① 选中要排齐的所有对象。

② 执行菜单命令 Edit | Align | Align Left，则所选对象以最左边的对象为基准处于同一垂直线上，如图 4.21 所示。

2．对象右对齐

操作步骤：

① 选中要排齐的所有对象。

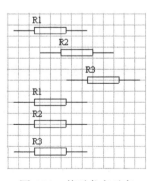

图 4.21　使对象左对齐

② 执行菜单命令 Edit | Align | Align Right，则所选对象以最右边的对象为基准处于同一垂直线上。

3. 对象按水平中心线对齐

操作步骤：

① 选中要排齐的所有对象。

② 执行菜单命令 Edit | Align | Center Horizontal，则所选对象以水平中心为基准处于同一垂直线上。

4. 对象水平等间距分布

操作步骤：

① 选中要排齐的所有对象。

② 执行菜单命令 Edit | Align | Distribute Horizontally，则所选对象沿水平方向等间距分布。执行此命令后对象只在水平方向上等间距分布，并没有对齐的操作。

5. 对象顶端对齐

操作步骤：

① 选中要排齐的所有对象。

② 执行菜单命令 Edit | Align | Align Top，则所选对象以最上面的对象为基准处于同一水平线上。

6. 对象底端对齐

操作步骤：

① 选中要排齐的所有对象。

② 执行菜单命令 Edit | Align | Align Bottom，则所选对象以最下面的对象为基准处于同一水平线上。

7. 对象按垂直中心线对齐

操作步骤：

① 选中要排齐的所有对象。

② 执行菜单命令 Edit | Align | Center Vertical，则所选对象以垂直中心为基准处于同一水平线上。

8. 对象垂直等间距分布

操作步骤：

① 选中要排齐的所有对象。

② 执行菜单命令 Edit | Align | Distribute Vertical，则所选对象沿垂直方向等间距分布。执行此命令后对象只在垂直方向上等间距分布，并没有对齐的操作。

9. 同时进行排列和对齐

要同时进行排列和对齐两种操作，可使用以下命令。

① 选中要排齐的所有对象。

② 执行菜单命令 Edit | Align | Align，系统弹出"Align Objects"对话框，如图 4.22 所示。

"Align Objects"对话框中各选项含义如下。

- Horizontal Alignment 选项区域：设置水平方向的排列与对齐方式。具体内容包含 No Change（不改变位置）、Left（左对齐）、Centre（水平方向中间对齐）、Right（右对齐）和 Distribute equally（水平方向等间距分布）。

- Vertical Alignment 选项区域：设置垂直方向的排列与对齐方式。具体内容包含 No Change（不改变位置）、Top（顶端对齐）、Center（垂直方向中间对齐）、Bottom（底端对齐）和 Distribute equally（垂直方向等间距分布）。

③ 设置完毕，单击"OK"按钮。图 4.22 设置为水平方向左对齐，垂直方向均匀分布。图 4.23 是排列前和排列后的情况。

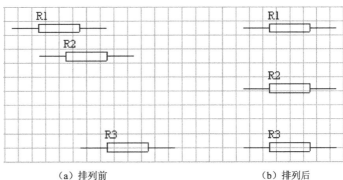

（a）排列前   （b）排列后

图 4.22 "Align Objects"对话框   图 4.23 同时做水平左对齐和垂直均匀分布

练一练：在原理图上任意放置三个电容，利用上述操作，使这三个电容水平排列成一条直线，且间隔均匀。

4.4 字符串查找与替换

Protel 99 SE 提供了一些非常实用的字符串查找、替换，以及元件重新编号的功能。下面逐一介绍它们的使用方法。

4.4.1 字符串查找

要在原理图中迅速地查找某个字符串（如元件标号），可使用字符串查找功能。具体操作步骤如下。

① 执行菜单命令 Edit | Find Text，系统弹出"Find Text"对话框。

"Find Text"对话框中各选项含义如下。

- Text to find：输入要查找的字符串，如图 4.24 中的 C1，该文本框允许使用通配符"*"和"？"。
- Scope 区域：查找范围。

  Sheet Scope：查找的原理图范围，有两个选项。包括 Current Document（在当前活动的原理图中查找）和 All Documents（在当前原理图所属项目的全部原理图中查找）。

  Selection：查找的对象范围。有三个选项。包括 All Objects（在所有的对象中查找）、Selected Objects（在被选中的对象中查找）和 Deselected Objects（在未被选中的对象中查找）。

- Options 区域。

  Case sensitive：是否区分大小写，选中表示区分。

  Restrict To Net Identify：选中表示仅限于在网络标志中查找。

② 设置好对话框后，单击"OK"按钮。图 4.25 是查找 C1 的结果。C1 周围出现虚线框，且被放大后出现在编辑窗口中间。

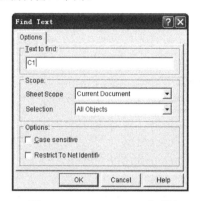

图 4.24 "Find Text"对话框   图 4.25 查找 C1 的结果

4.4.2 字符串替换

利用字符串替换功能可以很方便地对字符进行修改，如将元件标号 C1 改成 D1。

执行菜单命令 Edit | Replace Find Text，系统弹出"Find And Replace Text"对话框。

"Find And Replace Text"对话框中各选项含义如下。

- Text 区域。

  Text To Find：输入要被替换的原字符串，如图 4.26 中的 C1。

  Replace With：输入要替换的新字符串，如图 4.26 中的 D1。

- Options 区域。

  Prompt On Replace：找到指定字符串后替换前是否提示确认。选中表示显示提示。

其余选项的含义同图 4.24。

例如：将原理图中所有 U 打头的编号，如 U1、U2…替换为 D1、D2…，则图 4.26 所示对话框的设置如下。

Text To Find：U*
Replace With：{U=D}

图 4.26 "Find And Replace Text"对话框

4.4.3 元件编号

一个电路设计中的元件编号是不能重复的，为了保证在整个设计中元件编号的唯一性，系统提供了元件重新编号的功能。具体操作步骤如下。

① 打开一个已绘制的原理图文件。

② 执行菜单命令 Tools | Annotate，系统弹出"Annotate"对话框。

③ 在对话框的 Annotate Options 区域选择元件编号的方式，其中"All Parts"指对所有元件重新编号；"？Parts"指对编号为"？"的元件进行编号，即对标号为"U？""R？"等的元件进行编号；"Reset Designators"指将所有编号设置为初始状态，即设置为"U？""R？"状态；"Update Sheets Number Only"指重新编排原理图的图号。

④ 如果选择了对元件重新编号，还要在 Re-annotate Method 区域中选择元件标号的排列方向，共有四个方向：1 Up then across；2 Down then across；3 Across then up；4 Across then down。

⑤ 选择完毕单击"OK"按钮。

练一练：打开一个已绘制好的原理图文件，将其中所有 R 打头的标号替换为 RE 打头。

本 章 小 结

本章主要介绍原理图中不具有电气特性对象的放置方法和编辑方法，这些对象都可以由 Drawing Tools 工具栏提供。包括：直线、多边形、椭圆弧线、曲线、矩形、圆角矩形、椭圆图形、扇形、说明文字、文本框、图片等。本章还介绍了对象的复制、剪切、粘贴、排列、层次变换，以及字符串的查找与替换的操作方法。

通过本章的学习，不仅可以大大提高绘制原理图的速度，而且可以使图面漂亮、易读，从而使原理图的设计更加完美。

练 习

1. 直线 Line 与导线 Wire 有什么区别？在使用中能互相代替吗？

2. 能用说明文字表示网络标号吗？

3. 什么是对象的聚焦？什么是对象的选中？

4. 在进行复制、剪切、粘贴的操作前，应聚焦对象还是选中对象？试一试，两种方法都可以吗？

第5章

层次原理图

对于比较复杂的电路图，一张电路图纸无法完成设计，需要多张原理图。Protel 99 SE 提供了将复杂电路图分解为多张电路图的设计方法，这就是层次原理图设计方法。

▶ 5.1 层次原理图结构

层次式电路是将一个大的电路分成几个功能块，再对每个功能块里的电路进行细分，还可以再建立下一层模块，如此下去，形成树形结构。

层次式电路主要包括两大部分：主电路图和子电路图。其中主电路图与子电路图的关系是父电路与子电路的关系，在子电路图中仍可包含下一级子电路。

下面以 Protel 99 SE 提供的范例 Z80 Microprocessor.ddb 中的层次原理图为例，介绍层次原理图的结构。

Z80 Microprocessor.ddb 的存放路径是\Program Files\Design Explorer 99 SE\Examples。

1．主电路图

主电路图文件的扩展名是.prj。主电路图相当于整机电路图中的方框图，一个方块图相当于一个模块。图中的每个模块都对应着一个具体的子电路图。与方框图不同的是，主电路图中的连接更具体。各方块图之间的每个连接都要在主电路图中表示出来。如图 5.1 所示。

需要注意的是，与原理图相同，方块图之间的连接也要用到具有电气性能的 Wire（导线）和 Bus（总线），如图 5.1 所示。

2．子电路图

子电路图文件的扩展名是.Sch。一般地，子电路图都是一些具体的电路原理图。子电路图与主电路图的连接是通过方块图中的端口实现的。如图 5.2 和图 5.3 所示。

在图 5.2 所示的方块图中，只有一个端口 CPUCLK。在图 5.3 中所示的子电路图中也只有一个端口，这个端口就是 CPUCLK。所以，方块图中的端口与子电路图中的端口是一一对应的。

▶ 5.2 不同层次电路文件之间的切换

在编辑或查看层次原理图时，有时需要从主电路的某一方块图直接转到该方块图所对应的子电路图，或者反之。Protel 99 SE 为此提供了非常简便的切换功能。

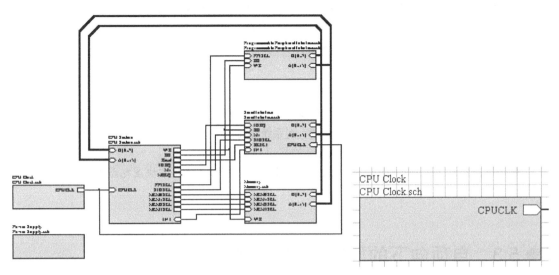

图 5.1 主电路图（Z80 Processor.prj）　　　图 5.2 主电路图中的一个方块图

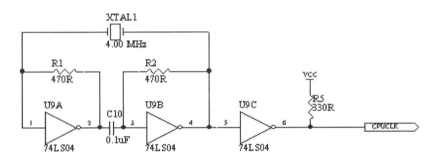

图 5.3 图 5.2 所示方块图对应的子电路图

5.2.1 利用项目导航树进行切换

打开 Z80 Microprocessor.ddb 设计数据库并展开设计导航树，如图 5.4 所示。其中 Z80
Processor.prj 是 主 电 路 图 也 称 为 项 目 文 件 ， Z80
Processor.prj 前面的"−"表示该项目文件已被展开。主电
路图下面扩展名为.Sch 的文件就是子电路图，子电路图文
件名前面的"+"表示该子电路图下面还有一级子电路，
如 Serial Interface.Sch。

单击导航树中的文件名或文件名前面的图标，可以
很方便地打开相应的文件。

5.2.2 利用导航按钮或命令进行切换

1. 从方块图查看子电路图

操作步骤：

① 打开方块图电路文件。

图 5.4 设计数据库文件的设计导航树

② 单击主工具栏上的■■图标，或执行菜单命令 Tools | Up/Down Hierarchy，光标变成十字形。

③ 在准备查看的方块图上单击鼠标左键，则系统立即切换到该方块图对应的子电路图上。

2. 从子电路图查看方块图（主电路图）

操作步骤：

① 打开子电路图文件。

② 单击主工具栏上的■■图标，或执行菜单命令 Tools | Up/Down Hierarchy，光标变成十字形。

③ 在子电路图的端口上单击鼠标左键，则系统立即切换到主电路图，该子电路图所对应的方块图位于编辑窗口中央，且鼠标左键单击过的端口处于聚焦状态。

练一练：打开 Z80 Microprocessor.ddb 设计数据库文件，练习在方块图电路和子电路图之间的切换。

▌▶ 5.3 自顶向下的层次原理图设计

自顶向下的层次原理图设计方法的思路是，先设计主电路图，再根据主电路图设计子电路图。这些主电路和子电路文件都要保存在一个专门的文件夹中。以 Z80 Microprocessor.ddb 设计数据库为例，介绍设计方法。

5.3.1 设计主电路图

主电路图又称为项目文件，项目文件的扩展名是.prj。操作步骤如下。

1. 建立项目文件夹

打开一个设计数据库文件。

① 执行菜单命令 File | New，系统弹出"New Document"对话框。

② 选择 Document Fold（文件夹）图标，单击"OK"按钮。

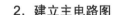

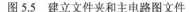

③ 将该文件夹的名字改为 Z80。

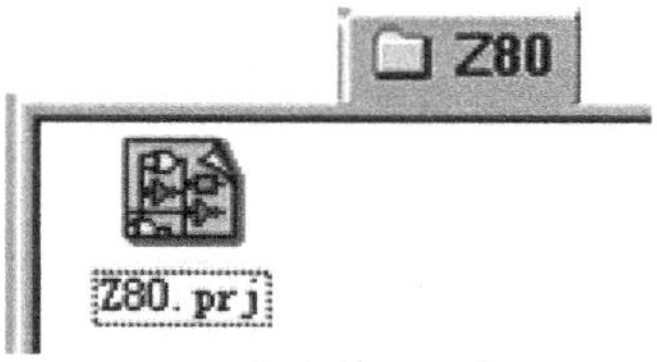

2. 建立主电路图

① 打开 Z80 文件夹。

② 执行菜单命令 File | New，系统弹出"New Document"对话框。

③ 选择 Schematic Document 图标，单击"OK"按钮。

④ 将该文件的名字改为 Z80.prj。如图 5.5 所示。

图 5.5　建立文件夹和主电路图文件

3. 绘制方块电路图

① 打开 Z80.prj 文件。

② 单击 Wiring Tools 工具栏中的■图标或执行菜单命令 Place | Sheet Symbol，光标变成十字形，且十字光标上带着一个与前次绘制相同的方块图形状。

③ 设置方块图属性：按 Tab 键，系统弹出"Sheet Symbol"属性设置对话框。

双击已放置好的方块图，也可弹出"Sheet Symbol"属性设置对话框，如图 5.6 所示。

"Sheet Symbol"属性设置对话框中有关选项含义如下。

- Filename：该方块图所代表的子电路图文件名。如 Memory.Sch。
- Name：该方块图所代表的模块名称。此模块名应与 Filename 中的主文件名相对应。如 Memory。设置好后，单击"OK"按钮确认，此时光标仍为十字形。

④ 确定方块图的位置和大小：在适当的位置单击鼠标左键，确定方块图的左上角，移动光标当方块图的大小合适时在右下角单击鼠标左键，则放置好一个方块图。

⑤ 此时仍处于放置方块图状态，可重复以上步骤继续放置，也可单击鼠标右键，退出放置状态。

4. 放置方块电路端口

① 单击 Wiring Tools 工具栏中的 图标，或执行菜单命令 Place | Add Sheet Entry，光标变成十字形。

② 将十字光标移到方块图上单击鼠标左键，出现一个浮动的方块电路端口，此端口随光标的移动而移动，如图 5.7 所示。

注：此端口必须在方块图上放置。

③ 设置方块电路端口属性：按 Tab 键系统弹出"Sheet Entry"属性设置对话框，如图 5.8 所示。双击已放置好的端口也可弹出"Sheet Entry"属性设置对话框。

"Sheet Entry"属性设置对话框中有关选项含义如下。

- Name：方块电路端口名称，如 WR。
- I/O Type：端口的电气类型。单击图 5.8 中 Input 旁的下拉按钮，出现端口电气类型列表。具体包括 Unspecified（不指定端口的电气类型）、Output（输出端口）、Input（输入端口）和 Bidirectional（双向端口）。

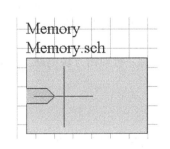

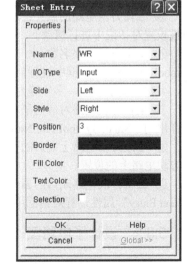

图 5.6　"Sheet Symbol"　　　图 5.7　浮动的方块电路端口图形　　图 5.8　"Sheet Entry"属性设置
　　　属性设置对话框　　　　　　　　　　　　　　　　　　　　　　　对话框

因为 WR（写）信号是输入信号，所以选择 Input。

- Side：端口的停靠方向。具体包括

Left（端口停靠在方块图的左边缘）、Right（端口停靠在方块图的右边缘）、Top（端口停靠在方块图的顶端）和 Bottom（端口停靠在方块图的底端）。

这里设置为 Left。

- Style：端口的外形。具体包括 None（无方向）、Left（指向左方）、Right（指向右方）和 Left & Right（双向）。

如果图 5.8 中浮动的端口出现在方块电路的顶端或底端，则 Style 端口外形中的 Left、Right、Left & Right 分别变为 Top、Bottom、Top & Bottom。

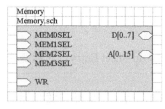

图 5.9 放置好端口的方块电路

这里设置为 Right。

设置完毕单击"OK"按钮确定。

④ 此时方块电路端口仍处于浮动状态，并随光标的移动而移动。在合适位置单击鼠标左键，则完成了一个方块电路端口的放置。

⑤ 系统仍处于放置方块电路端口的状态，重复以上步骤可放置方块电路的其他端口，单击鼠标右键，可退出放置状态。

放置好端口的方块电路如图 5.9 所示。

5. 连接各方块电路

在所有的方块电路及端口都放置好以后，用导线（Wire）或总线（Bus）进行连接，具体方法见第 4 章，不再赘述。

图 5.1 为完成电路连接关系的主电路图。

6. 编辑已放置好的方块电路图和方块电路端口

① 移动方块电路：在方块电路上按住鼠标左键并拖曳，可改变方块电路的位置。

② 改变方块电路的大小：在方块电路上单击鼠标左键，则在方块电路四周出现控制点。用鼠标左键拖曳其中的控制点可改变方块电路的大小。

③ 编辑方块电路的属性：用鼠标左键双击方块电路，在弹出的图 5.6 所示的"Sheet Symbol"属性设置对话框中进行修改。

④ 编辑方块电路名称（如 Memory）：用鼠标左键双击方块电路名称 Memory，在弹出的"Sheet Symbol Name"对话框中进行修改。可以修改方块电路的名称、名称的显示方向、名称的显示颜色、名称的显示字体、字号等内容。

⑤ 编辑方块电路对应的子电路图文件名（如 Memory.Sch）：用鼠标左键双击 Memory.Sch，在弹出的"Sheet Symbol File Name"对话框中进行修改。修改内容同上。

⑥ 修改方块电路上端口的停靠位置：在方块电路的端口上按住鼠标左键并拖曳，可改变端口在方块电路上的位置。

⑦ 编辑方块电路端口的属性：用鼠标左键双击方块电路上已放置好的端口，在弹出的图 5.8 "Sheet Entry"属性设置对话框中进行修改。

5.3.2 设计子电路图

子电路图是根据主电路图中的方块电路，利用有关命令自动建立的，不能用建立新文件的方法建立。下面以生成 Memory.Sch 子电路图为例，具体操作步骤如下。

① 在主电路图中执行菜单命令 Design | Create Sheet From Symbol，光标变成十字形。

② 将十字光标移到名为 Memory 的方块电路上，单击鼠标左键，系统弹出"Confirm"对话框，如图 5.10 所示，要求用户确认端口的输入/输出方向。

如果单击"Yes"按钮，则所产生的子电路图中的 I/O 端口方向与主电路图方块电路中端口的方向相反，即输入变成输出，输出变成输入。如果单击"No"按钮，则端口方向不反向。这里我们单击"No"按钮。

③ 单击"No"按钮后,系统自动生成名为 Memory.Sch 的子电路图,且自动切换到 Memory.Sch 子电路图,如图 5.11 所示。

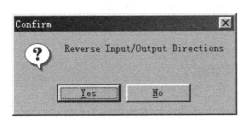

图 5.10　"Confirm"对话框

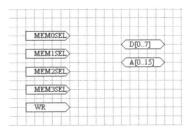

图 5.11　自动生成的 Memory.Sch 子电路图

从图中可以看出,子电路图中包含了 Memory 方块电路中的所有端口,无须自己再单独放置 I/O 端口。

④ 用第 3 章中介绍的方法,绘制 Memory 模块的内部电路。

重复以上步骤,生成并绘制所有方块电路所对应的子电路图,即完成了一个完整的层次电路图的设计。

练一练:利用自顶向下的设计方法,绘制 Z80 Microprocessor.ddb 中的主电路图 Z80 Processor.prj,并绘制其中的一个子电路图 CPU Clock.Sch。

5.4　自底向上的层次原理图设计

自底向上的层次原理图的设计思路是:先绘制各子电路图,再产生对应的方块电路图。仍以 Z80 Microprocessor.ddb 为例。

5.4.1　建立子电路图文件

操作步骤:

① 利用 5.3.1 中的方法建立一个文件夹,并改名为 Z80。

② 在 Z80 文件夹下面,建立一个新的原理图文件。

③ 将系统默认的文件名 Sheet1.Sch 改为 Memory.Sch。

④ 利用第 3 章介绍的方法绘制子电路图,其中 I/O 端口利用 3.5.6 节中介绍的方法进行放置。

重复以上步骤,建立所有的子电路图。

5.4.2　根据子电路图产生方块电路图

操作步骤:

① 在 Z80 文件夹下,新建一个原理图文件,并将文件名改为 Z80.prj。

② 打开 Z80.prj 文件。

③ 执行菜单命令 Design | Create Symbol From Sheet,系统弹出"Choose Document to Place"对话框,如图 5.12 所示。在对话框中列出了当前目录中所有原理图文件名。

④ 选择准备转换为方块电路的原理图文件名。如 Memory.Sch,单击"OK"按钮。

⑤ 系统弹出图 5.10 所示的 "Confirm" 对话框，确认端口的输入/输出方向。这里单击 "No" 按钮。

⑥ 光标变成十字形且出现一个浮动的方块电路图形，随光标的移动而移动。

⑦ 在合适的位置单击鼠标左键，即放置好 Memory.Sch 所对应的方块电路。在该方块图中已包含 Memory.Sch 中所有的 I/O 端口，无须自己再进行放置。如图 5.13 所示。

重复以上步骤，可放置所有子电路图对应的方块电路。

⑧ 利用 5.3.1 小节里 "6" 中介绍的编辑方法，对已放置好的方块电路进行编辑。

⑨ 用导线和总线等工具绘制连线，即完成了从子电路图产生方块电路的设计。

图 5.14 为带有方块电路的子电路图，说明该电路图的下一级还有子电路图。

图 5.12　"Choose Document to Place" 对话框

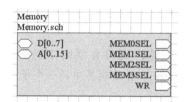

图 5.13　Memory.Sch 所对应的方块电路

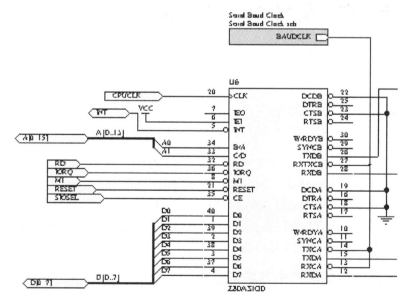

图 5.14　带有方块电路的子电路图

本 章 小 结

本章主要介绍了层次原理图的概念及其设计方法。这一章的内容主要针对比较复杂的电路原理图。在学习这一章时，读者应注意主电路图中的方块电路和子电路图是一一对应的，主电路图方块电路中的端口与子电路图中的端口也是一一对应的。设计正确的层次原理图可以使用本章介绍的浏览方法在主电路图与子电路图之间切换。层次原理图的设计方法主要有两种，自顶向下和自底向上，读者可以根据需要进行练习。

练 习

1．主电路图文件的扩展名是什么？这个文件又称为什么文件？
2．在自顶向下的设计方法中子电路图是如何建立的？
3．在自底向上的设计方法中主电路图是如何建立的？
4．找一个稍微复杂一点的电路图，试着将它改造成层次原理图的形式。
5．绘制如图 5.15 所示的主电路图，和该主电路图下面的一个子电路图 dianyuan.Sch，如图 5.16 所示，图中相关元件属性见表 5.1。绘制完毕，使用 5.2 节中介绍的方法进行主电路和子电路图之间的切换。

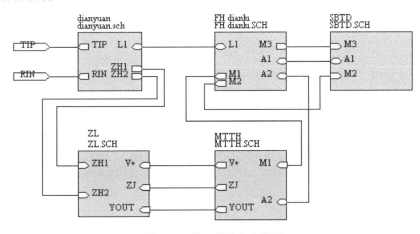

图 5.15 第 5 题的主电路图

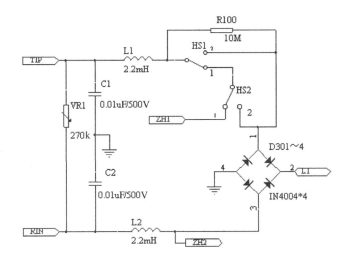

图 5.16 第 5 题的子电路图

表 5.1   第 5 题电路图元件明细表

Lib Ref	Designator	Part Type	Footprint
CAP	C1	0.01uF/500V	
CAP	C2	0.01uF/500V	
RES2	R100	100MΩ	
RES4	VR1	270kΩ	
INDUCTOR	L1	2.2mH	
INDUCTOR	C2	2.2mH	
SW SPDT	HS1	HS1	
SW SPDT	HS2	HS2	
BRIDGE1	D301～4	IN4004*4	
元件库：Miscellaneous Devices.ddb			

第6章

报表文件生成和原理图打印

为了满足生产和工艺上的要求，为了实现印制电路板图的自动布局和自动布线，Protel 99 SE 提供了根据原理图产生各种报表的强大功能。其中包括 Netlist（网络表）和 Reports 菜单中所创建的各种报表，下面逐一进行介绍。

6.1 生成网络表

在根据原理图产生的各种报表中，以网络表最为重要。

6.1.1 网络表的作用

网络表是表示电路原理图或印制电路板元件连接关系的文本文件。它是原理图设计软件 Advanced Schematic 和印制电路板设计软件 PCB 的接口。

网络表文件的主文件名与电路图的主文件名相同，扩展名为".NET"。

网络表的作用如下。

- 可用于印制电路板的自动布局、自动布线和电路模拟程序。
- 可以将检查两个电路原理图或电路原理图与印制电路板图之间是否一致。

6.1.2 网络表的格式

网络表文件中的内容包括元件描述和网络连接描述两部分。

1. 元件的描述

[	元件声明开始
R1	元件标号
AXIAL0.3	元件封装形式
10k	元件标注
]	元件声明结束

所有元件都必须有声明。

2. 网络连接描述

(	网络定义开始
NetR1_1	网络名称
R1_1	此网络的第一个端点
R2_1	此网络的第二个端点
C1_2	此网络的第三个端点
)	网络定义结束

其中网络名称如 VCC、GND 为用户定义，如果用户没有命名，则系统自动产生一个网络名称，如上面的 NetR1_1。端点 R1_1 表示与网络连接的端点是 R1 的第一引脚。在网络描述中，列出该网络连接的所有端点。

所有的网络都应被列出。

6.1.3 产生网络表

操作步骤：

① 打开原理图文件。

② 执行菜单命令 Design | Create Netlist，系统弹出"Netlist Creation"网络表设置对话框，如图 6.1 所示。

"Netlist Creation"网络表设置对话框中各选项含义如下。

- Output Format：设置生成网络表的格式。有 Protel、Protel 2 等多种格式。这里选择 Protel 格式。

- Net Identifier Scope：设置项目电路图网络标识符的作用范围，本项设置只对层次原理图有效。有以下三种选择。

  Net Labels and Ports Global：网络标号与端口在整个项目中都有效。即项目中不同电路图之间的同名网络标号是相互连接的、同名端口也是相互连接的。

  Only Ports Global：只有端口在整个项目中有效。即项目中不同电路图之间同名端口是相互连接的。

  Sheet Symbol/Port Connections：子电路图的端口与父电路图内相应方块电路图中同名端口是相互连接的。

- Sheets to Netlist：设置生成网络表的电路图范围。有以下三种选择。

  Active Sheet：只对当前打开的电路图文件产生网络表。

  Active Project：对当前打开电路图所在的整个项目产生网络表。

  Active Sheet Plus Sub Sheets：对当前打开的电路图及其子电路图产生网络表。

  对于单张原理图，选择第一项即可。

- Append sheet numbers to local nets：生成网络表时，自动将原理图编号附加到网络名称上。

- Descend into sheet parts：对电路图式元件的处理方法。

- Include un-named single pin nets：确定对电路中没有命名的单个元件，是否将其转换为网络。

在本例中，按照图 6.1 所示设置。

③ 设置好后，单击"OK"按钮，系统自动产生网络表文件，如图 6.2 所示。

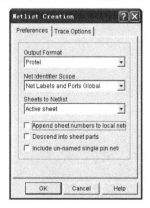

图 6.1 "Netlist Creation"网络表设置对话框

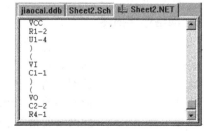

图 6.2 网络表文件

练一练：打开一个已绘制好的原理图文件，按图 6.1 的设置产生网络表，查看网络表文件都包含哪些内容？

⫸ 6.2 生成元件引脚列表

元件引脚列表是将处于选中状态元件的引脚进行列表。

操作步骤：

① 选中要产生元件引脚列表的元件。可执行菜单命令 Edit|Select，选中有关元件。

② 执行菜单命令 Reports | Selected Pins，系统弹出"Selected Pins"对话框，如图 6.3 所示。

在对话框中列出了所选元件的所有元件引脚。C2-2[2]表示元件 C2 的第二引脚，括号中的内容为所属网络名称。

③ 选中列表中的某一引脚，单击"OK"按钮，则该元件放大后，所选引脚显示在编辑窗口的中央。

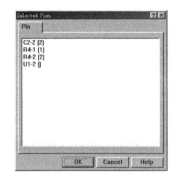

图 6.3 "Selected Pins"对话框

注：如果原理图中没有选中的元件，执行"②"后，系统提示：No selected pins found。

⫸ 6.3 生成元件清单

元件清单主要用于整理一个电路或一个项目文件中所有的元件。元件清单中主要包括元件名称、元件标号、元件标注、元件封装形式等内容。利用元件清单可以有效地管理电路项目。

元件清单文件的主文件名同原理图文件，不同格式的元件清单文件的扩展名不同，将在操作步骤中介绍。

操作步骤：

① 打开一张电路原理图或一个项目中的所有文件。

② 执行菜单命令 Reports | Bill of Material，系统弹出"BOM Wizard"向导窗口之一，进入生成元件清单向导，如图 6.4 所示。"BOM Wizard"向导窗口中各选项含义如下。

- Project：产生整个项目的元件清单。
- Sheet：产生当前打开的电路图的元件清单。

对于单张原理图选择 Sheet 即可。选择完毕单击"Next"按钮，进入下一步。

③ 系统弹出"BOM Wizard"向导窗口之二，如图 6.5 所示。

"BOM Wizard"向导窗口之二的功能是设置元件清单中包含哪些元件信息。图中选中的内容分别为 Footprint（封装形式）和 Description（元件描述）。

选择完毕单击"Next"按钮，进入下一步。

④ 系统弹出"BOM Wizard"向导窗口之三，如图 6.6 所示。

在此窗口中设置元件清单的栏目标题。图中的内容是默认设置。

- Pert Type：元件标注。
- Designator：元件标号。这两项在所有元件清单中都有。
- Footprint：元件封装形式。
- Description：元件描述。这两项是在前一窗口中选择的。

单击"Next"按钮，进入下一步。

⑤ 系统弹出"BOM Wizard"向导窗口之四，如图 6.7 所示。

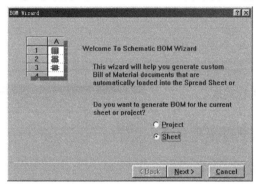

图 6.4 "BOM Wizard"向导窗口之一

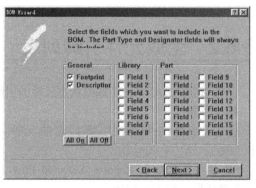

图 6.5 "BOM Wizard"向导窗口之二

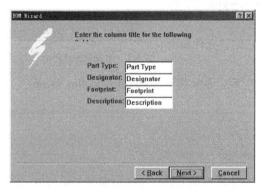

图 6.6 "BOM Wizard"向导窗口之三

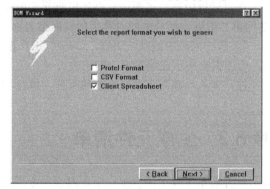

图 6.7 "BOM Wizard"向导窗口之四

此窗口的功能是选择元件清单格式，共有三种格式，分别如下。

- **Protel Format**：生成 Protel 格式的元件列表，文件扩展名为.BOM。
- **CSV Format**：生成 CSV 格式的元件列表，文件扩展名为.CSV。
- **Client Spreadsheet**：生成电子表格格式的元件列表，文件扩展名为.XLS。

在本例中，我们选择 Client Spreadsheet，而后单击"Next"按钮，进入下一步。

⑥ 系统弹出"BOM Wizard"向导窗口之五，如图 6.8 所示。单击"Finish"按钮，系统生成电子表格式的元件清单，并自动将其打开，如图 6.9 所示。

图 6.8 "BOM Wizard"向导窗口之五

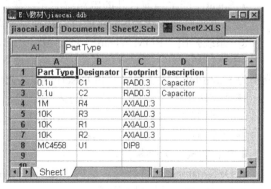

图 6.9 系统生成的元件清单

注：元件清单以元件标注为依据进行排序。为了准确，在产生元件清单之前应检查所有元件的标注不能为空。

练一练：打开一个已绘制好的原理图文件，按上述步骤产生元件清单。

▶ 6.4　生成交叉参考元件列表

交叉参考元件列表可以列出每个元件的标号、标注和元件所在的原理图文件名。交叉参考元件列表多用于层次原理图。交叉参考元件列表文件的扩展名是.xrf。

操作步骤：

① 打开需要生成交叉参考元件列表的项目文件或原理图文件。

② 执行菜单命令 Reports | Cross Reference，系统自动产生交叉参考元件列表文件。

下面是根据第 3 章 3.3 节中【例 1】的原理图生成的交叉参考元件列表。

```
Part Cross Reference Report For : Sheet2.xrf     17-Jun-2003    11:43:10

Designator     Component              Library Reference Sheet
------------------------------------------------------------------------
C1             0.1uF                  Sheet2.Sch
C2             0.1uF                  Sheet2.Sch
R1             10k                    Sheet2.Sch
R2             10k                    Sheet2.Sch
R3             1M                     Sheet2.Sch
R4             1M                     Sheet2.Sch
U1A            MC4558                 Sheet2.Sch
```

练一练：打开一个已绘制好的原理图文件，生成交叉参考元件列表。

▶ 6.5　生成层次项目组织列表

层次项目组织列表主要用于描述指定的项目文件中所包含的各原理图文件名和相互的层次关系。层次项目组织列表文件的扩展名是.rep。

操作步骤：

① 打开需要建立层次项目组织列表的项目文件。

② 执行菜单命令 Reports | Design Hierarchy，系统自动产生层次项目组织列表文件。

下面是根据 Z80 Microprocessor.ddb 生成的层次项目组织列表文件。

设计数据库名称及所在路径为 Design Hierarchy Report for C:\Program Files\Design Explorer 99 SE\Examples\Z80 Microprocessor.ddb。

当前电路原理图所在的文件夹：Z80 Processor。

文件夹内所包含的文档列表及其相互层次关系：

```
          Libraries
                Z80 Processor    PCB Library.Lib
                Z80 Processor    Schematic Library.Lib
          Z80 Processor Board.PCB
          Z80 Processor.cfg
          Z80 Processor.prj
                Memory.Sch
                Serial Interface.Sch
                      Serial Baud Clock.Sch
                Programmable Peripheral Interface.Sch
                CPU Clock.Sch
                Power Supply.Sch
                CPU Section.Sch
          Z80 Processor.XLS
```

练一练： 打开系统的范例 "LCD Controller.ddb"，按上述步骤生成层次项目组织列表。

⚡ 6.6　产生网络比较表

网络比较表可以比较用户指定的两份网络表，并将二者的差别列成文件。

网络比较表在实际的设计中非常有用。如当印制电路板图绘制完成后，可以将电路原理图和印制电路板分别产生的两个网络表文件进行比较，以此来检查电路原理图和印制电路板图在连线上的不同之处，从而提高了检查效率，并为设计者提供参考。又如当设计者更新电路图时，利用该功能可以将更新后的修改部分保存下来，以方便设计工作的进行。网络比较表文件的扩展名是 ".rep"。

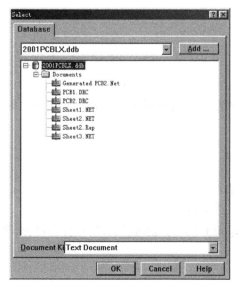

图 6.10　"Select" 对话框

操作步骤：

① 打开原理图文件。

② 执行菜单命令 Reports | Netlist Compare，系统弹出 "Select" 对话框，如图 6.10 所示。

用户可在对话框中选择一个网络表文件，或单击 "Add" 按钮，从其他位置选择一个设计数据库文件，加入到该对话框中，再从中选择有关的网络表文件。选择完毕，单击 "OK" 按钮。

③ 此时系统会再次弹出图 6.10 的对话框，重复 "②" 中的步骤，选择第二个网络表文件，选择完毕，单击 "OK" 按钮。

系统对两个网络表文件进行比较，然后自动进入文本编辑器，并产生比较后的报表文件。

以下是对一个电路原理图和印制电路板图分别产生的两个网络表文件进行比较后产生的比较报表文件。

```
两个网络表中互相匹配的网络
Matched Nets                     VCC and VCC
Matched Nets                     NetR4_1 and NetR4_1
Matched Nets                     NetR2_1 and NetR2_1
Matched Nets                     NetC1_2 and NetC1_2
Matched Nets                     GND and GND
---------------------------------------------------------------------------------
互相匹配的网络和不匹配的网络统计
Total Matched Nets                              = 5
Total Partially Matched Nets                    = 0
网络表中多余的网络统计
Total Extra Nets in Sheet2.NET                  = 0
Total Extra Nets in Generated PCB2.NET = 0
网络表中的网络总数
Total Nets in Sheet2.NET                        = 5
Total Nets in Generated PCB2.NET                = 5
---------------------------------------------------------------------------------
```

根据 PCB 文件产生网络表的步骤如下。

打开一个 PCB 文件，执行菜单命令 Design | Netlist Manager，在弹出的"Netlist Manager"对话框中，单击"Menu"按钮，出现下一级菜单，从中选择 Create Netlist From Connected Copper，在弹出的"Confirm"对话框中单击"Yes"按钮，则系统根据 PCB 文件产生一个网络表文件。该网络表文件默认的主文件名为 Generated+PCB 的主文件名，扩展名为.NET，如 Generated PCB2.NET。

ⅠⅠ▶ 6.7 原理图打印

对于绘制好的电路原理图，往往需要打印出来。Protel 99 SE 支持多种打印机，可以说 Windows 支持的打印机 Protel 99 SE 系统都支持。

操作步骤：

① 打开一个原理图文件。

② 执行菜单命令 File | Setup Printer，系统弹出"Schematic Printer Setup"对话框，如图 6.11 所示。

"Schematic Printer Setup"对话框中各选项含义如下。

● Select Printer：选择打印机。

● Batch Type：选择准备打印的电路图文件。有两个选项，含义分别如下。

　Current Document：打印当前原理图文件。

　All Documents：打印当前原理图文件所属项目的所有原理图文件。

● Color Mode：打印颜色设置。有两个选项，含义分别如下。

　Color：彩色打印输出。

　　Monochrome：单色打印输出。即按照色彩的明暗度将原来的色彩分成黑白两种颜色。

- Margins：设置页边空白宽度，单位是 Inch（英寸）。共有四种页边空白宽度，Left（左）、Right（右）、Top（上）和 Bottom（下）。
- Scale：设置打印比例，范围是 0.001%～400%。尽管打印比例范围很大，但不要将打印比例设置过大，以免原理图被分割打印。

　　Scale 旁边的 Scale to fit Scale 复选框的功能是"自动充满页面"。若选中此项，则无论原理图的图纸种类是什么，系统都会计算出精确的比例，使原理图的输出自动充满整个页面。

　　需要指出，若选中 Scale to fit Scale，则打印比例设置将不起作用。

- Preview：打印预览。若改变了打印设置，单击"Refresh"按钮，可更新预览结果。
- Properties 按钮：单击此按钮，系统弹出"打印设置"对话框，如图 6.12 所示。

　　在"打印设置"对话框中，用户可选择打印机，设置打印纸张的大小、来源、方向等。单击"属性"按钮可对打印机的其他属性进行设置。

　　③ 打印：单击图 6.11 中"Print"按钮，或单击图 6.11 中"OK"按钮后执行菜单命令 File|Print。

　　练一练：将第 3 章 3.3 节中【例 3-1】的原理图分别按自动充满页面和 200% 的比例打印出来。

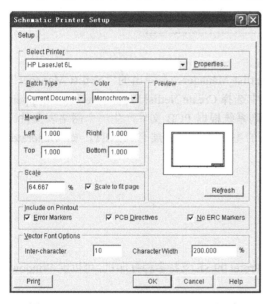

图 6.11　"Schematic Printer Setup"对话框

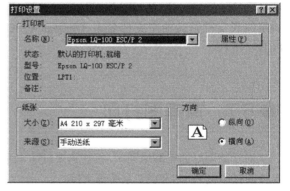

图 6.12　"打印设置"对话框

本 章 小 结

　　在本章中，主要介绍了根据原理图生成各种报表的操作方法和打印原理图的方法。在设计印制电路板图之前，必须要产生网络表。在设计了电路原理图之后，用户可以根据生产和工艺的需要生成所需的报表。

练　习

1. 选择前几章中的练习电路产生网络表和元件清单。

2. 打印前几章中的练习电路图和元件清单（打印前将练习电路中的元件标号和元件标注的字号设置大一些）。

3. 在学习了 PCB 图设计之后，根据某一原理图及其对应的 PCB 图网络表，产生网络比较表，看看两者有无差别，如果有差别，请判断是否属于实质性差别，怎样改正？

第 7 章

原理图元件库编辑

Protel 99 SE 系统尽管具有庞大的元件库，但由于新型元器件的不断产生，使得元件库仍无法将所有的元器件都包罗进去。为方便设计者使用，Protel 99 SE 提供了一个功能强大的创建原理图元件的工具，即原理图元件库编辑程序 Library Editor。

▶ 7.1　新建原理图元件库文件

新建原理图元件库文件的方法与新建原理图文件的方法相同，只是选择的图标不同。

原理图元件库文件的扩展名是.Lib。下面以将文件建在 Documents 文件夹下为例，介绍新建原理图元件库文件的方法。

第一种方法：

① 打开一个设计数据库文件。

② 在右边的视图窗口打开 Documents 文件夹。

③ 在窗口的空白处单击鼠标右键，在弹出的快捷菜单中选择 New 选项，系统弹出"New Document"对话框。

④ 在"New Document"对话框中选择 Schematic Library Document 图标。

⑤ 单击"OK"按钮。

第二种方法：

①、② 步骤同上。

③ 执行菜单命令 File | New，系统弹出"New Document"对话框。

④ 后续步骤同上。

新建的原理图元件库文件画面如图 7.1 所示。

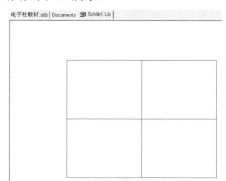

图 7.1　新建的原理图元件库文件

⫸ 7.2 打开原理图元件库

以打开 Protel 99 SE 系统中的原理图元件库 Protel DOS Schematic Libraries.ddb 文件为例，介绍打开原理图元件库的方法。

第一种方法：

① 进入 Protel 99 SE 系统。

② 在主工具栏中单击 图标，按文件的存放路径找到该文件，选中文件名 Protel DOS Schematic Libraries.ddb，单击"打开"按钮（或双击文件名）。

③ 单击左边设计管理器窗口导航树中的具体元件库文件图标，如 Protel DOS Schematic TTL.Lib 则打开一个具体的元件库文件。

第二种方法：

在资源管理器中双击 Protel DOS Schematic Libraries.ddb 文件名。后续步骤同第一种方法的第③步。

⫸ 7.3 原理图元件库编辑器界面介绍

原理图元件库编辑器界面如图 7.1 所示，与原理图编辑器界面相似，也可以通过菜单或按键进行放大屏幕、缩小屏幕的操作。

不同的是在原理图元件库编辑区的中心有一个十字坐标系，将元件编辑区划分为四个象限。通常在第四象限靠近坐标原点的位置进行元件的编辑。

本节主要介绍元件库浏览选项卡 Browse SchLib 的使用。

1. Components 区域

Components 区域的主要功能是查找、选择及使用元件，如图 7.2 所示。

- "Mask"文本框：元件过滤，可以通过设置过滤条件过滤掉不需要显示的元件。在设置过滤条件中，可以使用通配符"*"和"？"。当在文本框中输入"*"时，文本框下方的元件列表中显示元件库中的所有元件，如图 7.2 所示。
- ⟨⟨ 按钮：选择元件库中的第一个元件。对应于菜单命令 Tools | First Component。单击此按钮，系统在元件列表中自动选择第一个元件，且编辑窗口同时显示这个元件的图形，下同。
- ⟩⟩ 按钮：选择元件库中的最后一个元件。对应于菜单命令 Tools | Last Component。
- ⟨ 按钮：选择当前元件的前一个元件。对应于菜单命令 Tools | Prev Component。
- ⟩ 按钮：选择当前元件的后一个元件。对应于菜单命令 Tools | Next Component。
- "Place"按钮：将选定的元件放置到打开的原理图文件中。单击此按钮，系统自动切换到已打开的原理图文件，且该元件处于放置状态随光标的移动而移动。
- "Find"按钮：查找元件，此按钮的作用将在 7.4.4 节中详细介绍。
- Part 区域中的 ⟩ 按钮：选择复合式元件的下一个单元。如图 7.2 中选择了元件 74ALS00，Part 区域中显示为 1/4。表示该元件中共有四个单元，当前显示的是第一单元。单击 Part

区域中的 ＞ 按钮，则 1/4 变为 2/4，表明当前显示的是第二单元。各单元的图形完全一样，只是引脚号不同。

- Part 区域中的 ＜ 按钮：选择复合式元件的上一个单元。

2. Group 区域

Group 区域的功能是查找、选择元件集。所谓元件集，即物理外形相同、引脚相同、逻辑功能相同，只是元件名称不同的一组元件，如图 7.3 所示。

如在图 7.2 中选择了 74ALS00，则在 Group 区域中所列出的元件均与 74ALS00 有相同的外形。

- "Add" 按钮：在元件集中增加一个新元件。单击 "Add" 按钮，系统弹出 "New Component Name" 对话框，如图 7.4 所示。

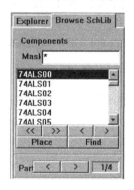  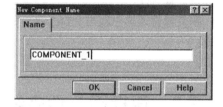

图 7.2　Components 区域　　图 7.3　Group 区域和 Pins 区域　　图 7.4　"New Component Name" 对话框

图 7.4 中的元件名是系统默认的新元件名，可以进行修改。单击 "OK" 按钮，则该元件同时加入到图 7.2 的元件列表和图 7.3 的元件集中。新增加的元件除了元件名不同，与元件集内的所有元件的外形完全相同。

- "Del" 按钮：删除元件集内的元件。同时将该元件从元件库中删除。
- "Description" 按钮：所选元件的描述。
- "Update Schematics" 按钮：更新原理图。如果在元件库中编辑修改了元件符号的图形，单击此按钮，系统将自动更新打开的所有原理图。
- Pins 区域：所选元件的引脚列表。

看一看：

（1）打开原理图元件库文件 Protel DOS Schematic Libraries.ddb 进行浏览。

（2）按图 7.3 的选择浏览 7426、7437、74132 元件，看看是否与 74ALS00 的图形一样。

▌▌➡ 7.4　创建新的原理图元件符号

在本节中主要介绍创建原理图元件符号的几种方法。

7.4.1　元件绘制工具

在元件库编辑器中，常用的工具栏是 SchLib Drawing Tools 工具栏，如图 7.5 所示。

图 7.5　SchLib Drawing Tools 工具栏

SchLib Drawing Tools 工具栏的打开与关闭：执行菜单命令 View | Toolbar | Drawing Toolbar。工具栏按钮的功能如表 7.1 所示。

表 7.1　SchLib Drawing Tools 工具栏按钮功能

按　钮	功　能
/	画直线，对应于 Place|Line
∿	画曲线，对应于 Place|Beziers
⌒	画椭圆曲线，对应于 Place|Elliptical Arcs
⊠	画多边形，对应于 Place|Polygons
T	文字标注，对应于 Place|Text
▯	新建元件，对应于 Tools|New Component
▷	添加复合式元件的新单元，对应于 Tools|New Part
□	绘制直角矩形，对应于 Place|Rectangle
▢	绘制圆角矩形，对应于 Place|Round Rectangle
○	绘制椭圆，对应于 Place|Ellipses
▣	插入图片，对应于 Place|Graphic
▦	将剪贴板的内容阵列粘贴，对应于 Edit|Paste Array
⅃	放置引脚，对应于 Place|Pins

7.4.2　IEEE 符号说明

Protel 99 SE 提供了 IEEE 符号工具栏，用来放置有关的工程符号，如图 7.6 所示。IEEE 符号工具栏的打开与关闭可以通过执行菜单命令 View | Toolbars | IEEE Toolbar 来实现。

图 7.6　IEEE 符号工具栏

　　IEEE 符号工具栏上各按钮的功能（见表 7.2）对应于 Place 菜单中 IEEE Symbols 子菜单上的各命令，如 Place | IEEE Symbols | Dot，在表 7.2 中只写 Dot。

表 7.2　IEEE 符号工具栏按钮功能

按　钮	功　能
◇	放置低态触发符号，即反相符号。对应于 Dot 命令
←	放置信号左向流动符号。对应于 Right Left Signal Flow 命令
⊳⁝	放置上升沿触发时钟脉冲符号。对应于 Clock 命令
⅂⁝	放置低态触发输入信号，即当输入为低电平时有效。对应于 Active Low Input 命令
⌒	放置模拟信号输入符号。对应于 Analog Signal In 命令
✳	放置无逻辑性连接符号。对应于 Not Logic Connection 命令
⌐	放置具有延迟输出特性的符号。对应于 Postponed Output 命令
⇧	放置集电极开路符号。对应于 Open Collector 命令
▽	放置高阻状态符号。对应于 HiZ 命令
▷	放置具有大输出电流符号。对应于 High Current 命令
⊓	放置脉冲符号。对应于 Pulse 命令
⊢⊣	放置延迟符号。对应于 Delay 命令
]	放置多条输入和输出线的组合符号。对应于 Group Line 命令
}	放置多位二进制符号。对应于 Group Binary 命令
⅃	放置输出低有效信号。对应于 Active Low Output 命令
π	放置 π 符号。对应于 Pi Symbol 命令
≥	放置≥符号。对应于 Greater Equal 命令
⇧	放置具有上拉电阻的集电极开路符号。对应于 Open Collector Pull Up 命令
▽	放置发射极开路符号。对应于 Open Emitter 命令
⇩	放置具有下拉电阻的射极开路符号。对应于 Open Emitter Pull Up 命令
#	放置数字输入信号符号。对应于 Digital Signal In 命令
▷	放置反相器符号。对应于 Invertor 命令
◁▷	放置双向输入/输出符号。对应于 Input Output 命令
↤	放置左移符号。对应于 Shift Left 命令
≤	放置小于等于符号。对应于 Less Equal 命令
Σ	放置求和符号。对应于 Sigma 命令
⊓	放置具有施密特功能的符号。对应于 Schmitt 命令
→○	放置右移符号。对应于 Shift Right 命令

7.4.3　绘制一个新的元件符号

　　这里我们以绘制 2051 单片机（芯片）符号为例，介绍绘制一个新元件的全过程，如图 7.7 所示。

操作步骤：

（1）打开一个自己建的原理图元件库文件，如 SchLib1.Lib。

（2）单击工具栏中的 **□** 按钮，或执行菜单命令 Tools | New Component，系统弹出"New Component Name"对话框，如图 7.8 所示。

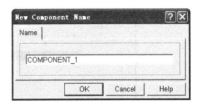

图 7.7　自己绘制的 2051 符号　　　　图 7.8　"New Component Name"对话框

（3）对话框中的 COMPONENT_1 是新建元件的默认元件名，将其改为 2051 后单击"OK"按钮，屏幕出现一个新的带有十字坐标的画面。

注：*如果是新建一个原理图元件库文件，系统自动打开一个新的画面，可以省略第（2）步。*

（4）设置栅格尺寸：执行菜单命令 Options | Document Options，系统弹出"Library Editor Workspace"对话框，如图 7.9 所示。

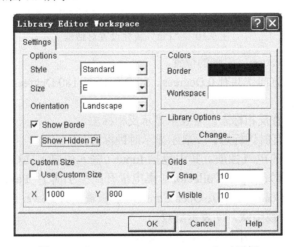

图 7.9　"Library Editor Workspace"对话框

在这个对话框中，用户可以设置元件库编辑器界面的式样、大小、方向、颜色等参数。具体设置方法与原理图文件的参数设置类似，读者可参见原理图文件图纸设置的内容。

在这里我们只设置锁定栅格尺寸。将"Snap"文本框中的 10（见图 7.9）改为 5，其他可采用默认设置。

（5）按 Page Up 键，放大屏幕，直到屏幕上出现栅格。

（6）单击工具栏上的 **□** 按钮，在十字坐标第四象限靠近中心的位置，绘制元件外形，尺寸为 11 格×9 格，如图 7.7 所示。

（7）放置引脚：单击工具栏中的 **⊶** 按钮，按 Tab 键系统弹出"Pin"属性设置对话框。

先放置好引脚，再双击也可弹出"Pin"属性设置对话框。

"Pin"属性设置对话框中各选项含义如下。

● Name：引脚名，如 P1.0 等。
● Number：引脚号。每个引脚必须有，如 1、2、3。

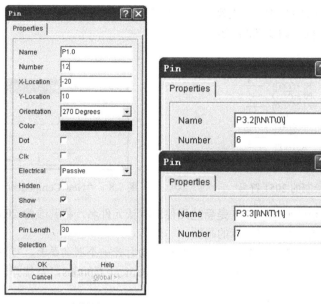

（a）Pin 属性设置 （b）引脚名中的反相标志输入方法

图 7.10 "Pin"属性设置对话框

- X-Location、Y-Location：引脚的位置。
- Orientation：引脚方向。共有 0 Degrees、90 Degrees、180 Degrees、270 Degrees 四个方向。
- Color：引脚颜色。
- Dot：引脚是否具有反相标志。√表示显示反相标志。
- Clk：引脚是否具有时钟标志。√表示显示时钟标志。
- Electrical ：引脚的电气性质。其中包括 Input（输入引脚）；I/O（输入/输出双向引脚）；Output（输出引脚）；Open Collector（集电极开路型引脚）；Passive（无源引脚，如电阻电容的引脚）；HiZ（高阻引脚）；Open Emitter（射极输出）；Power（电源，如 VCC 和 GND）。
- Hidden：引脚是否被隐藏，√表示隐藏。
- Show Name：是否显示引脚名，√表示显示。
- Show Number：是否显示引脚号，√表示显示。
- Pin：引脚的长度。
- Selection：引脚是否被选中。

按图 7.7 中的引脚形式，放置各引脚，其中电气性能除第 10 引脚 GND 和第 20 引脚 VCC 外均选择为 Passive，引脚长度为 20。

第 10 引脚 GND 和第 20 引脚 VCC 的电气性能选择 Power，引脚长度为 20。

第 6、7 引脚中反相符号的输入方法是在每个需要进行反相表示的字母后面输入一个反斜杠"\"。这种方法只在引脚的 Name 中输入才有效。

设置完毕，单击"OK"按钮，光标变成十字形，且引脚处于浮动状态，随光标的移动而移动，这时可按空格键旋转方向、按 X 键水平翻转、按 Y 键垂直翻转，最后单击鼠标左键放置好一个引脚。此时光标仍处于放置引脚状态，重复上述步骤，可继续放置其他引脚，最后单击鼠标右键，退出放置状态。

（8）定义元件属性，执行菜单命令 Tools | Description，系统弹出"Component Text Fields"对话框，如图 7.11 所示。在对话框中 Designator 选项卡下，Default 设置为 U？（元件默认编号），

并将第一行 Footprint（元件的封装形式）设置为 DIP20。

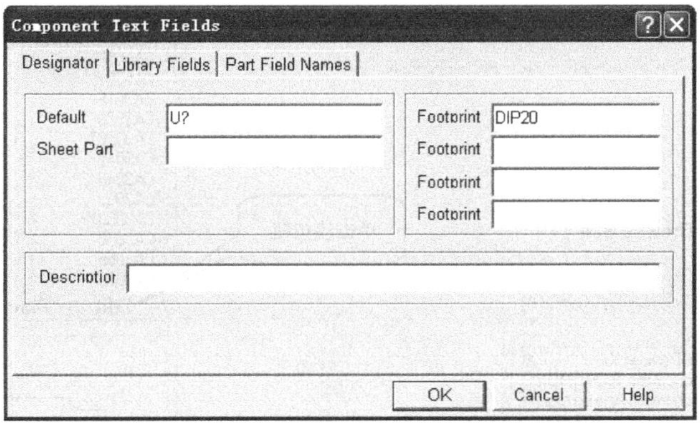

图 7.11　"Component Text Fields" 对话框

（9）单击主工具栏上的保存按钮，保存该元件。

练一练：按以上步骤绘制一个 2051 符号。

7.4.4　根据已有元件绘制自己的新元件符号

根据已有元件绘制自己的新元件符号的思路是，复制一个原理图元件库中的元件符号到自己建的元件库中，进行修改、改名。

【**例 7-1**】利用 Protel DOS Schematic Libraries.ddb 中的 555 元件绘制自己的 555_1 元件符号，如图 7.12 所示。

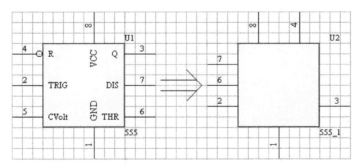

图 7.12　555 与 555_1 元件符号

操作步骤：

（1）打开或新建一个原理图文件，如 Sheet1.Sch。

（2）加载 Protel DOS Schematic Libraries.ddb 元件库，如图 7.13 所示。

（3）选择 Protel DOS Schematic Linear.Lib 中的 555 元件，如图 7.13 和图 7.14 所示。

（4）单击图 7.14 中的 "Edit" 按钮，打开 555 元件的编辑画面。如图 7.15 所示。

（5）执行菜单命令 Edit | Select | All，选中该元件。

（6）进行复制操作。执行菜单命令 Edit | Copy，用十字光标在元件图形上单击鼠标左键确定粘贴时的参考点。

（7）单击主工具栏上的 按钮，取消元件的选中状态后，关闭 Protel DOS Schematic Libraries.ddb 文件，返回原理图文件画面。

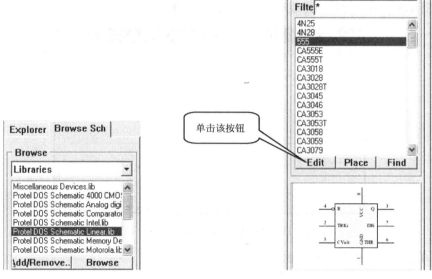

图 7.13　加载 Protel DOS Schematic Libraries.ddb 元件库　　　　图 7.14　选择 555 元件

（8）将当前编辑画面切换到自己的原理图元件库文件，如 Schlib1.Lib，如图 7.1 所示。

（9）单击主工具栏上的 按钮，进行粘贴，最好在第四象限靠近中心的位置放置粘贴的元件图形，粘贴后取消选中状态，如图 7.16 所示。

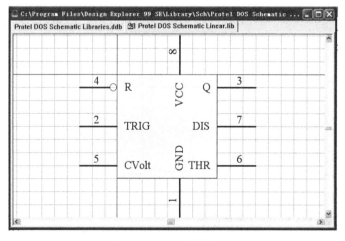

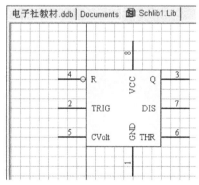

图 7.15　555 元件编辑画面　　　　　　图 7.16　粘贴到自己元件库中的 555 元件

（10）按照图 7.12 进行修改。修改方法包括：拖曳引脚可改变引脚位置；在引脚上按住鼠标左键后按空格键可旋转引脚方向、按 X 键或 Y 键可翻转引脚；在第 4 引脚的属性对话框中去掉 Dot 选项旁的√，可去掉第 4 引脚的反相标志；在第 5 引脚的属性对话框中选中 Hidden，可隐藏第 5 引脚；在每个引脚的属性对话框中去掉 Show Name 选项旁的√，可隐藏引脚的引脚名。在以上修改中，也可以采用全局修改方法进行修改。

（11）定义元件属性，执行菜单命令 Tools | Description，系统弹出"Component Text Fields"对话框，在对话框中 Designator 选项卡下，Default 设置为 U?（元件默认编号）和元件的封装形式并将第一行 Footprint()设置为 DIP8。

（12）执行菜单命令 Tools | Rename Component，将元件名改为 555_1。

（13）单击主工具栏上的"保存"按钮，保存该元件。

另一种打开 555 元件所在元件库的方法：

在自己的原理图元件库文件如 Schlib1.Lib 中单击"打开"按钮，在原理图元件库的存放路径下打开 Protel DOS Schematic Libraries.ddb，从中再打开 Protel DOS Schematic Linear.Lib 文件，找到 555 元件并将其画面打开。

后续步骤按照上述"（5）"及以后的内容进行操作。

练一练：按上述步骤绘制 555_1。

7.4.5 绘制复合元件中的不同单元

复合元件中各单元的元件名相同，图形相同，只是引脚号不同，如图 7.17 所示。图中元件标号中的 A、B、C、D 分别表示第几个单元，是系统自动加上的。

在本节中介绍绘制图 7.17 所示与非门符号的方法。

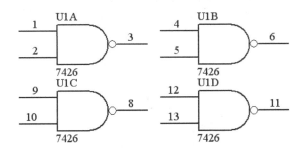

图 7.17　7426 与非门符号

操作步骤：

（1）打开自己建的元件库文件。

（2）执行菜单命令 Tools | New Component，将元件名改为 7426 后，进入一个新的编辑画面。

（3）在编辑画面的中心绘制 7426 的第一个单元。单击　按钮绘制元件轮廓中的直线；单击　按钮绘制元件轮廓中的圆弧；第 1、2 引脚的电气特性为 Input；第 3 引脚的电气特性为 Output；第 3 引脚的 Dot 选项应被选中；所有引脚的引脚名 Name 可与引脚号相同；引脚长度为 30。第 7 引脚和第 14 引脚的设置见表 7.3。

表 7.3　第 7 引脚和第 14 引脚设置

接地引脚的设置		VCC 引脚的设置	
Name	GND	Name	VCC
Number	7	Number	14
Electrical	Power	Electrical	Power
Pin	30	Pin	30
Show Name	√	Show Name	√
Show Number	√	Show Number	√

此时查看一下 Browse SchLib 选项卡中 Part 区域内显示为"1/1"，说明此时 7426 元件只有一个单元，如图 7.18 所示。

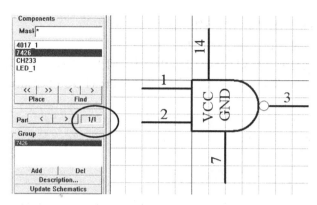

图 7.18   7426 第一单元

（4）单击工具栏中的 ⬦ 按钮，或执行菜单命令 Tools | New Part，编辑窗口出现一个新的编辑画面，此时查看一下 Browse SchLib 选项卡中的元件名仍为 7426，而 Part 区域内显示为"2/2"，如图 7.19 所示，表示现在 7426 这个元件共有两个单元，现在显示的是第二单元。

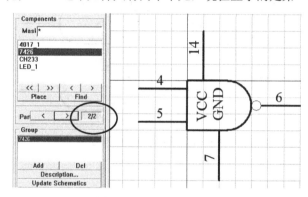

图 7.19   7426 第二单元

（5）按照第（3）步的方法绘制第二单元，也可将第一单元的图形复制过来，修改引脚名与引脚号。

（6）重复第 4、5 步，绘制第三、第四单元。

（7）单击 Part 区域中的 ◁ ▷ 按钮，将各单元中的 VCC 和 GND 引脚隐藏。方法是：双击引脚，选中引脚属性对话框中的 Hidden 选项。

注：重新显示被隐藏引脚的方法，在 Browse SchLib 选项卡 Pins 区域内双击该引脚的引脚号（如"7"），在弹出的属性对话框中去掉 Hidden 前的√，则可重新显示被隐藏的引脚。

（8）定义元件属性。执行菜单命令 Tools|Description，在对话框中进行如下设置。

Default Designator 中输入 U？（即元件默认编号）。

Footprint 的第一栏设置为 DIP14，Footprint 的第二栏设置为 SO-14，其他项可不设置。

（9）保存。

练一练：按上述步骤绘制元件 7426。

7.4.6   在原理图中使用自己绘制的元件符号

在元件库文件中绘制好元件符号以后，可以很方便地用到原理图文件中。

第一种方法：

① 打开原理图文件。

② 再打开自己建的元件库文件如 Schlib1.Lib，并调到所需的元件画面。

③ 在 Browse SchLib 选项卡中单击"Place"按钮，则该元件被放置到打开的原理图文件中。

第二种方法：

① 打开自己建的元件库文件如 Schlib1.Lib，并调到所需的元件画面。

② 在 Browse SchLib 选项卡中单击"Place"按钮，则系统自动新建并打开一个原理图文件，且该元件被放置到这个原理图文件中。

第三种方法：

① 打开一个原理图文件。

② 用加载元件库的方法，加载 Schlib1.Lib 所在的设计数据库文件（.ddb 文件），即可在原理图中使用 Schlib1.Lib 中所绘制的元件符号，如图 7.20 所示。

练一练：将前面绘制的所有元件符号放置到一个原理图文件中。

7.4.7　查找元件符号

在原理图中文件中是不能对元件符号进行编辑的，如果需要查找或编辑某一个元件符号，可通过原理图编辑器 Browse Sch 选项卡中的有关按钮进行这些操作。

1. 在元件库文件中查找元件

以查找 555 元件为例，在原理图中查找元件的操作步骤如下。

（1）打开自己建的原理图元件库文件，如 Schlib1.Lib。

（2）单击 Browse Schlib 选项卡中的"Find"按钮，系统弹出"Find Schematic Component（查找原理图元件）"对话框，如图 7.21 所示。

图 7.20　加载 Schlib1.Lib 所在的
设计数据库文件（.ddb 文件）

图 7.21　"Find Schematic Component
（查找原理图文件）"对话框

"Find Schematic Component"对话框中各选项含义如下。

- By Library Reference：要查找的元件名，选中此项后输入 555。
- By Description：要查找的元件描述，可不输入。

- Search 区域内容如下。

  Scope：查找范围，有三个选项。

  Specified Path：按指定的路径查找。

  Listed Libraries：从所载入的元件库中查找。

  All Drives：在所有驱动器的元件库中查找。

  Sub directories：选中则指定路径下的子目录都会被查找。

  Find All Instance：选中则查找所有符合条件的元件，否则查找到第一个符合条件的元件后，就停止查找。

  Path：在选择 Specified Path 项后，要在此栏中输入要求查找的路径。输入原理图元件库所在的路径即可。即\Program Files\Design Explorer 99 SE\Library\Sch。也可以单击旁边的"…"按钮，从中选择路径。

  File：输入具体的元件库名，在此我们输入 Protel DOS Schematic Libraries.ddb。这个文本框支持通配符，如果不知道具体的元件库名，可输入*代替主文件名。

- Edit 按钮：编辑查找到的元件。
- Place 按钮：将查找到的元件放置到原理图中。
- Find Now 按钮：开始查找。
- Stop 按钮：停止查找。
- Found Libraries 区域：查找到的元件库和元件名列表。

按图 7.21 所示输入有关内容后，单击"Find Now"按钮开始查找，找到后在 Found Libraries 区域中列出查找结果，如图 7.21 所示。

（3）单击"Edit"按钮，则在屏幕上打开 Protel DOS Schematic Libraries.ddb 文件中的 Protel DOS Schematic Linear.Lib 元件库，并显示 555 元件图形。

（4）单击"Place"按钮，可将该元件放置到原理图中。

2．在原理图文件中查找元件

（1）打开原理图文件，如 Sheet1.Sch。

（2）单击设计管理器 Browse Sch 选项卡中的"Find"按钮，系统仍弹出"Find Schematic Component"对话框，如图 7.21 所示。

后续步骤同"1．在元件库文件中查找文件"。

▌▶7.5 原理图元件库管理工具

在元件库编辑器主菜单的 Tools 菜单中（如图 7.22 所示），提供了很多管理元件库的命令，本节主要介绍 Tools 菜单中的一些常用命令。

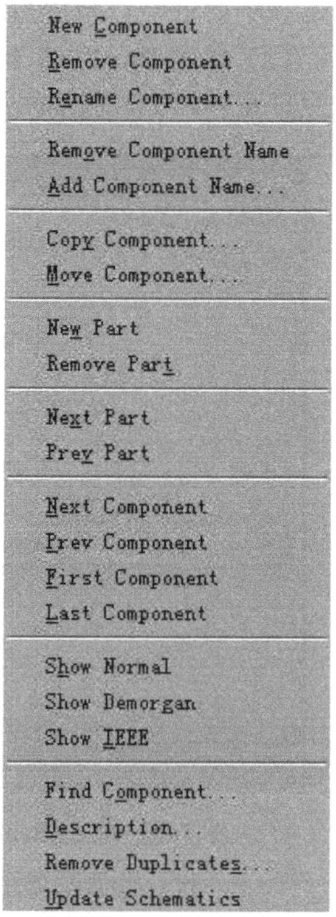

- New Component：建立新元件。
- Remove Component：删除元件。
- Rename Component：元件重命名。
- Remove Component Name：删除 Browse SchLib 选项卡 Group 区域中元件集里的一个元件

图 7.22　Tools 菜单项

名称，如果该元件只有一个元件名称，连元件图也被删除。此命令对应于 Group 区域中的
"Del"按钮。

- Add Component：增加 Group 区域中元件集里的元件，对应于 Group 区域中的"Add"按钮。
- Copy Component：复制指定的元件。操作步骤为，在 Browse SchLib 选项卡的 Components
  区域元件名列表中选中要复制的元件名，执行菜单命令 Tools|Copy Component，系统弹出
  "Destination Library"对话框，对话框中的内容是该设计数据库中所有元件库文件名列表，
  从中选择复制的目标元件库名，单击"OK"按钮，则该元件复制到指定的元件库中（注：
  目标元件库也可以是元件所在的元件库本身）。
- Move Component：将元件从一个元件库移到另一个元件库。操作步骤为，在 Browse SchLib
  选项卡的 Components 区域元件名列表中选中要移动的元件名，执行菜单命令 Tools|Move
  Component，系统弹出"Destination Library"对话框，从中选择移动的目标元件库名，单
  击"OK"按钮，此时系统弹出要求确认是否删除原来元件库中元件的对话框。如果选择
  "Yes"，则将原元件库中的元件删除，即完成纯粹将元件从一个元件库移到另一个元件库
  的操作，如果选择"No"，则保留原元件库中的元件，实际完成的是 Copy Component 的
  操作。
- New Part：增加复合元件中的一个单元。
- Remove Part：删除复合元件中的一个单元。
- Next Part：切换到复合元件的下一个单元，对应于 Part 区域中的 > 按钮。
- Prev Part：切换到复合元件的前一个单元，对应于 Part 区域中的 < 按钮。
- Next Component：切换到元件库的下一个元件，对应于 Components 区域中的 > 按钮。
- Prev Component：切换到元件库的前一个元件，对应于 Components 区域中的 < 按钮。
- First Component：切换到元件库的第一个元件，对应于 Components 区域中的 << 按钮。
- Last Component：切换到元件库的最后一个元件，对应于 Components 区域中的 >> 按钮。
- Show Normal：当前元件的显示模式为正常模式，即一般使用的模式。
- Show Demorgan：当前元件的显示模式为德·摩根模式。
- Show IEEE：当前元件的显示模式为 IEEE 模式。
- Find Component：查找元件，对应于 Components 区域中的"Find"按钮。
- Description：编辑当前元件的描述，对应于 Group 区域中的"Description"按钮。
- Remove Duplicates：删除元件库中的重复元件（指元件名重复）。
- Update Schematics：更新原理图，将元件库中元件作的修改体现到打开的原理图中。

本 章 小 结

本章主要介绍了几种绘制元件符号的方法，以及原理图元件库的管理。

在使用元件库文件时，要注意一个编辑画面上只能绘制一个元件符号，因为系统将一个编辑
画面中的所有内容都视为一个元件。

在绘制元件符号时，要注意元件的引脚是具有电气特性的，必须用专门放置引脚的命令。

在学习了原理图的编辑以及本章内容以后，具备绘制电路图的基本能力。

练　习

1．原理图元件库文件的扩展名与原理图文件的扩展名是怎样区别的？

2．在 SchLib Drawing Tools 工具栏中，哪一个按钮绘制的图形具有电气特性？

3．复习引脚属性对话框中各选项的含义。

4．将自己绘制的元件符号用到原理图中，你会几种方法？

5．绘制图 7.23 所示符号。元件符号尺寸：2 格×4 格，引脚长度：20，输入引脚的电气特性为 Input，输出引脚的电气特性为 Output。

6．绘制图 7.24 所示电路图。元件 74LS00 需自行绘制。74LS00 为四单元的元件符号。元件符号尺寸：2 格×4 格，引脚长度：20，输入引脚的电气特性为 Input，输出引脚的电气特性为 Output。四个单元均要放置接地和电源引脚，第 7 引脚为接地端，第 14 引脚为电源，接地和电源引脚的设置参考 7.4.5 节。

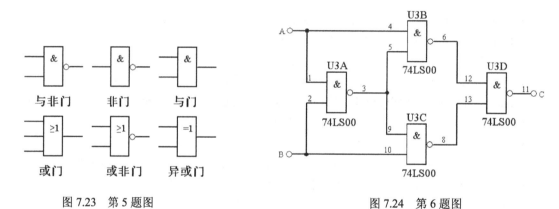

图 7.23　第 5 题图　　　　　　　　　　　　图 7.24　第 6 题图

7．绘制如图 7.25 所示电路图，图中相关元件属性见表 7.4。

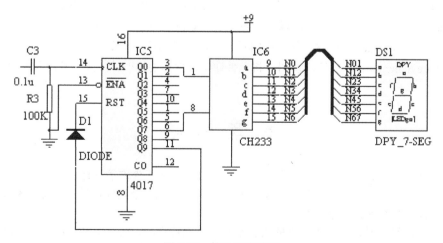

图 7.25　第 7 题电路图

表 7.4　第 7 题电路图元件明细表

Lib Ref	Designator	Part Type	Footprint
CAP	C3	0.1uF	
RES2	R3	100k	
4017_1	IC5	4017	
CH233	IC6	CH233	
DIODE	D1	DIODE	
DPY_7-SEG	DS1	DPY_7-SEG	
IC5 根据 Protel DOS Schematic Libraries.ddb（Protel DOS Schematic 4000CMOS.Lib）中的 4017 修改，IC6 根据 Miscellaneous Devices.ddb 中的 HEADER 6X2 修改，其余元件在 Miscellaneous Devices.ddb 中			

PCB 设计基础

Ⅲ➡ 8.1 印制电路板基础

印制电路板是电子设备中的重要部件之一。从收音机、电视机、手机、微型计算机（下文简称"微机"）等民用产品到导弹、宇宙飞船，凡是该设备中存在电子元件，则这些元件之间的电气连接就要使用印制电路板。而印制电路板的设计和制造也是影响电子设备的质量、成本和市场竞争力的基本因素之一。在学习印制电路板设计之前，我们先了解一下有关印制电路板的概念、结构和设计流程。对于初学者，这些知识是十分必要的。

8.1.1 印制电路板的结构

印制电路板（Printed Circuit Board，PCB），它是以一定尺寸的绝缘板为基材，以铜箔为导线，经特定工艺加工，用一层或若干层导电图形（铜箔的连接关系）以及设计好的孔（如元件孔、机械安装孔、金属化过孔等）来实现元件间的电气连接关系，它就像在纸张上印刷上去似的，故得名印制电路板或称印制线路板。在电子设备中，印制电路板可以对各种元件提供必要的机械支撑，提供电路的电气连接并用标记符号把板上所安装的各元件标注出来，以便于插件、检查及调试。

按照在一块板上导电图形的层数，印制电路板可分为以下三类。

1．单面板

指仅一面有导电图形的电路板，也称单层板。单面板的特点是成本低，但仅适用于比较简单的电路设计，如收音机、电视机。对于比较复杂的电路，采用单面板往往比双面板或多层板要困难。

2．双面板

指两面都有导电图形的电路板，也称双层板。其两面的导电图形之间的电气连接通过过孔来完成。由于两面均可以布线，对比较复杂的电路，其布线比单面板布线的布通率高，所以它是目前采用最广泛的电路板结构。

3．多层板

由交替的导电图形层及绝缘材料层叠压黏合而成的电路板。除电路板两个表面有导电图形外，内部还有一层或多层相互绝缘的导电层，各层之间通过金属化过孔实现电气连接。它主要应用于复杂的电路设计，如在微机中，主板和内存条的 PCB 中采用 4～6 层电路板设计。

看一看：观察收音机、电视机或微机等电子设备中的电路板，并比较有何不同？

8.1.2 元件的封装

电路原理图中的元件使用的是实际元件的电气符号；PCB 设计中用到的元件则是实际元件的封装。

元件的封装由元件的投影轮廓、引脚对应的焊盘、元件标号和标注字符等组成。在原理图中，同类元件的电气符号往往是相同的，仅仅是元件的型号不同；而在 PCB 图中，同类元件也可以有不同的封装形式，如电阻，其封装形式就有 AXIAL0.3、AXIAL0.4、AXIAL0.6 等，这些封装的区别是两个引脚之间的距离不同；不同类的元件也可以共用一个元件的封装，如贴片电阻和无极性贴片电容，只要尺寸合适均可使用。所以，在进行印制电路板设计时，不仅要知道元件的名称，而且还要确定该元件的封装，这一点是非常重要的。元件的封装最好在进行电路原理图设计时指定。常见元器件的封装如图 8.1 所示。

1. 元件封装的分类

元件的封装形式可分为两大类：插接式元件封装和表面粘贴式元件封装。

插接式元件封装：常见的元件封装，如电阻、电容、三极管、部分集成电路的封装就属于该类形式。这类封装的元件在焊接时，一般先将元件的引脚从电路板的顶层插入焊盘通孔，然后在电路板的底层进行焊接。由于插接式元件的焊盘通孔贯通整个电路板，故在其焊盘的属性对话框内，Layer（层）的属性必须为 Multi Layer（多层）。

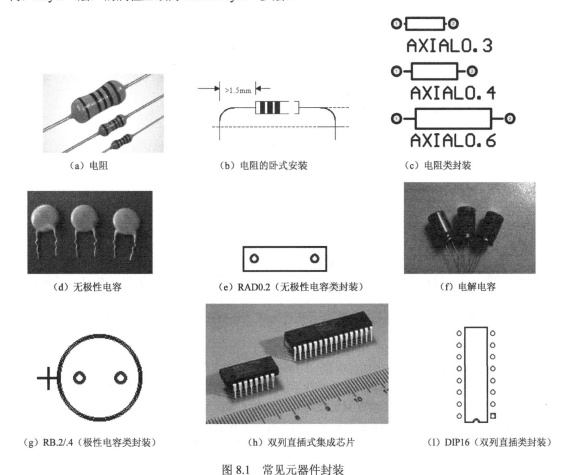

(a) 电阻   (b) 电阻的卧式安装   (c) 电阻类封装

(d) 无极性电容   (e) RAD0.2（无极性电容类封装）   (f) 电解电容

(g) RB.2/.4（极性电容类封装）   (h) 双列直插式集成芯片   (1) DIP16（双列直插类封装）

图 8.1 常见元器件封装

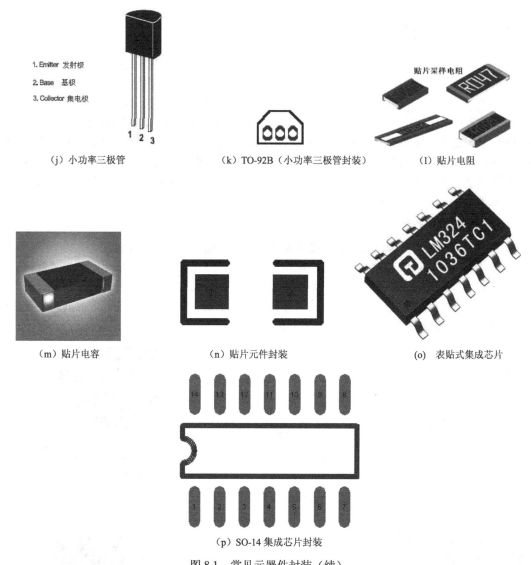

（j）小功率三极管　　　　（k）TO-92B（小功率三极管封装）　　　（l）贴片电阻

（m）贴片电容　　　　（n）贴片元件封装　　　　（o）表贴式集成芯片

（p）SO-14集成芯片封装

图8.1　常见元器件封装（续）

　　表面粘贴式元件封装：现在，越来越多的元件采用此类封装。这类元件在焊接时元件与其焊盘在同一层。故在其焊盘属性对话框中，Layer 属性必须为单一板层（如 Top Layer 或 Bottom Layer）。

　　看一看：观察印制电路板上插接式和贴片式元件，它们的焊接方式有何不同。

　　2. 元件封装的编号

　　元件封装的编号规则一般为元件类型+焊盘距离（或焊盘数）+元件外形尺寸。根据元件封装编号可区别元件封装的规格。如 AXIAL0.6 表示该元件封装为轴状，两个引脚焊盘的间距为 0.6inch（600mil）[①]；RB.3/.6 表示极性电容类元件封装，两个引脚焊盘的间距为 0.3inch（300mil），元件直径为 0.6inch（600mil）；DIP14 表示双列直插式元件的封装，两列共 14 个引脚。

　　看一看：观察一块印制电路板，看一看板上各种元件的封装图形与所焊接的元件是否相似。

――――――――――――

① inch（英寸），mil（千分之一英寸），1inch=1000mil。

8.1.3 焊盘与过孔

焊盘的作用是用来放置焊锡、连接导线和焊接元件的引脚。Protel 99 SE 在封装库中给出了一系列不同形状和大小的焊盘，如圆形、方形、八角形焊盘等。根据元件封装的类型，焊盘也分为插接式和表面粘贴式两种，其中插接式焊盘必须钻孔，而表面粘贴式无须钻孔。在选择元件的焊盘类型时，要综合考虑元件的形状、引脚粗细、放置形式、受热情况、受力方向和振动大小等因素。例如，对电流、发热和受力较大的焊盘，可设计成"泪滴状"。图 8.2 为常用焊盘的形状和尺寸。

圆形焊盘　方形焊盘　八角形焊盘　　　表面粘贴式焊盘　　　　　插接式焊盘的尺寸

图 8.2　常见焊盘的形状与尺寸

对于双层板和多层板，各信号层之间是绝缘的，需要在各信号层有连接关系的导线的交汇处钻上一个孔，并在钻孔后的基材壁上淀积金属（也称电镀）以实现不同导电层之间的电气连接，这种孔称为过孔（Via）。过孔有三种，即从顶层贯通到底层的穿透式过孔；从顶层通到内层或从内层通到底层的盲过孔；在内层间的隐藏过孔。过孔的内径（Hole Size）与外径尺寸（Diameter）一般小于焊盘的内外径尺寸。图 8.3 为过孔的尺寸与类型。

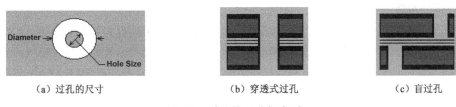

（a）过孔的尺寸　　　　　　（b）穿透式过孔　　　　　　（c）盲过孔

图 8.3　过孔的尺寸与类型

看一看：观察一块双面电路板，找到板上的焊盘与过孔，仔细查看它们的形状、大小是否相同；在电路板上它们的用途是否一样？

8.1.4 铜膜导线

印制电路板上，在焊盘与焊盘之间起电气连接作用的是铜膜导线，简称导线。它也可以通过过孔把一个导电层和另一个导电层连接起来。PCB 设计的核心工作就是围绕如何布置导线。

在 PCB 设计过程中，还有一种与导线有关的线，它是在装入网络表后，系统根据规则自动生成的，用来指引系统自动布线的一种连线，俗称飞线。飞线只在逻辑上表示出各焊盘间的连接关系，并没有物理的电气连接意义；导线则是利用飞线指示的各焊盘和过孔间的连接关系而布置的，是具有电气连接意义的连接线。导线与飞线的不同，我们将在自动布线中看到。

看一看：在一块印制电路板上，找到用来连接焊盘和过孔的导线，刮开导线上面的涂层，就露出了铜质材料。认真观察各条导线的粗细是否一样，并思考为什么有此差异？

8.1.5　安全间距

进行印制电路板设计时，为了避免导线、过孔、焊盘及元件间的距离过近而造成相互干扰，就必须在它们之间留出一定的间距，这个间距就称为安全间距。图 8.4 为安全间距示意图。

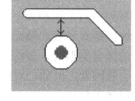

图 8.4　安全间距

8.1.6　PCB 设计流程

印制电路板的设计步骤如下。

1．绘制电路原理图

主要任务是绘制电路原理图，确保无错误后，生成网络表，用于 PCB 设计时的自动布局和自动布线。对于比较简单的电路，也可不绘制原理图，而直接进入 PCB 设计。

2．规划电路板

主要完成确定电路板的物理边界、电气边界、电路板的层数、各种元件的封装形式和布局要求等任务。

3．设置参数

主要是设置软件中电路板的工作层的参数、PCB 编辑器的工作参数、自动布局和布线参数等。

4．装入网络表及元件的封装形式

网络表是 PCB 自动布线的核心，也是电路原理图设计与印制电路板设计系统的接口。只有正确装入网络表后，才能进行对电路板的自动布局和自动布线的操作。

5．元件的布局

元件的布局包括自动布局和手工调整两个过程。在规划好电路板和装入网络表之后，系统能自动装入元件，并自动将它们放置在电路板上。自动布局是系统根据某种算法在电气边界内自动摆放元件的位置。如果自动布局不尽如人意，则再进行手工调整。另外，Protel 99 SE 也支持用户的手工布局。

6．自动布线

系统根据网络表中的连接关系和设置的布线规则进行自动布线。只要元件的布局合理，布线参数设置得当，Protel 99 SE 自动布线的布通率几乎是 100%。

7．调整

自动布线成功后，用户可对不太合理的地方进行调整。如调整导线的走向、导线的粗细、标注字符和添加输入/输出焊盘、螺钉孔等。

8．文件的保存及输出

将绘制好的 PCB 图保存在磁盘上，然后利用打印机或绘图仪输出。也可利用 E-mail 将文件直接传给生产厂家进行加工生产。

▶ 8.2　PCB 编辑器

进入 PCB 设计系统，实际上就是启动 Protel 99 SE 的 PCB 编辑器。启动 PCB 编辑器与启动

原理图编辑器的方法类似。

8.2.1　PCB 编辑器的启动与退出

1. 启动 PCB 编辑器

启动 Protel 99 SE 后，执行菜单命令 File | Open 或 File | New，都可以进入 PCB 编辑器。启动 PCB 编辑器的操作方法如下。

（1）通过打开已存在的设计数据库文件启动。

① 执行菜单命令 File | Open 或单击打开图标 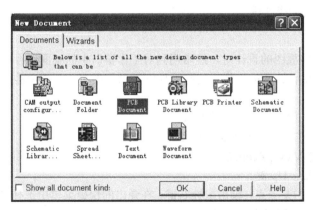，在弹出的对话框中，在相应路径下找到要打开的设计数据库文件名，单击"打开"按钮。

② 展开设计导航树，双击 Documents 文件夹，找到扩展名为.PCB 的文件，单击该文件，就可启动 PCB 编辑器，同时将该 PCB 图纸载入工作窗口中。

（2）通过新建一个设计数据库文件进入。

① 执行菜单命令 File | New，弹出"新建设计数据库"对话框。在"Database File Name"文本框中输入设计数据库文件名，扩展名为.ddb，单击"OK"按钮，即可建立一个新的设计数据库文件。

② 打开新建立的设计数据库中的 Documents 文件夹，再次执行菜单命令 File|New，或在 Documents 文件夹的工作窗口中单击鼠标右键，在弹出的快捷菜单中选择 New 选项，都可弹出如图 8.5 所示的"New Document（新建设计文档）"对话框，选取其中的 PCB Document 图标，单击"OK"按钮，即在 Documents 文件夹中建立一个新的 PCB 文件，默认名为 PCB1，扩展名为.PCB，此时可更改文件名。

图 8.5　"New Document（新建设计文档）"对话框

③ 双击工作窗口中的或单击设计导航树中的 PCB1.PCB 文件图标，就可启动 PCB 编辑器，如图 8.6 所示。图中左边是 PCB 管理窗口，右边是工作窗口。启动 PCB 编辑器后，菜单栏和工具栏将发生变化，并添加几个浮动的工具栏。

2. 退出 PCB 编辑器

退出 PCB 编辑器，相对于进入 PCB 编辑器要容易。在 PCB 编辑器状态下，执行菜单命令 File | Close，或在 PCB 管理器中，用鼠标右键单击要关闭的 PCB 文件，在弹出的快捷菜单中，选择 Close 选项，都可关闭 PCB 编辑器。另外，在该快捷菜单中，还可实现 PCB 文件的导出（Export）、复制（Copy）和查看属性（Properties）的操作。

练一练：通过打开一个已存在的 PCB 文件和新建一个 PCB 文件两种方法，进入 PCB 编辑器。

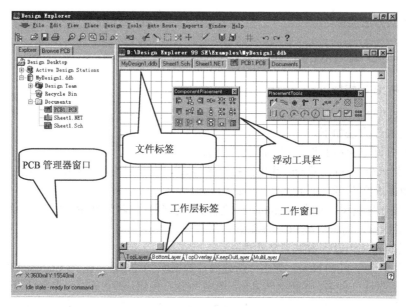

图 8.6　PCB 编辑器

8.2.2　PCB 编辑器的画面管理

PCB 编辑器的画面管理与原理图编辑器的画面管理类似，包括画面的显示、窗口管理、工具栏和状态栏的打开与关闭操作等。

1. 画面显示

设计者在进行电路板图的设计时，经常用到对工作窗口中的画面进行放大、缩小、刷新或局部显示等操作，以方便设计者的工作。这些操作既可以使用主工具栏中的图标，也可以使用菜单命令或快捷键。

（1）画面的放大。放大画面有 5 种方法。

① 用鼠标左键单击主工具栏的 按钮。

② 执行菜单命令 View | Zoom In。

③ 使用快捷键 Page Up 键。

④ 在工作窗口中的某一点，单击鼠标右键，在弹出的快捷菜单中选择 Zoom In 选项，或直接按 Page Up 键，则画面以该点为中心进行放大。

⑤ 在 PCB 管理器中，单击 Browse PCB 选项卡，在 Browse 下拉列表框中，选择浏览类型（如网络或元件），再选择浏览对象（如网络名、节点名或焊盘名），单击"Zoom"或"Jump"按钮，也可对被选中对象进行放大。

（2）画面的缩小。缩小画面有 4 种方法。

① 用鼠标左键单击主工具栏的 按钮。

② 执行菜单命令 View | Zoom Out。

③ 使用快捷键 Page Down 键。

④ 在绘图工作区的某一点，单击鼠标右键，在弹出的快捷菜单中选择 Zoom Out 选项，或直接按下 Page Down 键，则画面以该点为中心进行缩小。

（3）对选定区域放大。此种放大有 2 种操作方法。

① 区域放大：执行菜单命令 View | Area 或用鼠标单击主工具栏的 图标，光标变为十字形，将光标移到图纸要放大的区域，单击鼠标左键，确定放大区域对角线的起点，再移动光标拖出一个矩形虚线框为选定放大的区域，单击鼠标左键确定放大区域对角线的终点，可将虚线框内的区域放大。

② 中心区域放大：执行菜单命令 View | Around Point，光标变为十字形，移到需要放大的位置，单击鼠标左键，确定要放大区域的中心，移动光标拖出一个矩形区域后，单击鼠标左键确认，即可将所选区域放大。

（4）显示整个电路板/整个图形文件。

① 显示整个电路板：执行菜单命令 View | Fit Board，可将整个电路板在工作窗口显示，但不显示电路板边框外的图形。

② 显示整个图形文件：执行菜单命令 View | Fit Document 或单击图标 ，可将整个图形文件在工作窗口显示。如果电路板边框外有图形，也同时显示出来。图 8.7 是两个命令执行后的结果对比。

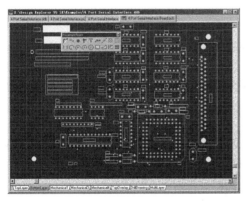 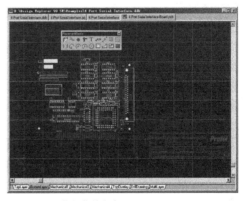

（a）执行菜单命令 View|Fit Board　　　　　　（b）执行菜单命令 View|Fit Document

图 8.7　两条命令的效果对比

（5）采用上次显示比例显示。执行菜单命令 View | Zoom Last，可使画面恢复至上一次的显示效果。

（6）画面刷新。执行菜单命令 View | Refresh 或使用快捷键 END 键，可使画面刷新一次，可清除因移动元件等操作而留下的残痕。

注意：在工作窗口，单击鼠标右键后弹出的菜单，也收集了 View 菜单中最常用的画面显示命令。

练一练：在 PCB 编辑器中，打开系统自带的范例 PCB Benchmark 94.ddb，练习上面所讲的画面管理操作，并比较各命令执行的效果，以实现熟练操作。

2．窗口管理

在设计过程中，会出现同时打开多个文件，在多个窗口之间进行切换的情况，Protel 99 SE 提供了窗口管理的功能。

（1）多窗口的管理。以同时打开 2 个设计数据库文件为例，在菜单栏的 Windows 菜单中有 6 项命令。

① Title 命令：窗口平铺显示。执行该命令，可使所有打开的文件窗口平铺显示在工作窗口中。

② Cascade 命令：窗口层叠显示。执行该命令，可使所有打开的文件窗口以层叠方式显示在工作窗口中。

③ Title Horizontally 命令：执行该命令，可使所有打开的文件窗口以水平分割平铺的方式显示在工作窗口中。

④ Title Vertically 命令：执行该命令，可使所有打开的文件窗口以垂直分割平铺的方式显示在工作窗口中。

⑤ Arrange Icons 命令：执行该命令，可使打开的文件窗口最小化时的图标在工作窗口底部有序排列。

⑥ Close All 命令：执行该命令，可关闭所有窗口。

虽然可以用不同的方式显示多个窗口，但当前的工作窗口只有一个，即标题栏为蓝色的窗口。直接用鼠标左键单击某文件窗口的标题栏，可激活某个窗口，使之处于工作状态。

练一练：在 PCB 编辑器中，同时打开 3 个设计数据库文件，练习上述所讲多窗口管理的操作，并比较各命令的执行效果有何不同。

（2）单窗口的管理。对于单个设计数据库文件的窗口，也能对其中的多个文件实现窗口管理。在当前工作窗口的顶部显示的文件标签中，用鼠标右键单击某一文件，可弹出快捷菜单，各菜单命令的功能如下。

① Close：关闭该文件。

② Split Vertical：将该文件与其他文件垂直分割显示。对所有的文件都执行该命令，则所有文件窗口都会进行垂直分割显示。

③ Split Horizontal：将该文件与其他文件水平分割显示。对所有文件都执行该命令，则所有文件窗口都会进行水平分割显示。

④ Title All：所有窗口平铺显示。

⑤ Merge All：隐藏所有文件。文件以标签的形式显示，单击某标签即可显示相应的文件的内容。

以上内容可参见 1.2.6 节"窗口管理"中的图示。

3. PCB 的工具栏、状态栏、管理器的打开与关闭

（1）工具栏的打开与关闭。执行菜单命令 View | Toolbars，弹出一个子菜单如图 8.8 所示。其中包括 PCB 设计常用工具栏：Main Toolbar（主工具栏）、Placement Tools（放置工具栏）、Component Placement（元件位置调整工具栏）和 Find Selection（查找被选择元件工具栏）。各种工具栏的打开与关闭可通过执行相应的菜单命令来实现。

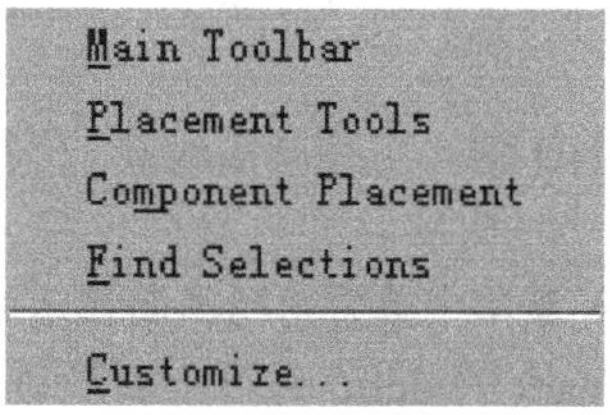

（2）状态栏与命令栏的打开与关闭。执行菜单命令 View | Status Bar，可打开和关闭状态栏。状态栏显示当前光标的坐标位置。

执行菜单命令 View | Command Status，可打开与关闭命令栏。命令栏显示当前正在执行的命令。

```
Main Toolbar
Placement Tools
Component Placement
Find Selections

Customize...
```

图 8.8 View|Toolbars 弹出的子菜单

注意：在菜单命令前有√，表示该栏已被打开。

（3）PCB 管理器的打开与关闭。执行菜单命令 View | Design Manager，或用鼠标单击主工具栏的 图标，可打开与关闭 PCB 管理器。打开 PCB 管理器，可利用它的浏览功能实现快速查看 PCB 文件、查找和定位元件和网络等操作；关闭它，可以增加工作窗口的视图面积，具体功能在后面讲解。

打开了工具栏、状态栏、命令栏和 PCB 管理器的 PCB 编辑器的画面如图 8.6 所示。

练一练：练习主工具栏、三个浮动工具栏、状态栏和命令栏的打开与关闭的操作。

8.3　电路板的工作层

印制电路板呈层状结构，不同的印制电路板具有不同的工作层。印制电路板中的各层有何用途？如何选择设置所用到的工作层？接下来将讲解上述内容。

8.3.1　工作层的类型

Protel 99 SE 提供了多个工作层供用户选择。当进行工作层设置时，在 PCB 编辑器中，执行菜单命令 Design | Option，系统将弹出如图 8.9 所示的"Document Options"对话框。各层的含义及应用介绍如下。

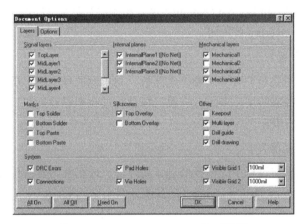

图 8.9　"Document Options"对话框

1．Signal Layer（信号层）

信号层主要用于布置电路板上的导线。Protel 99 SE 提供了 32 个信号层，包括 Top Layer（顶层）、Bottom Layer（底层）和 30 个 Mid Layer（中间层）。顶层是电路板主要用于放置元件和布线的一个表面，底层是电路板主要用于布线和焊接的另一个表面，中间层位于顶层与底层之间，在实际的电路板中是看不见的。

2．Internal Plane Layer（内部电源/接地层）

Protel 99 SE 提供了 16 个内部电源层/接地层。该类型的层仅用于多层板，主要用于布置电源线和接地线。我们称双层板、四层板、六层板，一般指信号层和内部电源/接地层的数目。

3．Mechanical Layer（机械层）

Protel 99 SE 提供了 16 个机械层，它一般用于设置电路板的外形尺寸、数据标记、对齐标记、装配说明以及其他的机械信息。这些信息因设计公司或 PCB 制造厂家的要求而有所不同。执行菜单命令 Design | Mechanical Layer 能为电路板设置更多的机械层。另外，机械层可以附加在其他层上一起输出显示。

4．Solder Mask Layer（阻焊层）

为了让电路板适应波峰焊等机器焊接形式，要求电路板上非焊接处的铜箔不能粘锡。所以在焊盘以外的各部位都要涂覆一层涂料，如防焊漆，用于阻止这些部位上锡。阻焊层用于在设计过程中匹配焊盘，是自动产生的。Protel 99 SE 提供了 Top Solder 和 Bottom Solder 两个阻焊层。

5. Paste Mask Layer（锡膏防护层）

它和阻焊层的作用相似，不同的是在机器焊接时对应的表面粘贴式元件的焊盘。Protel 99 SE 提供了 Top Paste（顶层）和 Bottom Paste（底层）两个锡膏防护层。

6. Keep Out Layer（禁止布线层）

禁止布线层用于定义在电路板上能够有效放置元件和布线的区域。在该层绘制一个封闭区域作为布线有效区，在该区域外是不能自动布局和布线的。

7. Silkscreen Layer（丝印层）

丝印层主要用于放置印制信息，如元件的轮廓和标注、各种注释字符等。Protel 99 SE 提供了 Top Overlay（顶层丝印层）和 Bottom Overlay（顶层丝印层）两个丝印层。一般，各种标注字符都在 Top Overlay，Bottom Overlay 可关闭。

8. Multi Layer（多层）

电路板上焊盘和穿透式过孔要穿透整个电路板，与不同的导电图形层建立电气连接关系，因此系统专门设置了一个抽象的层，多层。一般，焊盘与过孔都要设置在多层上，如果关闭此层，焊盘与过孔就无法显示出来。

9. Drill Layer（钻孔层）

钻孔层提供电路板制造过程中的钻孔信息（如焊盘、过孔就需要钻孔）。Protel 99 SE 提供了 Drill guide（钻孔指示图）和 Drill drawing（钻孔图）两个钻孔层。

10. 系统设置

用户还可以在对话框中的 System 区域中设置 PCB 系统设计参数，各选项功能如下。

① Connections：用于设置是否显示飞线。在绝大多数情况下，在进行布局调整和布线时都要显示飞线。

② DRC Errors：用于设置是否显示电路板上违反 DRC 的检查标记。

③ Pad Holes：用于设置是否显示焊盘通孔。

④ Via Holes：用于设置是否显示过孔的通孔。

⑤ Visible Grid1：用于设置第一组可视栅格的间距以及是否显示出来。

⑥ Visible Grid2：用于设置第二组可视栅格的间距及是否显示出来。一般我们在工作窗口看到的栅格为第二组栅格，放大画面之后，可见到第一组栅格。

8.3.2 工作层的设置

Protel 99 SE 允许用户自行定义信号层、内部电源层/接地层和机械层的显示数目。

1. 设置 Signal Layer 和 Internal Plane Layer

执行菜单命令 Design | Layer Stack Manager，可弹出图 8.10 所示的"Layer Stack Manager（工作层堆栈管理器）"对话框。

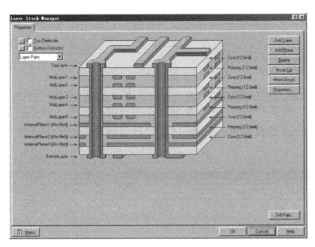

图 8.10 "Layer Stack Manager（工作层堆栈管理器）"对话框

（1）添加层的操作。选取 Top Layer，用鼠标单击对话框右上角的"Add Layer（添加层）"按钮，就可在顶层之下添加一个信号层的中间层（Mid Layer），如此重复操作可添加 30 个中间层。单击"Add Plane"按钮，可添加一个内部电源/接地层，如此重复操作可添加 16 个内部电源/接地层。

（2）删除层的操作。先选取要删除的中间层或内部电源/接地层，单击"Delete（删除）"按钮，在确认之后，可删除该工作层。

（3）层的移动操作。先选取要移动的层，单击"Move Up（向上移动）"或"Move Down（向下移动）"按钮，可改变各工作层间的上下关系。

（4）层的编辑操作。先选取要编辑的层，单击"Properties（属性）"按钮，弹出如图 8.11 所示的"Edit Layer（工作层编辑）"对话框，可设置该层的 Name（名称）和 Copper thickness（覆铜厚度）。

（5）钻孔层的管理。单击图 8.10 中右下角的"Drill Pairs"按钮，弹出如图 8.12 所示的"Drill-Pair Manager（钻孔层管理）"对话框，其中列出了已定义的钻孔层的起始层和终止层。分别单击"Add"、"Delete"、"Edit"按钮，可完成添加、删除和编辑任务。

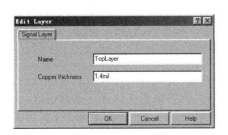

图 8.11 "Edit Layer（工作层编辑）"对话框　　　图 8.12 "Drill-Pair Manager（钻孔层管理）"对话框

　　另外，系统还提供一些电路板实例样板供用户选择。单击图 8.10 中左下角的"Menu"按钮，在弹出的菜单中选择 Example Layer Stack 子菜单，通过它可选择具有不同层数的电路板样板。

2．设置 Mechanical Layer

　　执行菜单命令 Design | Mechanical Layer，弹出如图 8.13 所示的"Setup Mechanical Layers（机械层设置）"对话框，其中已经列出 16 个机械层。单击某复选框，可打开相应的机械层，并可设置层的名称（Layer Name）、是否可见（Visible）、是否在单层显示时放到各层（Display in Single Layer Mode）等参数。

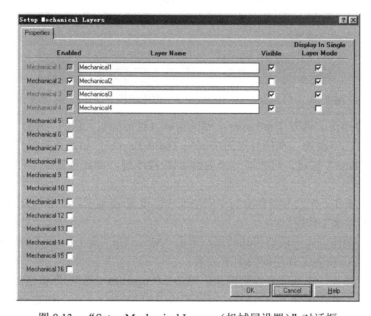

图 8.13　"Setup Mechanical Layers（机械层设置）"对话框

　　在设置完信号层、内部电源/接地层和机械层后，重新打开图 8.9 所示的"Document Options"对话框，观察有何变化。

8.3.3　工作层的打开与关闭

　　不同的印制电路板的工作层数是不同的，如双层板、四层板。一块电路板的工作层数是固定的，在 PCB 设计过程中，往往只须打开所需要的层进行操作。

1．工作层的打开与关闭

　　在图 8.9 所示的"Document Options"对话框中，单击 Layers 选项卡，可以发现每个工作层前都有一个复选框。如果相应工作层前的复选框被选中（√），则表明该层被打开，否则该层处于关闭状态。用鼠标左键单击"All On"按钮，将打开所有的层；单击"All Off"按钮，所有的层将被关闭；单击"Used On"按钮，可打开常用的工作层。

2．栅格和计量单位设置

　　单击"Document Options"对话框中的 Options 选项卡，打开如图 8.14 所示的对话框。

　　（1）捕获栅格的设置。用于设置光标移动的间距。使用 Snap X 和 Snap Y 两个下拉列表，可设置在 X 和 Y 方向捕获栅格的间距；或单击主工具栏的▦按钮，在弹出的"捕获栅格设置"对话框中输入捕获栅格的间距；或按下快捷键 G，在弹出的菜单中，选择捕获栅格间距值。

（2）元件栅格的设置。用于设置元件移动的间距。使用 Component X 和 Component Y 两个下拉列表，可设置元件在 X 和 Y 方向的移动间距。

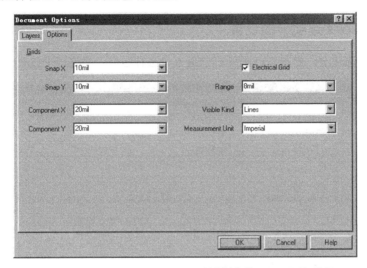

图 8.14　"Document Options"对话框中的 Options 选项卡

（3）电气栅格范围。电气栅格主要是为了支持 PCB 的布线功能而设置的特殊栅格。当任何导电对象（如导线、过孔、元件等）没有定位在捕获栅格上时，就该启动电气栅格功能。只要将某个导电对象移到另外一个导电对象的电气栅格范围内，就会自动连接在一起。选中 Electrical Grid 复选框表示启动电气栅格的功能。Range（范围）用于设置电气栅格的间距，一般比捕获栅格的间距小一些才行。

（4）可视栅格的类型。可视栅格是系统提供的一种在屏幕上可见的栅格。通常可视栅格的间距为一个捕获栅格的距离或是其数倍。Protel 99 SE 提供 Dots（点状）和 Lines（线状）两种显示类型。

（5）计量单位的设置。Protel 99 SE 提供 Metric（公制）和 Imperial（英制）两种计量单位，系统默认为英制。电子元件的封装基本上都采用英制单位，如双列直插式集成电路的两个相邻引脚的中心距为 0.1inch（英寸）；贴片类集成电路相邻引脚的中心距为 0.05inch 等。所以，设计时的计量单位最好选用英制。英制的默认单位为 mil（毫英寸）；公制的默认单位为 mm（毫米）。1mil=0.0254mm 。按下快捷键 Q，计量单位在英制与公制之间切换。

看一看：打开系统 Examples 文件夹中的 4 Port Serial Interface.ddb 下的 4 Port Serial Interface Board.PCB 文件，观察该印制电路板有哪些层？

练一练：分别设置可视栅格、捕获栅格、元件栅格和电气栅格的数值，并在工作窗口练习体会四种栅格的区别。

⫸ 8.4　设置 PCB 工作参数

Protel 99 SE 提供的 PCB 工作参数包括 Option（特殊功能）、Display（显示状态）、Color（工作层面颜色）、Show/Hide（显示/隐藏）、Default（默认参数）、Signal Integrity（信号完整性）共 6

部分。根据实际需要和自己的喜好来设置这些工作参数，可建立一个自己喜欢的工作环境。

执行菜单命令 Tools | Preference，弹出如图 8.15 所示的"Preferences"对话框。图中的 6 个选项卡可对 6 大类工作参数进行设置，下面分别讲述。

8.4.1　Options 选项卡的设置

单击 Options 选项卡，如图 8.15 所示。它有 6 个选择区域，主要用于设置一些特殊的功能。

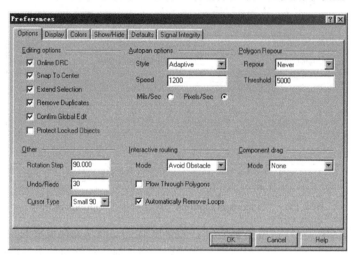

图 8.15　"Preference"对话框

1．Editing options 选择区域

① Online DRC：在选中状态下，进行在线的 DRC 检查。

② Snap To Center：在选中状态下，若用光标选取元件时，则光标移动至元件的第 1 引脚的位置上；若用光标移动字符串，则光标自动移至字符串的左下角。若没有选中该项，将以光标坐标所在位置选中对象。

③ Extend Selection：在选中状态下，执行选取操作时，可连续选取多个对象；否则，在连续选取多个对象时，只有最后一次的选取操作有效，即只有最后一个对象被选中。

④ Remove Duplicate：在该选项选中状态下，可自动删除重复的对象。

⑤ Confirm Global Edit：在该选项选中状态下，进行整体编辑操作时，将出现要求确认的对话框。

⑥ Protect Locked Object：在该选项选中状态下，保护锁定的对象，使之不能执行如移动、删除等操作。

2．Autopan options（自动移边）选项区域

（1）Style：设置自动移边功能模式，共 7 种。

① Disable 模式：关闭自动移边功能。

② Re-Center 模式：以光标所在位置为新的编辑区中心。

③ Adaptive 模式：自适应模式，以"Speed"文本框的设定值来控制移边操作的速度。系统默认值为该选项。

④ Ballistic 模式：非定速自动移边，当光标越往编辑区边缘移动，移动速度越快。

⑤ Fix Size Jump 模式：当光标移到编辑区边缘时，系统将以"Step"文本框设定值移边。当

按下 Shift 键后，系统将以"Shift Step"文本框设定值移边。

⑥ Shift Accelerate 模式：自动移边时，按住 Shift 键会加快移边的速度。

⑦ Shift Decelerate 模式：自动移边时，按住 Shift 键会减慢移边的速度。

（2）Speed：移动速率，默认值 1200。

（3）Mils/Sec：移动速率单位（千分之一英寸/秒）。

（4）Pixels/Sec：另一个移动速率单位（像素/秒）。

3．Polygon Repour（多边形填充的绕过）选项区域

（1）Repour：有 3 个选项。

① Never 选项：无论如何移动多边形填充区域，都不会出现确认对话框，系统会直接重建多边形填充区域。

② Threshold 选项：当多边形填充区域偏离距离比 Threshold 设定值小时，会出现确认对话框，否则，不出现确认对话框。

③ Always 选项：当移动多边形填充区域后，一定会出现确认对话框，询问是否重建多边形填充。

（2）Threshold：绕过的临界值。

4．Interactive routing（交互式布线的参数设置）选项区域

① Mode：设置交互式布线的模式。包括 Ignore Obstacle（忽略障碍，直接覆盖）、Avoid Obstacle（绕开障碍）和 Push Obstacle（推开障碍）共 3 种模式供选择。

② Plow Through Polygons 选项：如有效，则多边形填充绕过导线。

③ Automatically Remove Loops：如有效，自动删除形成回路的走线。

5．Component drag（元件拖曳模式）选项区域

Mode：选择 None，在拖曳元件时，只拖曳元件本身；选择 Connected Track，则在拖曳元件时，该元件的连线也跟着移动。

6．Other（其他）选项区域

① Rotation Step：设置元件的旋转角度，默认值为 90°。

② Undo/Redo：设置撤销/重复命令可执行的次数。默认值为 30 次。撤销命令的操作对应主工具栏的 按钮，重复命令操作对应主工具栏的 按钮。

③ Cursor Type：设置光标形状。有 Large 90（大十字线）、Small 90（小十字线）、Small 45（小叉线）3 种光标形状。

8.4.2　Display 选项卡的设置

Display 选项卡的设置如图 8.16 所示。各选项的功能如下。

1．Display options 选项区域

① Convert Special String：用于设置是否将特殊字符串转化为它所代表的文字。

② Highlight in Full：设置高亮的状态。该项有效时，选中的对象将被填满白色，否则选中的对象将只加上白色外框，选取状态不十分明显。

③ Use Net Color For Highlight：该项有效时，选中的网络将以该网络所设置的颜色来显示。设置网络颜色的方法：在 PCB 管理器中，切换到 Browse PCB 选项卡，在 Browse 下拉列表中选取 Nets 选项，然后在网络列表框内选取工作网络的名称，再单击"Edit"按钮打开"Net"对话框，在 Color 框内选取相应的颜色即可。

④ Redraw Layer 当该项有效时，每次切换板层时系统都要重绘各板层的内容，而工作层将绘在最上层。否则，切换板层时就不进行重绘操作。

⑤ Single Layer Mode：单层显示模式。该项有效时，工作窗口上将只显示当前工作层的内容。否则，工作窗口上将所有使用的层的内容都显示出来。

⑥ Transparent Layer：透明模式。该项有效时，所有层的内容和被覆盖的对象都会显示出来。

2．Show 选项区域

当工作窗口处于合适的缩放比例时，下面所选取的选项的属性值会显示出来。

① Pad Nets：连接焊盘的网络名称。

② Pad Number：焊盘序号。

③ Via Nets：连接过孔的网络名称。

④ Test Point：测试点。

⑤ Origin Marker：原点。

⑥ Status Info：状态信息。

3．Draft thresholds 选项区域

可设置在草图模式中走线宽度和字符串长度的临界值。

① Tracks：走线宽度临界值，默认值为 2mil。大于此值的走线将以空心线来表示，否则以细直线来表示。

② Strings：字符串长度临界值，默认值为 11pixels。大于此值的字符串将以细线来表示。否则将以空心方块来表示。

4．设置工作层的绘制顺序

单击图 8.16 中的"Layer Drawing Order"按钮，将弹出如图 8.17 所示的对话框。在列表框中，先选择要编辑的工作层，再单击"Promote"或"Demote"按钮，可提升或降低该工作层的绘制顺序。单击"Default"按钮，可将工作层的绘制顺序恢复到默认状态。

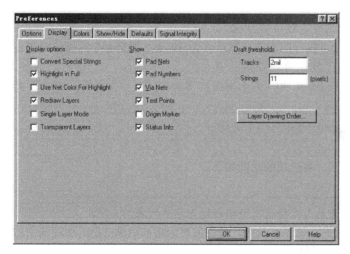

图 8.16　Display 选项卡设置

图 8.17　Layer Drawing Order 对话框

8.4.3　Colors 选项卡的设置

Colors 选项卡主要用来调整各板层和系统对象的显示颜色，如图 8.18 所示。要设置某一层的颜色，单击该层名称旁边的颜色块，在弹出的"Choose Color（选择颜色）"对话框中，拖曳滑块来选择给出的颜色，也可自定义工作层的颜色。要调整的系统对象颜色有 DRC 标记、选取对象（Selection）、背景（Background）、焊盘通孔（Pad Holes）、过孔通孔（Via Holes）、飞线（Connections）、可视栅格 1（Visible Grid 1）和可视栅格 2（Visible Grid 2）。无特殊需要，最好不要改动颜色设置，否则带来不必要的麻烦。如出现颜色混乱，可单击"Default Color（系统默认颜色）"或"Classic Color（传统颜色）"按钮加以恢复。Classic Color 方案为系统的默认选项。

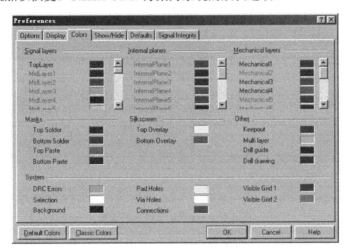

图 8.18　Color 选项卡的设置

8.4.4　Show/ Hide 选项卡的设置

Show/Hide 选项卡的设置如图 8.19 所示。图中对 10 个对象提供了 Final（详细显示）、Draft（草图）和 Hidden（隐藏）3 种显示模式。这 10 个对象包括 Arcs（弧线）、Fills（矩形填充）、Pans（焊盘）、Polygons（多边形填充）、Dimensions（尺寸标注）、String（字符串）、Tracks（导线）、Vias（过孔）、Coordinates（坐标标注）、Rooms（布置空间）。使用"All Final"、"All Draft"和"All Hidden"3 个按钮，可分别将所有元件设置为最终图稿、草图和隐藏模式。设置为 Final 模式的对象显示效果最好。设置为 Draft 模式的对象显示效果较差。设置为 Hidden 模式的对象不会在工作窗口显示。

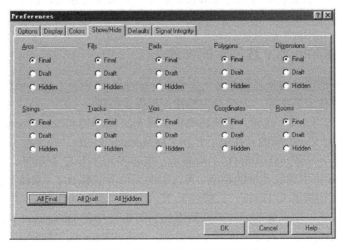

图 8.19　Show/ Hide 选项卡的设置

8.4.5 Defaults 选项卡的设置

Defaults 选项卡主要用来设置各电路板对象的默认属性值，如图 8.20 所示。

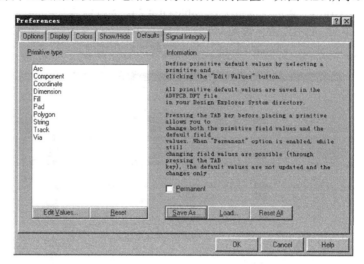

图 8.20　Default 选项卡的设置

1．Primitive type（基本类型）列表框与按钮

先选择要设置的对象的类型，再单击"Edit Values"按钮，在弹出的"对象属性"对话框中，即可调整该对象的默认属性值，如何设置对象的属性值，将在第 9 章介绍。单击"Reset"按钮，就会将所选对象的属性设置值恢复到原始状态。单击"Reset All"按钮，就会把所有对象的属性设置值恢复到原始状态。单击"Save As"按钮，会将当前的各对象属性值保存到某个.Dft 文件内备份。单击"Load"按钮，可把某个.Dft 文件装载到系统中。

2．Permanent 复选框

该复选框无效时，在放置对象时，按 Tab 键就可打开其属性对话框加以编辑，而且修改过的属性值会应用在后续放置的相同对象上。

该复选框有效时，就会将所有的对象属性值锁定。在放置对象时，按下 Tab 键，仍可修改其属性值，但对后续放置的对象，该属性值无效。

8.4.6 Signal Integrity 选项卡的设置

Signal Integrity 选项卡用来设置信号的完整性，如图 8.21 所示。通过该选项卡可以设置元件标号和元件类型之间的对应关系，为信号完整性分析提供信息。

单击图 8.21 中的"Add"按钮，系统将弹出如图 8.22 所示的"Component Type（元件类型设置）"对话框，用来定义一个新的元件类型。在"Designator Prefix（序号标头）"文本框中，输入所用元件的序号标头，一般电阻类元件用 R 表示，电容类元件用 C 表示等。在 Component Type（元件类型）下拉列表框中选取元件的类型。可选取的元件类型有 BJT（双结型晶体管）、Capacitor（电容）、Connector（连接器）、Diode（二极管）、IC（集成电路）、Inductor（电感）和 Resistor（电阻）。单击"OK"按钮，刚设置的元件类型就添加到图 8.21 中的 Designator Mapping 列表框中。

在 Designator Mapping 列表框中选取元件类型，单击"Remove"按钮，可以将它从列表中删除；单击"Edit"按钮，可以打开对应的"Component Type"对话框来修改设定值。

注意：所有没有归类的元件会被视为 IC 类型。

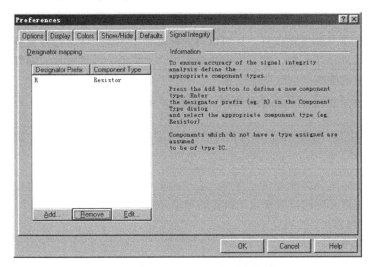

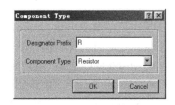

图 8.21　Signal Integrity 选项卡的设置　　　　图 8.22　"Component Type
（元件类型设置）"对话框

Ⅲ▶ 8.5　PCB 中的定位

一张复杂的 PCB 图，元件繁多，导线密布，很难在图中用肉眼对元件或导线进行准确定位。在 Protel 99 SE 中，提供了快速准确的定位方法。

8.5.1　使用 PCB MiniViewer 定位

在 PCB 管理器中的 Browse PCB 选项卡的下方，有一个很小的视窗可以显示整个 PCB 图。利用该视窗可以方便地浏览 PCB 图，并在工作区快速定位。由于 Browse PCB 选项卡的窗口很长，显示器的分辨率只有设在 1024×768 以上才能看到全貌。视窗如图 8.23 所示。

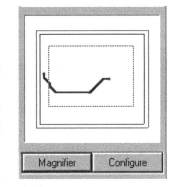

视窗的矩形代表整个 PCB 工作窗口，可显示在 PCB 管理器中浏览的元件或网络。图中的虚线框代表当前的工作窗口画面。将光标指向虚线框的顶点，按住鼠标左键，拖曳顶点可改变虚线框的大小，同时，工作窗口的画面被缩放，虚线框越小，画面放大比例越大，图越清晰。将光标指向虚线框，按住鼠标左键拖曳整个虚线框移动，就可以在整个工作窗口中快速浏览和定位图纸。

视窗还可作为放大镜来使用。单击视窗下的"Magnifier"按钮，光标变成一个放大镜，将其移动到工作窗口要放大的部位，在视窗中可显示该部分被放大后的图样。单击"Configure"按钮，在弹出

图 8.23　视窗

的对话框中可选择放大镜的放大比例，或按下空格键也可更改放大比例。

练一练：打开一个 PCB 文件，在视窗中拖曳虚线框，看看工作窗口有何变化。缩小虚线框之后，工作窗口中的图是不是放大了？另外，用一用放大镜，看看是否好使。

8.5.2　手动移动图纸

除了用鼠标按住工作窗口的滚动条来浏览图纸外，还可以将光标移至工作窗口中，按住鼠标右键不放，光标即变为一只小手，移动小手不放，便可拖曳浏览图纸。定位后，放开鼠标右键即可。在移动结束的同时，可发现视窗的虚线框也改变了位置。

练一练：打开一个 PCB 文件，在工作窗口按住鼠标右键，光标是不是变成手形？移动它，工作窗口有何变化？

8.5.3　跳转到指定位置

使用菜单命令 Edit | Jump，弹出如图 8.24 所示的子菜单。在子菜单中选择不同的对象，可很方便地实现定向跳转。执行命令后注意光标的位置变化。跳转的对象介绍如下。

- Absolute Origin：跳转到绝对原点。
- Current Origin：跳转到相对原点。
- New Location：跳转到指定坐标位置。在弹出的对话框中，输入目标位置的 X 坐标和 Y 坐标，单击"OK"按钮，光标自动指向所设置的位置。
- Component：跳转到指定的元件。执行该命令后，在弹出如图 8.25 所示的"Component Designator（元件标号）"对话框中输入元件的标号。若不知元件的标号，在对话框中输入"？"后单击"OK"按钮，将弹出如图 8.26 所示的"Component Placed（元件放置）"列表框，在其中选择要跳转到的元件，然后单击"OK"按钮即可。

图 8.24　执行菜单命令 Edit|Jump 后弹出的子菜单　　图 8.25　"Component Designator（元件标号）"对话框　　图 8.26　"Component Placed（元件放置）"对话框

- Net：跳转到指定的网络。其操作与 Component 命令类似。
- Pad：跳转到指定的焊盘。其操作与 Component 命令类似。
- String：跳转到指定的字符串。其操作与 Component 命令类似。
- Error Marker：跳转到错误标志处。
- Selection：跳转到选取的对象处。先选取对象，执行该命令后，被选取的对象在工作窗口中被放大显示。
- Set Location Marks：放置位置标志。使用此命令，可放置 10 个位置标志。
- Location Marks：跳转到所选择的位置标志。该命令与 Set Location Marks 命令配合使用。当没用该位置标志时，光标将指向工作窗口的最边缘。

练一练：打开一个 PCB 文件，使用菜单命令 Edit|Jump，练习跳转到不同的对象。

8.5.4　PCB 管理器中 Browse PCB 选项卡的功能

使用 PCB 管理器也可方便地进行定位。单击 PCB 管理器中的 Browse PCB 选项卡，在 Browse 下拉框中，选择设定好的对象，如图 8.27 所示。选择的对象包括 Nets（网络）、Components（元件）、Libraries（元件库）、Net Classes（网络类）、 Component Classes（元件类）、Violations（违反规则信息）和 Rules（设计规则）共 6 类，经常用到的对象是网络、元件和元件库。

1. 浏览元件（Browse Components）

当 Browse PCB 选项卡中的 Browse 下拉列表中所选择浏览对象为 Component 时，如图 8.27 所示，可以对电路板中的元件和元件的引脚进行编辑管理。

（1）对元件的编辑管理。电路板的全部元件都在元件列表框中列出。在元件列表框的下方，有 3 个按钮，其功能如下。

① "Edit"按钮：在元件列表框中选择元件，单击"Edit"按钮，将弹出该元件的属性设置对话框，对元件的有关参数进行设置。

② "Select"按钮：在元件列表框中选择元件，单击"Select"按钮，则该元件被选中，呈高亮显示。

③ "Jump"按钮：在元件列表框中选择元件，单击"Jump"按钮，则该元件在工作窗口被放大显示。

（2）对元件引脚焊盘的编辑管理。当在元件列表框中选择某个元件时，该元件引脚对应的焊盘在焊盘列表框中列出，在列表框的下方，有 3 个按钮，其功能如下。

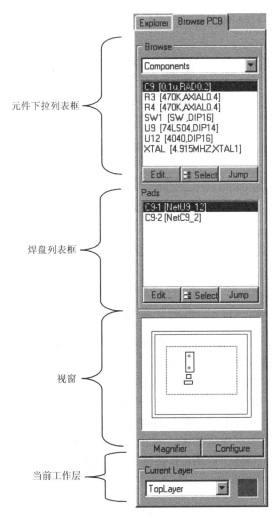

图 8.27　Browse PCB |Browse Components

① "Edit"按钮：在焊盘列表框中选择焊盘，单击"Edit"按钮，将弹出该焊盘的属性设置对话框，对焊盘的有关参数进行设置。

② "Select"按钮：在焊盘列表框中选择焊盘，单击"Select"按钮，则该焊盘被选取，成高亮显示。

③ "Jump"按钮：在焊盘列表框中选择焊盘，单击"Jump"按钮，则该焊盘在工作窗口被放大显示。

2. 浏览网络（Browse Nets）

当 Browse PCB 选项卡中的 Browse 下拉列表中所选择浏览对象为 Nets 时，如图 8.28 所示，可以对电路板中的网络进行编辑和管理。

（1）对网络的编辑管理：在网络列表框中选择某个网络后，单击"Edit"按钮，将弹出如图8.29所示的"Net"属性设置对话框，我们可以修改网络的名称（Net Name）、网络高亮显示时的颜色（Color）、Hide复选框（隐藏状态）和Selection（选取状态）复选框。在图8.28中单击"Select"按钮，该网络就处于选取状态，网络走线被高亮显示。单击"Zoom"按钮，该网络走线所在位置将在工作窗口放大显示。

图8.28　Browse Nets

图8.29　"Net"属性设置对话框

（2）对网络节点的编辑管理：节点是指网络走线所连接元件引脚的焊盘。在网络列表框中选取某个网络后，该网络的节点全部在节点列表框中列出。选择某个节点，单击"Edit"按钮，将打开"Pad"属性对话框，可以修改该焊盘的各种参数。单击"Select"按钮，该焊盘处于选取状态，呈高亮显示。单击"Jump"按钮，该焊盘在工作窗口被放大显示。

对其余4个对象的编辑管理，在后续章节中进行介绍。

练一练：打开一个PCB文件，在PCB管理器中按上面所讲知识，分别浏览网络和元件，练习对网络、元件和焊盘的编辑、选取、放大和跳转等操作。

本 章 小 结

本章主要介绍了有关印制电路板的基础知识和对PCB编辑器的初步认识及基本操作。在第一节介绍了印制电路板的概念、作用及分类；和绘制印制电路板图有关的元件封装、焊盘、过孔和铜膜导线等基本概念；并介绍了绘制PCB图的设计流程。在第二节，重点讲解了绘制PCB图要经常使用的PCB编辑器。要掌握PCB编辑器的启动与退出的方法；PCB编辑器中的画面管理、窗口管理、各种工具栏、状态栏、命令栏和PCB管理器的打开与关闭操作。在第三节，介绍了电路板中比较重要的概念——工作层。要分清Protel 99 SE提供的各种工作层的名称、功能和根据需要如何设置工作层的方法。在第四节，讲述了PCB的六大类工作参数的设置方法，从而对PCB的工作环境有了更深刻的认识。在第五节，介绍了在PCB中定位的几种方法，重点掌握对PCB

管理器的使用。

练　习

1．什么是印制电路板？它在电子设备中有何作用？

2．印制电路板根据导电图形的层数一般分为哪几类？各有何特点？

3．原理图与电路板图中的元件有何不同？元件的封装方式分几类？

4．在印制电路板中，焊盘与过孔的作用有何不同？

5．绘制印制电路板图一般包括哪些步骤？在各步中主要完成什么工作？

6．PCB 编辑器的工作界面主要由哪几部分组成？

7．在 PCB 编辑器中，有哪些常用工具栏？能完成什么操作？状态栏和命令栏分别用于显示什么信息？

8．在 Protel 99 SE 系统中，提供了哪些工作层的类型？各工作层的主要功能是什么？

9．可视栅格（Visible Grid）、捕获栅格（Snap Grid）、元件栅格（Component Grid）和电气栅格（Electrical Grid）有何区别？

10．在 Protel 99 SE 系统中，对元件、网络和焊盘等对象的定位提供了几种方法？

第 9 章

自动布局与自动布线

⫸ 9.1 印制电路板图设计流程

1. 准备原理图

这是绘制印制电路板图最主要的前期工作。

在印制电路板图的自动布局与自动布线中，对原理图的要求非常高。一是要求原理图的绘制要标准，二是所有元器件符号都要有封装，而且封装一定是根据实际元器件确定的，有些封装甚至需要自行绘制。

在这一步骤中，还要根据原理图创建网络表文件。网络表是表示电路原理图或印制电路板中元器件电气连接关系的文本文件，是连接电路原理图与印制电路板图的桥梁，是进行印制板图设计时非常重要的文件。

2. 创建 PCB 文件

要在与原理图同一个设计数据库文件中创建 PCB 文件。

3. 规划 PCB

需要在机械层（Mechanical Layer）绘制电路板的物理边界，在禁止布线层（KeepOut Layer）绘制电气边界。其中物理边界是电路板的实际尺寸，而电气边界是在自动布局和布线时系统所需要的。在这一步中还要根据工艺要求放置安装孔等。

4. 导入数据

将原理图中元器件符号之间的连接关系和元器件封装信息导入到 PCB 编辑器中。

5. 元器件布局及其调整

根据设计要求和电路原理以及主要信号流向对元器件进行布局。

6. 设置布线规则

根据设计要求设置布线规则。

7. 布线及其调整

对印制电路板进行布线。对要求较高的印制板，设计者往往直接进行

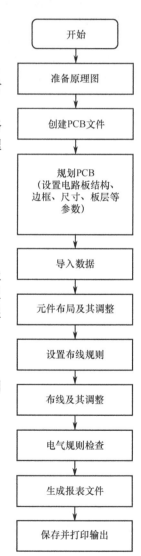

图 9.1　PCB 设计流程图

手动布线。因为自动布线的结果很难满足要求，如有的走线拐弯太多，有的走线不够合理等，必须进行手工调整，以满足设计要求。

8．电气规则检查

检查 PCB 板图中所有对象是否符合设置的各项电气规则。

9．生成报表文件

根据需要生成生产中需要的各种报表文件。

10．保存并打印输出

保存各种文件，根据要求进行打印输出。

9.2 自动布局与自动布线基本步骤

【例 9-1】要求：绘制图 9.2 所示原理图，利用自动布局、自动布线方法将其转换为双面印制电路板图。

电路板尺寸：宽 2000mil，高 1200mil。相关元器件属性见表 9.1。

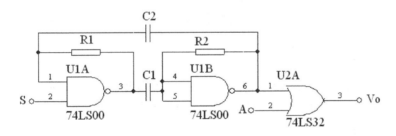

图 9.2 可控多谐振荡器电路

表 9.1 可控多谐振荡器电路元器件属性列表

Lib Ref（元器件名称）	Designator（元器件标号）	Part（元器件标注）	Footprint（元器件封装）
Res2	R1、R2		AXIAL0.4
Cap	C1、C2		RAD0.2
74LS00	U1	74LS00	DIP14
74LS32	U2	74LS32	DIP14
U1、U2 在 Protel DOS Schematic Libraries.ddb 中			
其余元器件在 Miscellaneous Devices.ddb 中			

9.2.1 准备原理图

准备原理图是绘制印制电路板图最主要的前期工作。印制电路板图的设计能否成功关键取决于原理图设计。印制电路板图的自动布局和自动布线对原理图要求很高，主要是指电路图绘制要完整、规范。这里所说的规范包括以下 4 点内容。

① 所有元器件符号都要有标号，而且不能重复不能为空。

② 元器件符号之间使用导线连接，具有总线结构的电路图中总线、总线分支线、网络标号缺一不可。

③ 电源、接地符号绘制正确，连接正确无遗漏。

④ 所有元器件符号都要有封装，而且封装要根据实际元器件确定。

新建一个设计数据库文件（ddb 文件），按图 9.2 绘制原理图，并根据原理图创建网络表文件。

9.2.2 规划印制电路板

因【例 9-1】中要求设计双面板，所以布线所需要的工作层为 Top Layer 和 Bottom Layer，又因为本例中的元器件很少，而且都是插接式元器件封装，故所有元器件都放置在 Top Layer。

总结起来，双面印制电路板所使用的工作层共有以下几层。

- 顶层（Top Layer）：放置元器件、布线。
- 底层（Bottom Layer）：布线，也可以放置元器件。
- 顶层丝印层（Top Overlay）：标注符号、文字等。
- 机械层（Mechanical Layer）：绘制电路板物理边界以及其他一些尺寸标注等。
- 禁止布线层（KeepOut Layer）：绘制电路板电气边界，电气边界是布线的范围，设计 PCB 时是一定要绘制的。
- 多层（Multi Layer）：放置焊盘（对于插接式元器件封装）。

如果底层（Bottom Layer）需要放置元器件，则还需要底层丝印层（Bottom Overlay）。

9.2.3 绘制电路板轮廓

电路板轮廓可以手工绘制，也可以利用软件提供的向导绘制，本节对两种情况分别介绍。

根据【例 9-1】要求，电路板为宽 2000mil，高 1200mil 的矩形，双面板。

1. 利用向导创建电路板

（1）在已经建立的设计数据库中双击 Documents 文件夹，在打开的 Documents 文件夹空白处单击右键，在快捷菜单中选择 New，系统弹出 "New Document" 对话框，在对话框中选择 Wizards 选项卡，如图 9.3 所示。

在图中选择 Printed Circuit Board Wizard（印制电路板向导）图标，单击 "OK" 按钮，弹出图 9.4 所示电路板生成向导对话框。

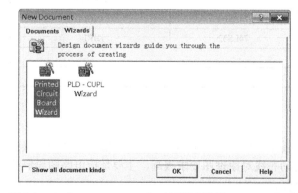

图 9.3 在 "New Document" 对话框中选择 Wizards 选项卡

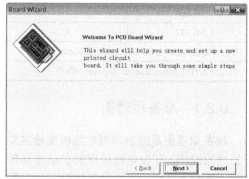

图 9.4 电路板生成向导对话框

（2）单击图9.4中的"Next"按钮，弹出图9.5所示选择电路板模板对话框。在列表框中可以选择系统已经预先定义好的板卡类型，也可以选择自定义电路板尺寸。

本例选择 Custom Made Board 自定义电路板尺寸等参数。

在图9.5中还需要选择绘制单位，因本例给出的电路板尺寸是英制（mil），故选择英制单位。

（3）单击"Next"按钮，弹出定义电路板物理尺寸、形状和显示内容对话框，如图9.6所示。

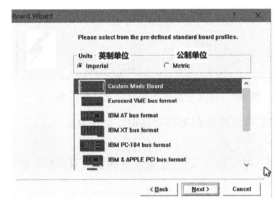
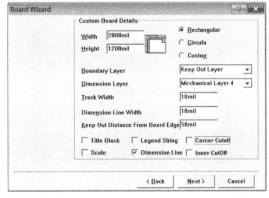

图9.5 选择电路板模板对话框　　图9.6 定义电路板物理尺寸、形状和显示内容对话框

图9.6中各项内容含义如下。

- Rectangular：电路板形状为矩形，需要确定宽和高这两个参数。

  Width：电路板宽度，本例为 2000mil。

  Height：电路板高度，本例为 1200mil。

- Circular：电路板形状为圆形，如果选中该项，左边的尺寸将变为半径。

- Custom：自定义电路板形状。

- Boundary Layer：电路板电气边界所在层，默认为 KeepOut Layer。

- Dimension Layer：电路板物理边界所在层，这里选择默认 Mechanical Layer 4。

- Track Width：电路板边界走线的宽度。

- Dimension Line Width：电路板尺寸标注线宽度。

- Keep Out Distance From Board Edge：电路板物理边界与电气边界之间的距离尺寸，本例设置为 50mil。

- Title Block：是否显示标题栏，选中表示显示。

- Scale：是否显示刻度尺。当 Title 和 Scale 两个复选框同时无效时，将不再显示标题栏和刻度尺。

- Legend String：是否显示图例字符，选中表示显示。

- Dimension Line：是否显示电路板尺寸标注，选中表示显示，本例选择显示。

- Corner Cutoff：是否在电路板四个角的位置开口。该项只有在电路板设置为矩形板时才可设置，本例不选此项。如果选中此项，系统在下一步会弹出设置电路板四角开口尺寸对话框，如图9.8所示。

- Inner Cutoff：是否在电路板内部开口。该项只有在电路板设置为矩形板时才可设置。

（4）单击"Next"按钮，弹出定义电路板边框尺寸对话框，如图 9.7 所示。可在此对话框中直接修改电路板尺寸。

（5）如果在图9.6中选中 Corner Cutoff 选项，单击"Next"按钮，弹出定义电路板四角开口尺寸对话框，如图9.8所示。可以直接在图中修改开口尺寸。

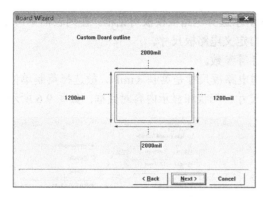

图 9.7　电路板边框尺寸对话框

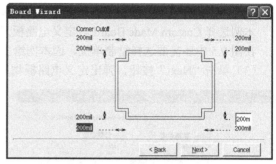

图 9.8　定义电路板四角开口尺寸对话框

（6）在图 9.7 中单击"Next"按钮，弹出定义信号层层数和类型对话框，如图 9.9 所示。图 9.7 中各项内容含义如下。

- Two Layer-Plated Through Hole：两个信号层（双层板），过孔电镀。本例要求双层板，故选择该项。
- Two Layer-Non Plated：两个信号层（双层板），过孔不电镀。
- Four Layer：4 层板。
- Six Layer：6 层板。
- Eight Layer：8 层板。
- Specify the number of Power/Ground plates that will be used in addition to the layers above：选择内部电源/接地层的数目，包括 Two（两个内部层）、Four（四个内部层）和 None（无内层）。本例选择 None。

注：该电路板向导不支持单面板。

（7）单击"Next"按钮，弹出定义过孔类型对话框，如图 9.10 所示。

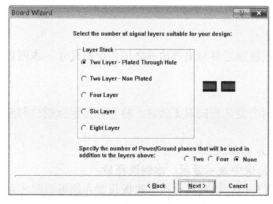

图 9.9　定义信号层层数和类型对话框

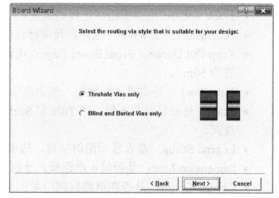

图 9.10　定义过孔类型对话框

图 9.10 中各项内容含义如下。

- Thru hole Vias only：穿透式过孔。对于双层板，只能使用穿透式过孔。
- Blind and Buried Vias only：盲过孔。多用于多层板。

（8）单击"Next"按钮，弹出定义将要使用的布线技术、选择元件封装类型对话框，如图 9.11 所示。图 9.11 中各项内容含义如下。

- Surface-mount components：表面粘贴式元件。
- Through-hole components：插接式元件。

以上两项的选择原则是电路板上哪种元件封装多即选择哪项。本例选择插接式元件。

选择插接式元件后，还要设置在两个焊盘之间穿过导线的数目。

- One Track：允许穿过一条导线。本例选择该项。
- Two Track：允许穿过两条导线。
- Three Track：允许穿过三条导线。

如果选择表面粘贴式元件，弹出如图 9.12 所示的设置元件放置工作层对话框。

图 9.12 中各项内容含义如下。

- Yes：可双面放置。
- No：只放置在顶层。

（9）按图 9.11 设置后，单击"Next"按钮，弹出最小线宽和最小间距设置对话框，如图 9.13 所示。

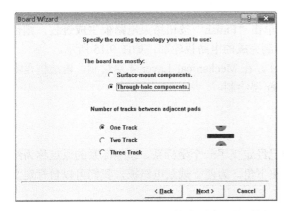
图 9.11　布线技术、元件封装类型选择对话框

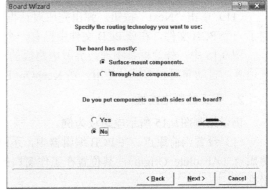
图 9.12　表面粘贴式元件放置工作层对话框

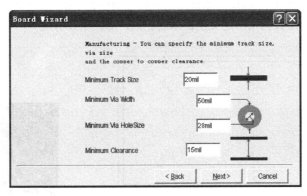
图 9.13　最小线宽和最小间距设置对话框

图 9.13 中各项内容含义如下。

- Minimum Track Size：最小线宽。本例设置为 20mil。
- Minimum Via Width：过孔最小外径。
- Minimum Via HoleSize：过孔最小内径。
- Minimum Clearance：相邻走线最小间距。本例设置为 15mil。

（10）单击"Next"按钮，弹出是否作为模板保存对话框，如图9.14所示。本例不保存为模板。

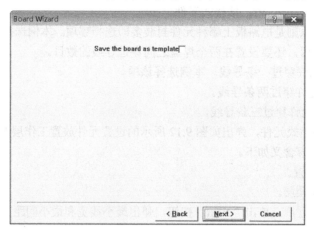

图9.14　是否作为模板保存对话框

（11）单击"Next"按钮，弹出完成对话框，单击"Finish"按钮结束电路板生成过程，则创建了一个 PCB 文件，在该 PCB 文件中已有一个绘制完成的电路板轮廓，如图9.15所示。

图9.15中，外边框是物理边界即电路板的尺寸，在 Mechanical Layer 4 层绘制。内边框是电气边界，自动布局和布线时使用，在 KeepOut Layer 层绘制。

2．手工绘制电路板

仍以绘制图9.15所示电路板为例。

（1）设置当前原点。在 PCB 编辑器中，系统已经定义了一个坐标系，该坐标系的原点称为绝对原点（Absolute Origin），其位置在工作窗口的左下角。为便于规划电路板，我们可以自行定义坐标系。

① 单击放置工具栏中的▨按钮，或执行菜单命令 Edit | Origin | Set。

② 光标变成十字形，将光标移到要设为相对原点的位置（最好位于可视栅格线的交叉点上），单击鼠标左键，可将该点设为用户定义坐标系的原点。如图9.16所示。

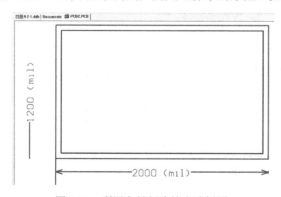

图9.15　利用向导创建的电路板图

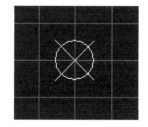

图9.16　当前原点

当把光标放到十字中心时，可看到左下角的坐标值为（0，0）。

如果设置了当前原点后，并未显示原点标志，可执行菜单命令 Tools | Preferences，在弹出的对话框中选择 Display 选项卡，选中 Origin Marker，如图9.17所示。

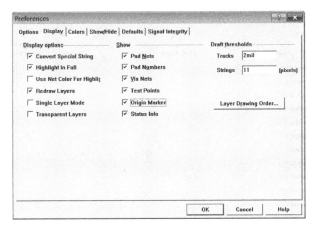

图 9.17　设置显示原点标志

（2）设置电路板所需工作层。如前所述，双层板需要以下工作层：顶层 Top Layer、底层 Bottom Layer、顶层丝印层 Top Overlay、机械层 Mechanical Layer、禁止布线层 KeepOut Layer、多层 Multi Layer。

新建的 PCB 文件中往往没有显示过多的工作层，如 9.18 所示。

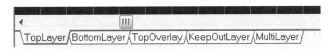

图 9.18　新建 PCB 文件中的工作层

在图 9.18 中，没有双层板所需的机械层 Mechanical Layer，需要进行设置，这里设置机械层 Mechanical 4。

执行菜单命令 Design | Mechanical，在弹出的"Setup Mechanical Layers"对话框中，选择 Mechanical 4，如图 9.19 所示。

执行菜单命令 Design | Options，在弹出的"Document Options"对话框中，选中 Mechanical 4。设置完毕后，工作窗口底部显示电路板各层的名称中已包含 Mechanical 4，如图 9.20 所示。

（3）绘制电路板边框。物理边界是电路板的实际大小，所以要绘制得非常规范，严格按照尺寸要求进行绘制，如要求的电路板形状是矩形，那么要注意边框线的水平与垂直，拐弯应是直角，不应出现不该出现的多余线段、拐弯或毛刺。

① 将当前层设置为 Mechanical 4。用鼠标左键单击 Mechanical 4 标签即可。

② 执行菜单命令 Place | Line，或单击放置工具栏的放置✎按钮，光标变成十字形。

③ 将光标移到当前原点处，如果使用鼠标画线，在每个拐弯处单击两下鼠标左键；如果使用键盘中的方向键→、←、↑、↓画线，在拐弯处按两下 Enter 键，建议使用键盘画线。

使用键盘上的方向键画线时，按住 Shift+任意方向键可提高画线速度。

以上电路板物理边界四个顶点的坐标分别是（0，0）、（2000，0）、（2000，1200）、（0，1200）。

最后，最后单击鼠标右键或按 Esc 键退出画线状态。

④ 将当前层改为禁止布线层 KeepOut Layer。

⑤ 按上述方法，在物理边界内部距物理边界 50mil 的地方绘制电气边界，绘制完毕的图形如图 9.15，只是没有尺寸标注。

注：如果绘制的电路板尺寸是公制（mm），在英文输入状态下，按一下 Q 键即可进行公英制转换。

Setup Mechanical Layers

Properties

	Enabled	Layer Name	Visible	Display In Single Layer Mode
Mechanical 1	☐			
Mechanical 2	☐			
Mechanical 3	☐			
Mechanical 4	☑	Mechanical4	☑	☑
Mechanical 5	☐			
Mechanical 6	☐			
Mechanical 7	☐			
Mechanical 8	☐			
Mechanical 9	☐			
Mechanical 10	☐			
Mechanical 11	☐			
Mechanical 12	☐			
Mechanical 13	☐			
Mechanical 14	☐			
Mechanical 15	☐			
Mechanical 16	☐			

OK　　Cancel　　Help

图 9.19　选择使用机械层 Mechanical 4

图 9.20　机械层 Mechanical 4 显示在工作层名称中

9.2.4　导入数据

导入数据是指将原理图中的元器件封装和连接关系信息导入到 PCB 文件中。导入数据可以通过在原理图中直接更新 PCB 文件的命令实现，也可以通过在 PCB 文件中加载网络表来实现，本例采用第二种方法。

1．加载元器件封装库

与绘制原理图一样，在装入元器件封装符号前，首先要加载所需元器件封装库。

本例中，主要用到系统提供的元器件封装库 Advpcb.ddb，下面分别介绍加载的方法。

本例所需系统提供的元器件封装库及其存放路径为 C:\Program Files\Design Explorer 99 SE\Library\Pcb\Generic Footprints\Advpcb.ddb。

这一封装库在新建 PCB 文件时，一般已经默认加载进来，如果没有加载可按以下方法进行操作。

执行菜单命令 Design | Add/Remove Library 或单击主工具栏的加载元器件封装库图标 █ 或在屏幕左边 PCB 管理器中选择 Browse PCB 选项卡，在 Browse 下拉列表中，选择 Libraries（元件封装库），单击框中的 "Add/Remove" 按钮，在上述存放路径下选择 Advpcb.ddb 元件封装库即可，加载后的 PCB 管理器如图 9.21 所示。

2．装入网络表

网络表文件是在绘制原理图后创建的与原理图同名的.NET 文件，如图 9.22 所示。

在 PCB 文件中执行菜单命令 Design | Load Nets，弹出图 9.23 所示的 "Load/Forward Annotate Netlist（装入网络表）" 对话框。

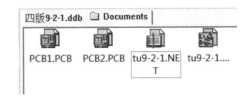

图 9.21　加载后的元器件封装库　　　　　图 9.22　网络表文件

Advpcb.ddb 中的 PCB Footprints.Lib

在图 9.23 中单击"Browse"按钮，在弹出的选择网络表文件对话框中，选择根据原理图创建的网络表文件，单击"OK"按钮，系统自动生成网络宏，并将其在"Load/Forward Annotate Netlist"对话框中列出，如图 9.24 所示。

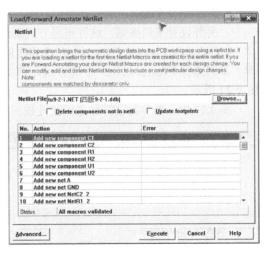

图 9.23　"Load/Forward Annotate Netlist　　　　图 9.24　系统生成的无错误网络宏

（装入网络表）"对话框

若无错误，则在对话框下部的状态栏显示 All macros validated，如图 9.24 中 Status 状态栏中所示，单击"Execute"按钮，将元器件封装和连接关系装入到 PCB 文件中，如图 9.25 所示。

若有错误，则 Status 状态栏中显示共有几个错误，在 Error 列中显示相应的错误信息。此时必须返回原理图修改错误后重新产生网络表，在 PCB 文件中重新装入网络表。这一点请切记！

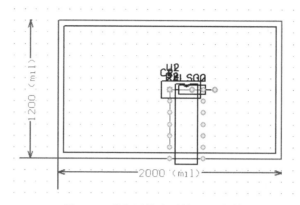

图 9.25　装入网络表后的 PCB 文件

9.2.5　元器件自动布局

元器件布局可采用两个步骤进行。一是自动布局，利用系统提供的自动布局功能将元器件封装散开，但自动布局的结果一般是不能直接使用的，必须进行手工调整，所以第二步是进行手工调整。

执行菜单命令 Tools | Auto Placement | Auto Placer，系统弹出"Auto Place（自动布局）"对话框，按图 9.26 所示进行设置。

图 9.26 中各项内容含义如下。

- Cluster Placer：群集式布局方式，适用于元器件数量少于 100 的情况。
- Statistical Placer：统计式布局方式。使用统计算法，遵循连线最短原则来布局元件，无须另外设置布局规则。这种布局方式最适合元件数目超过 100 的电路板设计。
- Quick Component Placement：快速布局，但不能得到最佳布局效果。

本例选择 Cluster Placer 布局方式，单击"OK"按钮系统进行自动布局，布局后的效果如图 9.27 所示。

图 9.27 中元器件封装符号之间的连线称为飞线，表示元器件之间的电气连接关系。

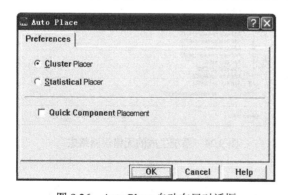

图 9.26　Auto Place 自动布局对话框

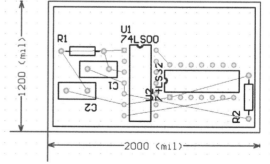

图 9.27　自动布局后的效果

9.2.6　手工调整布局

如图 9.27 所示，自动布局后的效果并不理想，需要进行手工调整。在手工调整布局时要考虑既保证电路功能和性能指标的实现，又满足工艺、检测、维修调试等方面的要求，同时还要适当兼顾美观性，如元器件排列整齐，疏密得当等。

因为本例只是介绍 PCB 设计的基本步骤，而且元器件很少，这里只介绍两个最基本的布局原则。

- 就近原则：元器件之间连线最短。
- 信号流原则：按信号流向布放元器件，避免输入、输出、高低电平部分交叉成环。

根据以上两个原则调整元器件的位置，调整方法如下。

直接拖曳元器件封装符号或元器件标号等可移动位置，用鼠标左键按住元器件封装符号或元器件标号再按空格键可改变方向。

在手工调整布局时，要慎用 X 键和 Y 键，因为这两个键实际是将元件封装翻转，这对于有安装方向要求的元器件是完全不可以的，如图 9.27 中的 U1、U2 两个集成芯片，如要改变方向，只能通过空格键来实现。

在调整时可以根据飞线指示安排元器件封装符号的位置，尽量减少飞线交叉。图 9.28 是调整后的元器件布局。

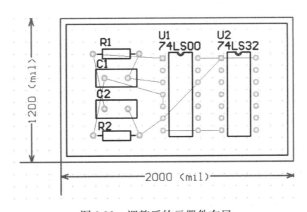

图 9.28 调整后的元器件布局

9.2.7 自动布线规则

设计规则是 PCB 设计的基本规则。在 PCB 设计过程中，任何一个操作都是在设计规则允许情况下进行的。Protel 99 SE 软件设计了大量自动布线规则，这些规则都在"Design Rules"对话框的 Routing 选项卡中进行设置。

执行菜单命令 Design | Rules，系统弹出"Design Rules"对话框，在对话框中选择 Routing 选项卡，如图 9.29 所示。

1. 设置安全间距（Clearance Constraint）

安全间距用于设置同一个工作层上的导线、焊盘、过孔等电气对象之间的最小间距。在 Rule Classes 下面的列表框中选中 Clearance Constraint，单击"Properties"按钮，系统弹出"Clearance Rule（安全间距规则）"设置对话框，如图 9.30 所示，其各项内容含义如下。

- Rule Scope（规则的适用范围）：一般情况下，指定该规则适用于整个电路板（Whole Board）。
- Rule Attributes（规则属性）：用来设置最小间距的数值（如 10mil）及其所适用的网络，包括 Different Nets Only（仅不同网络）、Same Net Only（仅同一网络）和 Any Net（任何网络）。

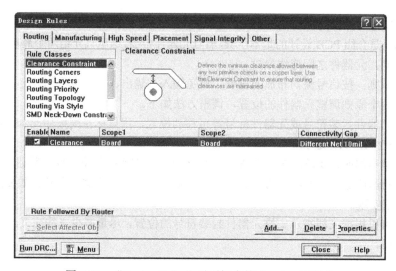

图 9.29 "Design Rules" 对话框中的 Routing 选项卡

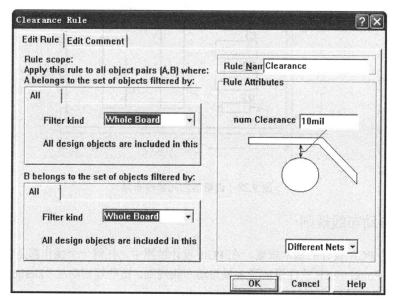

图 9.30 设置安全间距

本例采用的安全间距为 10mil，该规则适用整个电路板。

2. 设置布线拐角模式（Routing Corners）

该项规则主要用于设置布线时拐角的形状及拐角走线垂直距离的最小值和最大值。

在图 9.29 中选择 Routing Corners 规则，单击"Properties"按钮，系统弹出"Routing Corners Rule（布线拐角模式）"设置对话框，如图 9.31 所示。

在如图 9.31 所示的"Routing Corners Rule"对话框的 Style 下拉框中，有 3 种拐角模式可选，即 45 Degrees（45°角）、90 Degrees（90°角）和 Round（圆角）。系统中已经使用一条默认的规则，名称为 Routing Corners，适用于整个电路板，采用 45°角，拐角走线的垂直距离为 100mil。

本例采用默认规则。

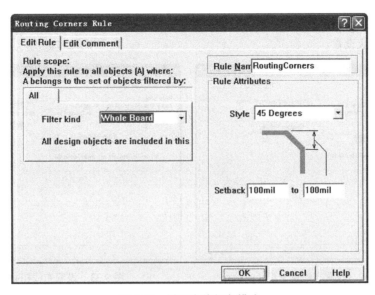

图9.31 设置布线拐角模式

3. 设置布线工作层（Routing Layers）

该项规则用于设置布线工作层及在该层上的布线方向。关于该项规则的使用方法将在 9.3.2 节中进行介绍。

4. 设置布线优先级（Routing Priority）

该项规则用于设置各布线网络的优先级（布线的先后顺序）。系统提供了 0~100 共 101 个优先级，数字 0 代表优先级最低，数字 100 代表优先级最高。

在图 9.29 中选择 Routing Priority 规则，单击"Properties"按钮，系统弹出"Routing Priority Rule（布线优先级）"设置对话框如图 9.32 所示。在图 9.32 的 All 区域中选择布线优先级的适用范围，在 Routing Attribute 选项区域的 Routing Priority 框中设置优先级。

本例采用默认设置。

5. 设置布线的拓扑结构（Routing Topology）

该项规则用来设置布线的拓扑结构。拓扑结构是指以焊盘为点，以连接各焊盘的导线为线，由点和线构成的几何图形。在 PCB 中，元件焊盘之间的飞线连接方式称为布线的拓扑结构。

在图 9.29 中选择 Routing Topology 规则，单击"Properties"按钮，系统弹出"Routing Topology Rule（布线拓扑结构）"设置对话框，如图 9.33 所示。

在图 9.33 所示的对话框中，在 Rule Attributes 的下拉列表中有 7 种拓扑结构可供选择，如 Shortest（最短连线）、Horizontal（水平连线）、Vertical（垂直连线）等。系统默认的拓扑结构为 Shortest。

本例采用默认设置。

6. 设置过孔类型（Routing Via Style）

该项规则用于设置过孔的外径（Diameter）和内径（Hole Size）的尺寸。

在图 9.29 中选择 Routing Via Style 规则，单击"Properties"按钮，系统弹出"Routing Via Style Rule（过孔类型）"设置对话框，如图 9.34 所示。

在图 9.34 所示的对话框中，在 Rule Attributes 选项区域，设置过孔外径和内径的最小值(Min)、最大值（Max）和首选值（Preferred）。首选值用于自动布线和手工布线过程。

本例采用默认设置。

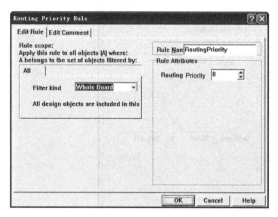

图 9.32　设置布线优先级

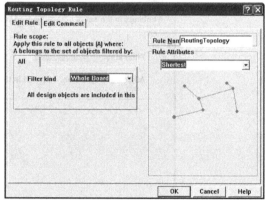

图 9.33　设置布线拓扑结构

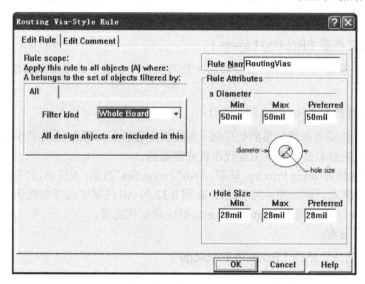

图 9.34　设置过孔类型设置

7. 设置布线宽度（Width Constraint）

该项规则用于设置布线时的导线宽度。关于该项规则的使用本书将在 9.3.1 节中进行介绍。

8. 与 SMD 元件有关的规则

在自动布线规则中，还有 3 项规则与 SMD 元件有关。

（1）SMD Neck-Down Constraint 规则。SMD Neck-Down Constraint 规则用于设置 SMD 引出导线宽度与 SMD 元器件焊盘宽度之间的比例关系。

（2）SMD TO Corner Constraint。SMD TO Corner Constraint 规则用于设置 SMD 元器件焊盘与导线拐角之间的最小距离。

（3）SMD TO Plane Constraint。SMD TO Plane Constraint 规则用于设置 SMD 与内层（Plane）的焊盘或过孔之间的距离。

本例规则全部选择默认。

9.2.8 自动布线

布线是按照飞线指示在电路板图的信号层绘制铜膜导线。

执行菜单命令 Auto Route，在下一级菜单中有多个自动布线的命令，如图 9.35 所示，这里介绍几个常用命令。

1. 对选定网络进行布线

在 Auto Route 的下一级菜单中选择 Net，光标变成十字形。移动光标到某网络的其中一条飞线上，单击鼠标左键，对这条飞线所在的网络进行布线。图 9.36 所示为对选定网络进行布线后的效果。

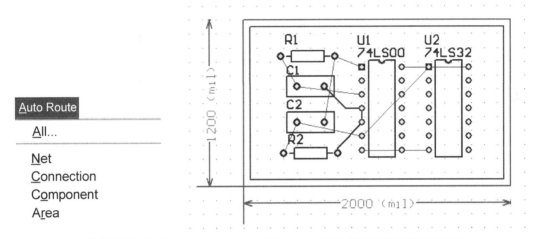

图 9.35 Auto Route 菜单中的部分命令　　　　图 9.36 对选定网络进行布线后的效果

2. 对选定飞线（连接）进行布线

在 Auto Route 的下一级菜单中选择 Connection，光标变成十字形，移动光标到要布线的飞线上，单击鼠标左键，仅对该飞线进行布线，而不是对该飞线所在的网络布线。布线效果如图 9.37 所示。

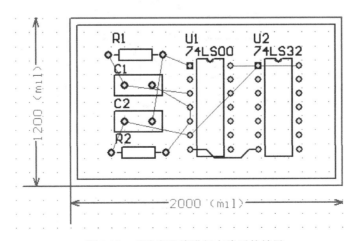

图 9.37 对选定飞线进行布线后的效果

3．对选定区域进行布线

在 Auto Route 的下一级菜单中选择 Area，光标变成十字形，在 R1 的左上方按住鼠标左键，拖曳出一个矩形区域，在 R2 的右下方即矩形的对角线位置再单击一下左键，该区域包括 R1、C1、C2 和 R2 四个元件，系统自动对这个区域进行布线。从图 9.38 可以看出，完成了对 R1、C1、C2 和 R2 四个元件的布线。

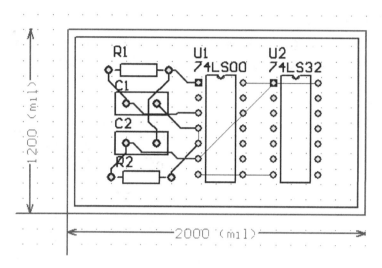

图 9.38　对选定区域进行布线后的效果

4．对选定元器件进行布线

以 U1 为例，对 U1 进行布线。

在 Auto Route 的下一级菜单中选择 Component，光标变成十字形，移动光标到要布线的元器件（如 U1）上，单击鼠标左键，可以看到与 U1 有关的导线全部布完。效果如图 9.39 所示。

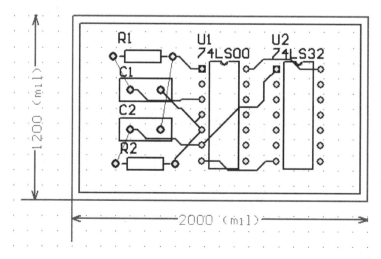

图 9.39　对选定元器件进行布线后的效果

5．全局布线

在 Auto Route 的下一级菜单中选择 All，可对整个电路板进行自动布线。执行命令后，系统弹出如图 9.40 所示的"Autorouter Setup（自动布线设置）"对话框。

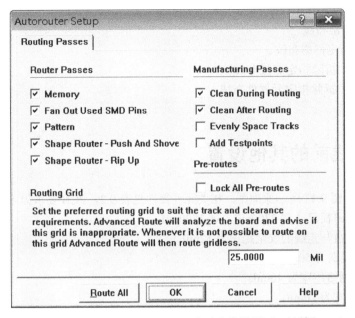

图 9.40　"Autorouter Setup（自动布线设置）"对话框

在对话框中单击"Route All"按钮，系统进行全板自动布线。布线结束后，弹出一个自动布线信息对话框，如图 9.41 所示，显示布线情况，包括布通率、完成布线的条数、没有完成的布线条数和所用布线时间。

采用全局布线后的布线效果如图 9.42 所示。

本例选择全局布线。

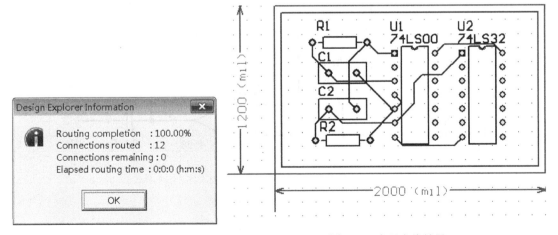

图 9.41　自动布线信息对话框　　　　　　图 9.42　全局布线效果

9.2.9　拆线

如果对布线效果不满意，可以利用系统提供的拆线功能将布线拆除，重新调整元器件位置后再布线。

执行菜单命令 Tools | Un-Route，下一级子菜单中的命令即为各种拆线命令。
常用拆线命令如下。

- All：拆除全部布线。
- Net：拆除指定网络布线。
- Connection：拆除指定连接布线。
- Component：拆除指定元器件布线。

9.3 布线前的其他设置

【例 9-2】绘制图 9.43 所示原理图，相关元件属性见表 9.2，PCB 要求如下。

- 双面板，电路板尺寸宽 2300mil，高 1800mil。
- 电路板中焊盘与走线的安全距离为 12mil。
- GND 网络线宽为 50mil。
- 电源 VCC 网络线宽为 40mil。
- 其余网络线宽为 20mil。

本节以【例 9-2】为例，介绍操作顺序。

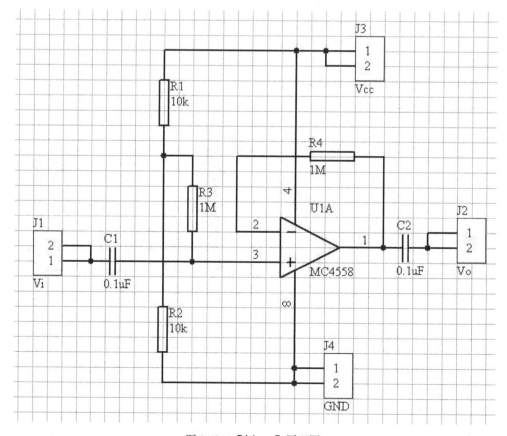

图 9.43 【例 9-2】原理图

表 9.2 图 9.43 原理图元件属性列表

Lib Ref	Designator	Part Type	Footprint
Cap	C1	0.1uF	RAD0.2
Cap	C2	0.1uF	RAD0.2
RES2	R1	10k	AXIAL0.3
RES2	R2	10k	AXIAL0.3
RES2	R3	1M	AXIAL0.3
RES2	R4	1M	AXIAL0.3
1458	U1	MC4558	DIP8
CON2	J1~J4	Vi、Vo、Vcc、GND	SIP2
1458 在 Protel DOS Schematic Libraries.ddb 中的 Protel DOS Schematic Operational Amplifiers.Lib 中，其余元件在 Miscellaneous Devices.ddb 中			

（1）新建一个设计数据库文件，在其中创建一个原理图文件，按图 9.43 进行绘制。

（2）创建网络表文件。

（3）按照 9.2.3 节中"利用向导创建电路板"中的设置和步骤，创建双面电路板，除了尺寸是宽 2300mill，高 1800mill 以外，其余设置与 9.2.3 节中"利用向导创建电路板"完全一样。

此电路图中的元件封装均在系统默认已加载的数据库中，无须再做加载元件库的操作。如果系统没有默认加载的封装库，则应该执行加载元件库的操作，将 C:\Program Files\Design Explorer 99 SE\Library\Pcb\Generic Footprints\ Advpcb.ddb 加载到 PCB 文件中。

（4）在 PCB 文件中执行菜单命令 Design | Load Nets，选择根据图 9.43 产生的网络表文件导入数据，要确保数据导入时没有错误提示。

在做到这一步后，不要忙着自动布局，因 PCB 要求中有"电路板中焊盘与走线的安全距离为 12mil"的内容，在布局前要先设置安全间距。

9.3.1 安全间距、网络线宽设置

1. 安全间距设置

安全间距是两个导电对象之间的最小距离，系统默认的安全间距是 10mil。

本例要求安全间距为 12mil，操作步骤如下。

① 执行菜单命令 Design | Rules，在"Design Rules"对话框中选择 Routing 选项卡，选择 Clearance Constraint 规则，如图 9.44 中 Rule Classes 区域所示。

② 此时在对话框下部已有一个规则，默认安全间距为 10mil，单击对话框中的"Properties"按钮，系统弹出对话框，设置安全间距，将 Minimum Clearance 最小间距设置为 12mil，如图 9.45 所示。

③ 单击图 9.45 中的"OK"按钮，返回"Design Rules"对话框，在对话框中单击"Close"按钮，设置完毕。

下面执行菜单命令 Tools | Auto Placement | Auto Placer，在弹出的对话框中选择 Cluster Placer，进行自动布局。

按图 9.46 进行手工调整布局。

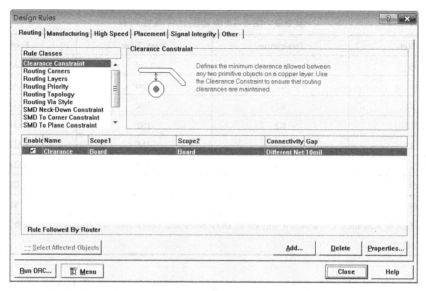

图 9.44　选择 Clearance Constraint 规则

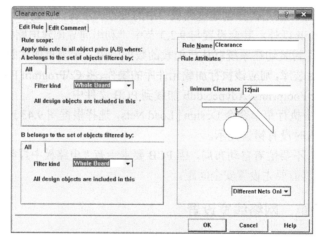

图 9.45　设置安全间距为 12mil

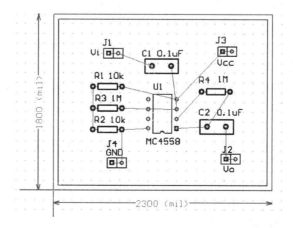

图 9.46　手工调整布局后的 PCB 文件

2. 网络线宽设置

本例要求：GND 网络线宽为 50mil、电源 VCC 网络线宽为 40mil、其余网络线宽为 20mil。

以下分别介绍两种情况的操作，一是以 GND 网络线宽设置为例，介绍指定网络的线宽设置，二是以其余网络线宽为 20mil 为例，介绍设置方法。

（1）设置 GND 网络线宽为 50mil。

① 执行菜单命令 Design | Rules，在"Design Rules"对话框中选择 Routing 选项卡，选择 Width Constraint 规则，如图 9.47 中 Rule Classes 区域所示。

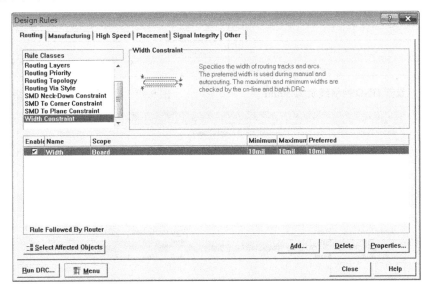

图 9.47　在"Design Rules"对话框中选择 Width Constraint 规则

② 在图 9.47 下方，已有一个名为 Width 的规则，范围是 Board（整个板），其线宽的 Minimum（最小值）、Maximum（最大值）和 Preferred（首选值）均为 10mil，这是系统的默认规则。

在线宽设置中，无论需要设置多少网络的线宽，都必须有一个针对整个板的规则，所以这一默认规则一定要保留，这个默认规则对应本例中的要求就是"其余网络线宽为 20mil"，我们要做的只是在默认规则中改变线宽的值。

③ 单击图 9.47 中"Add"按钮，系统弹出图 9.48 所示设置线宽对话框，在该对话框 Filter kind 旁的下拉列表中选择 Net，在 Net 下面的下拉列表中选择要设置线宽的网络名称（如 GND），在右边的线宽设置中将 Minimum、Maximum 和 Preferred 均设置为 50mil，如图 9.48 所示。

④ 设置完毕，单击图 9.48 中"OK"按钮返回"Design Rules"对话框，此时对话框 Scope（范围）列表下增加了一个名为 GND 的新规则，如图 9.49 所示。

⑤ 在图 9.49 中单击"Add"按钮，重复以上步骤设置 VCC 网络线宽，图 9.50 是 GND、VCC 线宽设置完毕的情况。

（2）设置其余网络线宽为 20mil。

在图 9.50 中选中第三个规则，即范围为整个板（Board）的规则，单击图 9.50 中的"Properties"按钮，系统仍然弹出设置线宽对话框，如图 9.51 所示。

在图 9.51 中，左侧的范围为整个板，只须将右侧的 Minimum、Maximum 和 Preferred 全部改为 20mil 即可。

设置完毕，单击图 9.51 中"OK"按钮返回"Design Rules"对话框，此时线宽全部符合要求，如

图9.52所示。单击"Close"按钮将其关闭。

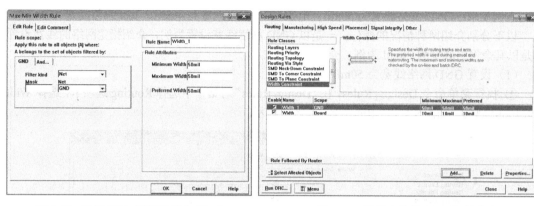

图9.48　设置GND网络线宽为50mil　　　　图9.49　设置完毕的GND网络线宽

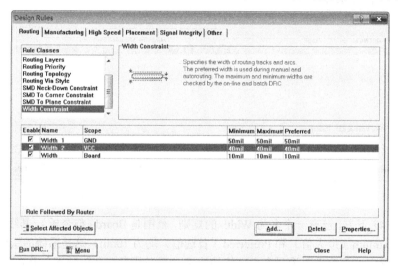

图9.50　GND、VCC线宽设置完毕

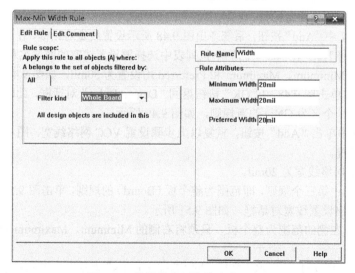

图9.51　设置其余网络线宽为20mil

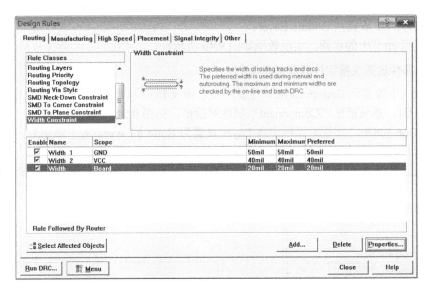

图 9.52 所有线宽设置完毕

至此，网络线宽设置完成。

执行菜单命令 Auto Route | All，进行自动布线，布线结果如图 9.53 所示。

从图 9.53 中可以看出，自动布线后有些线的走向不是很合理，如 J1 两个焊盘之间的走线等，本例就不进行修改了。

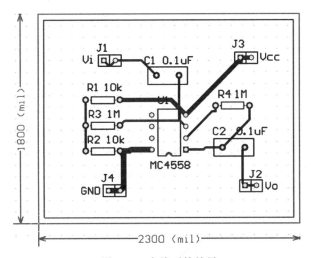

图 9.53 布线后的结果

9.3.2 指定网络工作层、指定元件位置和工作层

本节仍以【例 9-2】为例，将 PCB 的要求修改如下。

- 双面板，电路板尺寸宽 2300mil，高 1800mil。
- 电路板中焊盘与走线的安全距离为 12mil。
- GND 在 Top Layer 走线，网络线宽为 50mil。
- 电源 VCC 在 Bottom Layer 走线，网络线宽为 40mil。
- 其余网络线宽为 20mil。

- 集成芯片 U1 放置在 Bottom Layer。

按"9.3.1"小节中的步骤，实现效果如图 9.46 所示。

1. 将元器件放置在指定位置和工作层

本例中将 U1 放置到 Bottom Layer，位置不变。图 9.46 所示所有元器件都是放在 Top Layer。

① 双击 U1，系统弹出"Component"属性对话框，如图 9.54 所示。

② 在"Component"属性对话框中将 Layer 设置为 Bottom Layer，为了防止 U1 位置移动，选中锁定选项（Locked），如图 9.54 所示，单击"OK"按钮。

③ U1 被放置到 Bottom Layer，如果此时的 U1 只显示焊盘，不显示符号轮廓和元器件标号，如图 9.55 所示，将进行第④步操作。

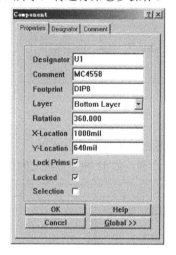

图 9.54 "Component"属性对话框

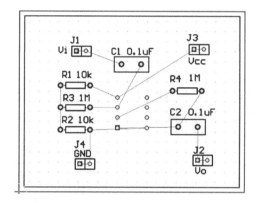

图 9.55 U1 只显示焊盘

④ 执行菜单命令 Design | Options，在系统弹出的"Design Options"对话框中选中 Bottom Overlay 前面的复选框，如图 9.56 所示，单击"OK"按钮后 U1 的符号轮廓和标号显示出来。

但要注意，此时的元器件标号是反字，U1 的放置也是反着的，如图 9.57 所示，对此千万不要进行调整。因为此时 U1 放置在底层，而 PCB 文件是从顶层向底层方向看的，所以切记，只要是放置在底层的元器件，所有相应的内容看起来都是反的。

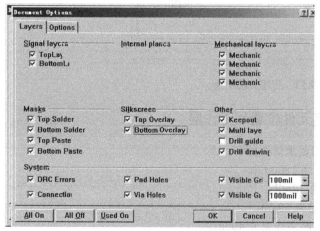

图 9.56 选中 Bottom Overlay 前面的复选框

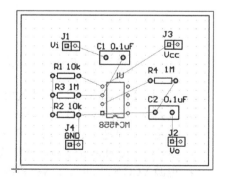

图 9.57 放置在底层的 U1 标号等是反字

2．指定网络工作层

（1）设置 GND 网络在顶层 Top Layer 走线。

① 执行菜单命令 Design | Rules…，系统弹出"Design Rules"对话框，在对话框的 Rule Classes 区域中选择 Routing Layers 规则，如图 9.58 所示。

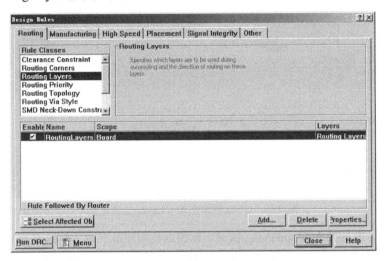

图 9.58　在 Rule Classes 区域中选择 Routing Layers 规则

此时在图 9.58 下方区域中已有一个名为 Board 的规则，这个规则一定要保存，与设置线宽规则一样，一定要保存一个范围是整个板的规则。

② 在图 9.58 中单击"Add"按钮，弹出"Routing Layers Rule"对话框，如图 9.59 所示。

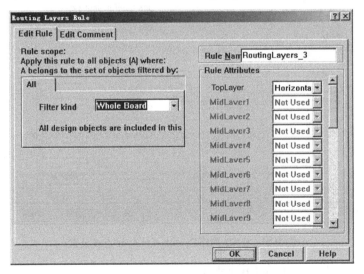

图 9.59　"Routing Layers Rule"对话框

③ 在图 9.59 左侧 All 区域中，选择 Net，在 Net 中选择 GND，如图 9.60 所示。

④ 图 9.59 右侧的 Rule Attributes 区域的功能是设置各工作层走线方向。在 Top Layer 右侧，选择 Any，如图 9.60 所示。即在 TopLayer，GND 网络的走线方向是任意的，这样才能正常布线。

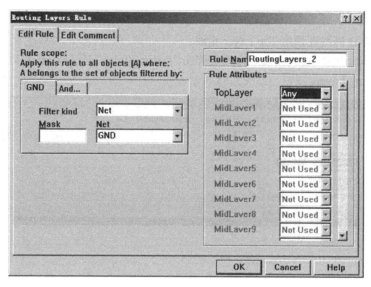

图 9.60　GND 网络在 Top Layer 走线设置

⑤ 在图 9.60 右侧的 Rule Attributes 区域中将滚动条拖到最下方，在 Bottom Layer 中选择 Not Used，如图 9.61 所示，即不使用底层，单击"OK"按钮，返回"Design Rules"对话框，此时增加了范围为 GND 的规则，如图 9.62 所示。

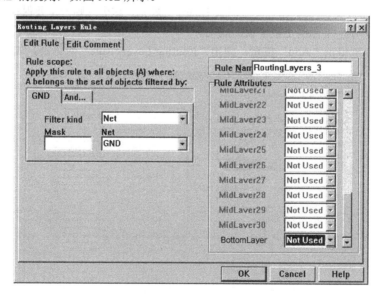

图 9.61　GND 网络在 Bottom Layer 走线设置

（2）设置 VCC 在底层 Bottom Layer 走线。

在图 9.62 中单击"Add"按钮，按以上步骤设置 VCC 在 Bottom Layer 走线，在 Rule Attributes 区域中 Top Layer 设置为 Not Used，如图 9.63 所示，而 Bottom Layer 设置为 Any，如图 9.64 所示。

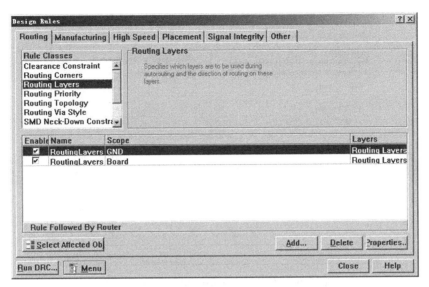

图 9.62 设置完毕的 GND 网络布线工作层规则

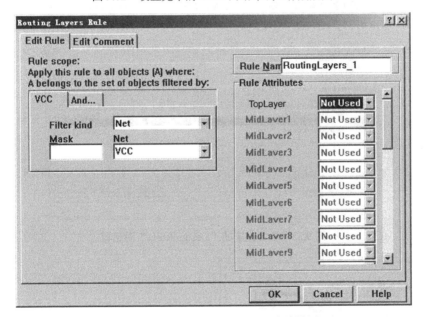

图 9.63 VCC 网络在 Top Layer 走线设置

设置完毕的"Design Rules"对话框如图 9.65 所示，单击"Close"按钮关闭即可。

按 9.3.1 节中的步骤设置网络线宽，设置完毕，进行自动布线，布线结果如图 9.66 所示。

3. 检查 GND、VCC 网络布线工作层

① 执行菜单命令 Edit | Select | Net，光标变成十字形。

② 将十字光标在 PCB 文件空白处单击左键，弹出"Net Name"对话框，在对话框中输入 GND，如图 9.67 所示。

③ 单击"OK"按钮，则 GND 网络所有连线全部被选中，如图 9.68 所示。

④ 单击右键退出选择状态。

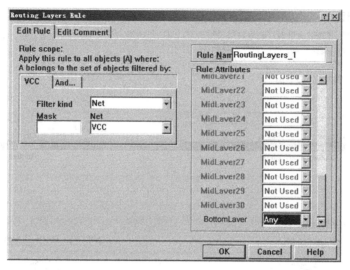

图 9.64　VCC 网络在 Bottom Layer 走线设置

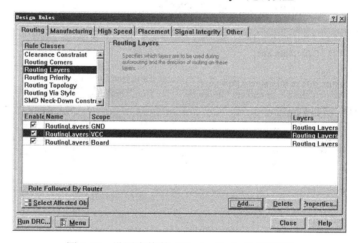

图 9.65　设置完毕的"Design Rules"对话框

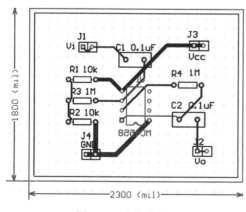

图 9.66　布线结果

图 9.67　在"Net Name"对话框中输入 GND

　　双击被选中的 GND 网络，弹出"Track"对话框，如图 9.69 所示。从图 9.69 中可看出，导线的网络名称是 GND，线宽 50mil，工作层为 Top Layer，该对话框显示的是所有被选中的对象的属性（即 Selection 是被选中状态）。

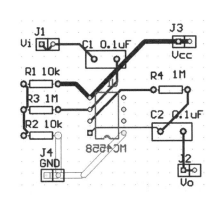

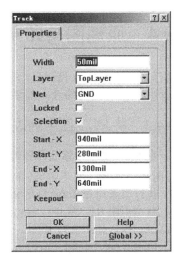

图 9.68　GND 网络所有连线全部被选中　　　　图 9.69　GND 网络全部连线属性

同理，可按以上操作检查 VCC 网络，检查前一定要取消 GND 网络的选中状态。

取消对象选中状态的操作是单击取消选中状态按钮 。

4．拆除不合理或不美观走线，手工布线

在图 9.66 中 J1 两个焊盘之间的走线不是直线，可以将其拆除，手工重新绘制，步骤如下。

① 执行菜单命令 Tools | Un-Route | Connection，光标变成十字形。

② 将十字光标在 J1 两个焊盘之间的铜膜导线上单击左键，则两个焊盘之间的导线被拆除。

③ 此时光标仍为十字形，可继续拆除其他线段，也可单击右键退出此状态。

④ 左键单击屏幕下方 Top Layer 工作层标签，将其设置为当前层，如图 9.70 所示。

⑤ 单击 Placement Tools 工具栏中的绘制铜膜导线按钮 ，光标变成十字形，分别在 J1 两个焊盘上单击左键（一定要在焊盘中心单击左键），而后单击右键退出绘制状态。

在绘制铜膜导线过程中如果需要拐弯（系统默认为 45°角），则在拐弯处单击左键即可。

按以上方法可修改其他导线的走向。在绘制过程中会发现不同网络铜膜导线的粗细不一样，导线宽度完全遵循在规则中设置的数值。因此按照要求进行规则设置非常重要，也是简化设计的重要步骤。

修改完毕的 PCB 文件如图 9.71 所示。

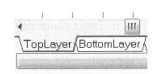

图 9.70　将 Top Layer 设置为当前层

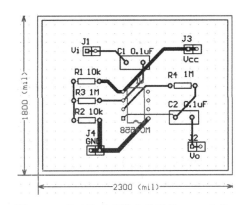

图 9.71　手工修改部分走线后的 PCB 文件

9.4　原理图与印制电路板图一致性

进行原理图和 PCB 设计时，非常重要的一点是必须保证原理图与印制电路板图的一致性，即无论先对哪个文件进行修改，都要及时对另一个文件进行更新。

9.4.1　将 PCB 图中的改变更新到原理图

1. 在 PCB 文件中修改元器件封装

以图 9.53 为例。将电阻 R1 的封装从 AXIAL0.3 改为 AXIAL0.4，操作步骤如下。

① 执行菜单命令 Tools | Un-Route | All，拆除全部布线。

② 双击电阻 R1，弹出"Component"属性对话框，在对话框中将 Footprint 中的封装 AXIAL0.3 改为 AXIAL0.4，如图 9.72 所示。

③ 单击"OK"按钮，可以看到 R1 的封装为 AXIAL0.4，比其他电阻的封装要大，如图 9.73 所示。

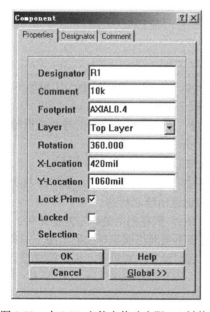

图 9.72　在 PCB 文件中修改电阻 R1 封装

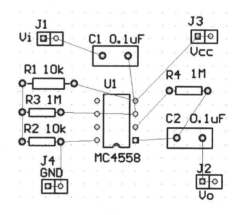

图 9.73　修改后的电阻 R1 封装

2. 将 PCB 文件中的变化更新到原理图

① 打开图 9.53 所对应的原理图文件，双击电阻 R1，可以看到封装仍为 AXIAL0.3。

② 返回 PCB 文件，执行菜单命令 Design | Update Schematic，弹出"Update Design"对话框，如图 9.74 所示。

③ 在对话框中单击"Execute"按钮，弹出"Confirm component associations"对话框。在对话框的 Reference components 一列中，电阻 R1 的封装是 AXIAL0.4，在 Target components 一列中，电阻 R1 的封装仍是 AXIAL0.3，如图 9.75 所示。

④ 单击"Apply"按钮，在弹出的确认对话框中单击"Yes"按钮。

⑤ 返回原理图文件，双击电阻 R1，可看到，电阻 R1 的封装已改为 AXIAL0.4，如图 9.76 所示。

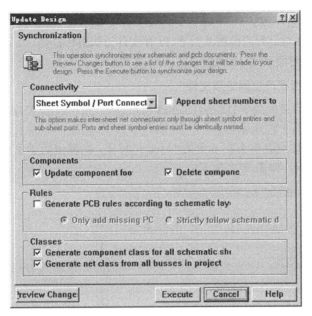

图 9.74 "Update Design"对话框

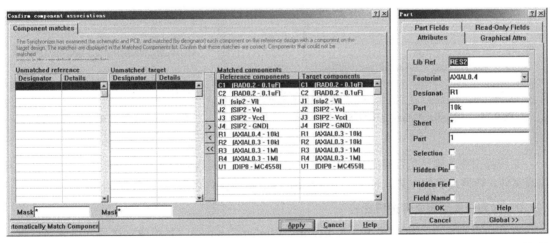

图 9.75 "Confirm component associations"对话框　　图 9.76 原理图中电阻 R1 的属性

9.4.2 将原理图中的改变更新到 PCB 图

将原理图中的改变更新到 PCB 中的步骤很简单，原理图改变后，重新产生网络表，在 PCB 中重新装入网络表文件即可。

9.4.3 原理图与印制电路板图一致性检查

在原理图或 PCB 文件修改后，可能存在 PCB 文件或原理图没有及时更新的情况，为了保证原理图和 PCB 文件能够相互对应，在进行 PCB 设计时，必须对原理图与印制电路板图的一致性进行检查。

检查思路是分别根据原理图和印制电路板图产生的两个网络表文件，再利用系统提供的网络表比较功能检查两图是否一致。

以图9.43原理图和与之对应的图9.71的PCB文件为例进行检查。

检查前请将R1的封装改回AXIAL0.3。

1. 根据印制电路板图产生网络表文件

在PCB文件中执行菜单命令Design | Netlist Manager，系统弹出"Netlist Manager（网络列表管理器）"对话框，如图9.77所示。

在图9.77中用鼠标左键单击左下角的"Menu"按钮，在弹出的子菜单中选择Create Netlist From Connected Copper，如图9.78所示。

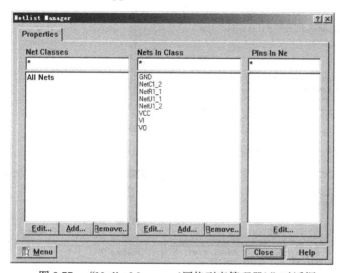

图9.77 "Netlist Manager（网络列表管理器）"对话框

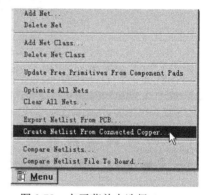

图9.78 在子菜单中选择Create Netlist From Connected Copper

系统弹出要求确认是否根据当前打开的PCB文件产生网络表对话框，选择Yes，即可产生网络表文件，该网络表的主文件名为"Generated+PCB的主文件名"，扩展名为.NET。

2. 对两个网络表文件进行比较

打开原理图文件，执行菜单命令Reports | Netlist Compare，系统弹出选择网络表对话框，如图9.79所示。

在图9.79中可看到，在Documents文件夹下有两个网络表文件（.Net文件），选择根据原理图产生的网络表文件Sheet1.NET，单击"OK"按钮，系统仍弹出图9.79所示对话框，再选择根据PCB文件产生的网络表文件Generated PCB3.NET，单击"OK"按钮，系统产生网络表比较文件Sheet1.Rep，如图9.80所示。

网络表比较文件内容解释。

两个网络表中互相匹配的网络：

Matched Nets	Vo and Vo
Matched Nets	VI and VI
Matched Nets	VCC andVCC
Matched Nets	NetU1_2 and NetU1_2
Matched Nets	NetU1_1 and NetU1_1

```
Matched Nets              NetR1_1 and NetR1_1
Matched Nets              NetC1_2 and NetC1_2
Matched Nets                 GND and GND
------------------------------------------------------
Total Matched Nets                    = 8   //互相匹配网络统计
Total Partially Matched Nets          = 0   //不匹配网络统计

Total Extra Nets in S_C.NET           = 0   //多余网络统计
Total Extra Nets in Generated S_C1.NET = 0

Total Nets in Sheet1.NET              = 8   // Sheet1.NET 中的网络总数
Total Nets in Generated PCB3.NET      = 8   // Generated PCB3.Net   中的网络总数
------------------------------------------------------
```

图 9.79   选择网络表对话框

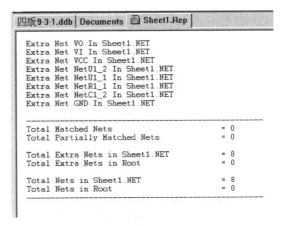

图 9.80   网络表比较文件

比较结果，两个图完全相同。

9.5 创建当前 PCB 文件的封装库

在实际设计中，很多元器件封装是自己绘制的，即使不是自己绘制也往往分散在不同的元件库中，使元器件管理很不方便。

利用系统提供的创建项目元件封装库功能可以将一个 PCB 文件中所有封装符号放置到一个封装库中，为设计提供了方便。

执行菜单命令 Design | Make Libraries，系统会自动切换到元件封装库编辑器，生成相应的元件封装库，文件名称为"PCB主文件名.Lib"。

9.6   在 PCB 文件中快速查找有关内容

如果 PCB 文件中元器件很多，要查找某一个元件封装或网络会很不方便，利用软件提供的工具可快速查找到需要的内容。

1. 查找元器件封装

在 PCB 文件左侧导航窗口选择 Browse 选项卡，在下方的 Browse 区域中选择 Components，如图 9.81 所示。

在 Components 下方的元器件列表中通过拖曳滚动条，可以很方便地找到所需元器件。例如，在图 9.81 中选择 C1，可看到 C1 的容量是 0.1uF，封装是 RAD0.2，在最下面的区域中显示了 C1 在印制电路板上的位置。

此时，单击"Edit"按钮弹出 C1 的"Component"属性对话框，可在里面进行修改。

单击"Select"按钮，C1 呈选中状态，单击取消选中状态按钮可取消选中状态。

单击"Jump"按钮，C1 充满在右侧工作区。

2. 查找网络

在 PCB 文件左侧导航窗口选择 Browse 选项卡，在下方的 Browse 区域中选择 Nets，如图 9.82 所示。

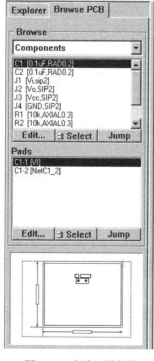

图 9.81　查找元件封装

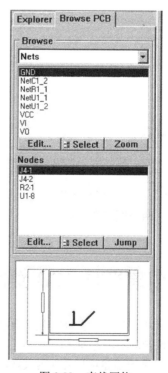

图 9.82　查找网络

如图 9.82 选择了网络 GND，则下面的 Nodes 区域中显示了 GND 网络连接的所有节点，最下面的区域中显示了 GND 网络在印制电路板图上的位置。

此时，单击"Edit"按钮可弹出 GND 的网络属性对话框，如无特殊需要不建议在此进行修改。

单击"Select"按钮，GND 网络呈选中状态，单击取消选中状态按钮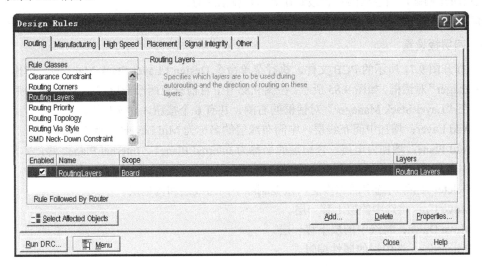可取消选中状态。

单击"Zoom"按钮，GND 网络充满右侧工作区。

9.7　单面板、多层板设置

9.7.1　单面板设置

因为 PCB 向导不支持单面板，如果要绘制单面板，需要自己进行设置。

1. 单面板所需工作层

单面板所需工作层与双面板差不多，只是 Top Layer 只放置元器件，不布线。

- Top Layer：放置元器件。
- Bottom Layer：布线，也可以放置元器件。
- Top Overlay：标注符号、文字等。
- Mechanical Layer：绘制电路板物理边界。
- KeepOut Layer：绘制电路板电气边界。
- Multi Layer：放置焊盘。

如果底层需要放置元器件，则还需 Bottom Overlay。

2. 单面板布线设置

单面板布线设置在装入网络表文件之后、布线前进行。

① 执行菜单命令 Design | Rules，系统弹出"Design Rules"对话框。

② 在 Design Rules 对话框中选择 Routing 选项卡，在 Rule Classes 列表框中选择 Routing Layers 规则，如图 9.83 所示。

图 9.83　选择 Routing Layers 规则

③ 单击"Properties"按钮，系统弹出"Routing Layers Rule"对话框，在右侧的 Rule Attributes 区域中将 Top Layer 设置为 Not Used，Bottom Layer 设置为 Any，如图 9.84 所示。

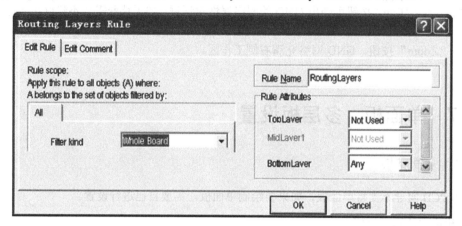

图 9.84　将 TopLayer 设置为 Not Used，Bottom Layer 设置为 Any

④ 单击"OK"按钮返回"Design Rules"对话框，单击"Close"按钮，单面板布线设置完毕，以下可进行布线操作。

注意：系统默认设置是双面板，双面板的设置是 Top Layer 和 Bottom Layer 的布线互相垂直，即一个是垂直走线则另一个是水平走线，单面板必须在底层设置为 Any 且顶层为 Not Used。

9.7.2　多层板设置

Protel 99 SE 除了顶层和底层还提供了 30 个信号层、16 个电源地线层，满足了多层板的设计需要。在多层板中用得较多的是四层板和六层板，本节介绍四层板的设置。

四层板共有四层导电层，即 Top Layer、Bottom Layer，另两个内电层位于 Top Layer 和 Bottom Layer 之间是内层敷铜层。

在四层板中增加的两个内电层一般是电源层和地线层。为了在创建内电层时就设置好电源层和地线层所接网络，四层板的设置最好在导入数据后进行。

本节以图 9.71 所示 PCB 文件为例。

1. 四层板设置

① 打开图 9.71 所示的 PCB 文件，执行菜单命令 Design | Layer Stack Manager，弹出"Layer Stack Manager"对话框，如图 9.85 所示。在图 9.85 中，目前只有两个导电层即 Top Layer 和 Bottom Layer。在"Layer Stack Manager"对话框的右侧，共有 6 个按钮，含义如下。

- Add Layer：增加中间布线层，中间布线层的名称为 Mid Layer1、Mid Layer2 等。
- Add Plane：增加内电层，内电层的名称为 Internal Plane1、Internal Plane2 等，本例选择增加内电层。
- Delete：删除所选中的工作层，只能删除中间布线层和内电层。
- Move Up：将选中的层上移一层。
- Move Down：将选中的层下移一层。
- Properties：选中层的属性编辑。

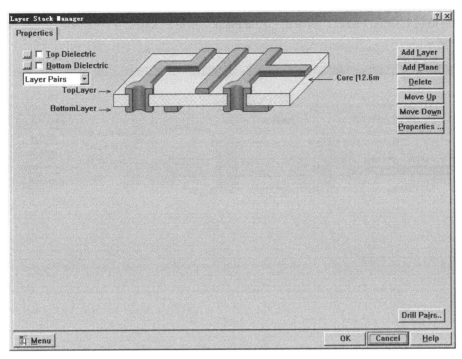

图 9.85 "Layer Stack Manager"对话框

② 在图 9.85 中左键单击 Top Layer 使其呈选中状态，如图 9.86 所示。

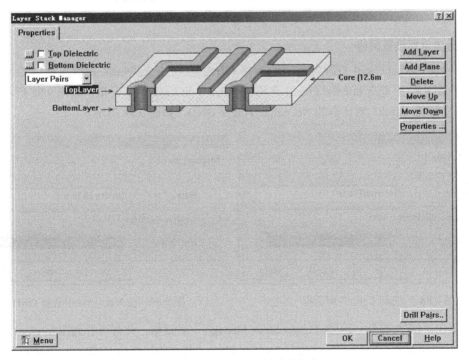

图 9.86 使 Top Layer 呈选中状态

③ 在图 9.86 所示状态下，单击"Add Plane"按钮，则在 Top Layer 和 Bottom Layer 之间增

加了一个内电层 Internal Plane1，再单击"Add Plane"按钮，又增加了一个内电层 Internal Plane2，如图 9.87 所示。

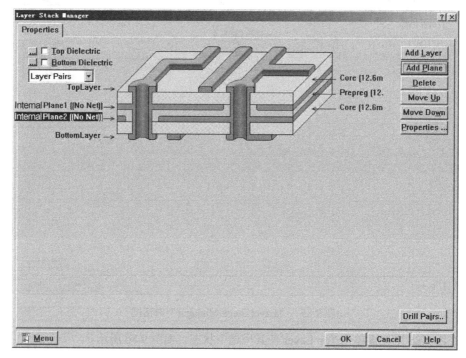

图 9.87　增加了两个内电层

2. 为内电层设置网络

将内电层 Internal Plane1 设置为接 GND 网络，将内电层 Internal Plane2 设置为接 VCC 网络。

① 在图 9.87 中双击 Internal Plane1 名称，弹出"Edit Layer"对话框，如图 9.88 所示。

② 在"Edit Layer"对话框的 Net name 中选择 GND，如图 9.89 所示。

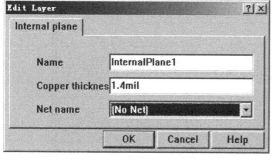

图 9.88　"Edit Layer"对话框

图 9.89　在 Net name 中选择 GND

③ 单击"OK"按钮，返回"Layer Stack Manager"对话框，此时可看到在 Internal Plane1 名称后面的括号里显示 GND，说明内电层 Internal Plane 1 接入的网络为 GND，如图 9.90 所示。

④ 按以上步骤将 Internal Plane2 设置为 VCC 网络。设置后的结果如图 9.91 所示。

单击"OK"按钮，关闭对话框后，将在 PCB 文件的底部看到两个内电层，如图 9.92 所示。

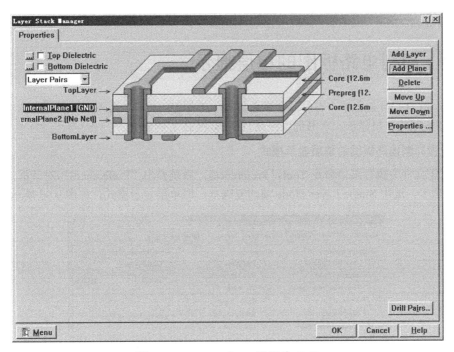

图 9.90 Internal Plane1 设置为 GND

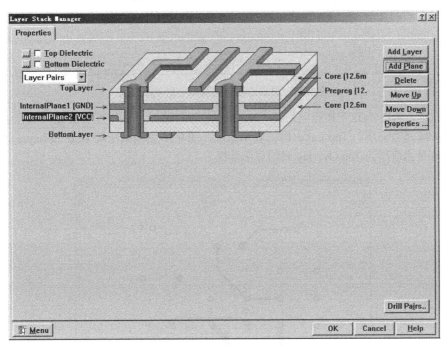

图 9.91 两个内电层设置完毕

图 9.92 PCB 文件底部显示两个内电层

9.8 印制电路板图的单层显示

在进行 PCB 设计过程中，有时需要只看到某一工作层的内容，而不显示其他层内容，这就用到印制电路板图的单层显示。本书仍以图 9.71 所示 PCB 文件为例。

1. 设置印制电路板图的单层显示模式

在 PCB 文件中执行菜单命令 Tools | Preferences，系统弹出"Preferences"对话框，从中选择 Display 选项卡，选中 Single Layer Mode 前的复选框，即单层显示模式，如图 9.93 所示。

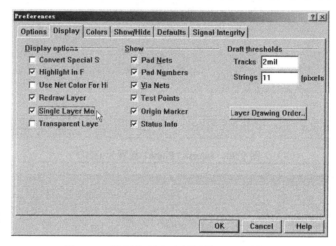

图 9.93　设置印制电路板图单层显示模式

设置完毕，单击"OK"按钮，关闭"Preferences"对话框，此时 PCB 文件中只显示当前层的内容。图 9.94 是当前层为 Top Layer 时的显示情况，图 9.95 是当前层为 Bottom Layer 时的显示情况，图 9.96 是当前层为 Top Overlay 时的显示情况。

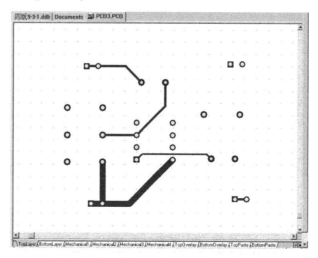

图 9.94　当前层为 Top Layer 时的显示情况

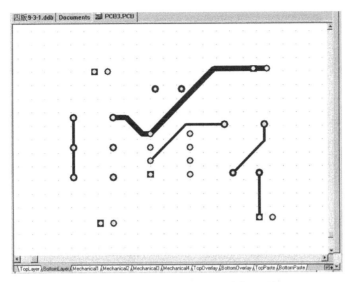

图 9.95　当前层为 Bottom Layer 时的显示情况

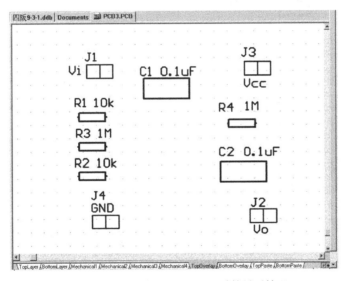

图 9.96　当前层为 Top Overlay 时的显示情况

以上显示中存在一个问题，就是没有显示印制电路板的边界，不是很方便。这是因为印制电路板的边界是在机械层 Mechanical 4 绘制的，但是如果将当前层设置为 Mechanical 4，又只能看到印制电路板边界，不能看到其他内容。

2．在单层显示模式中设置机械层可与其他层同时显示

① 在 PCB 文件中执行菜单命令 Design | Mechanical Layers，弹出"Setup Mechanical Layers"对话框，如图 9.97 所示。

② 在对话框的 Mechanical4 一行的最右端，选中 Display In Single Layer Mode 选项，如图 9.98 所示，则 Mechanical4 将在其他层显示时同时显示。

③ 单击"OK"按钮，关闭对话框。

此时，再看 PCB 文件的显示状态，已加上电路板边界，如图 9.99 所示为当前层是 Top Layer 时的显示情况，同时显示电路板边界。

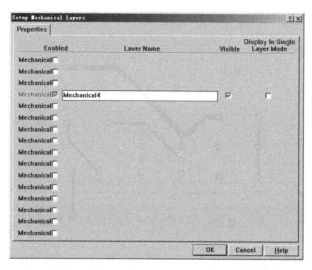

图 9.97　"Setup Mechanical Layers" 对话框

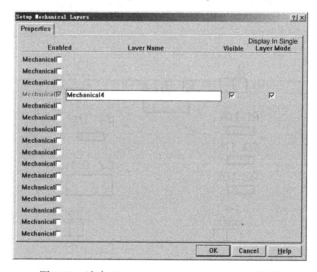

图 9.98　选中 Display In Single Layer Mode 选项

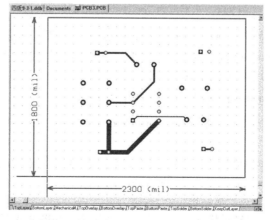

图 9.99　单层显示时同时显示电路板边界

本 章 小 结

本章主要介绍了利用自动布局和自动布线的方法将原理图转换为双面印制电路板图的基本步骤，同时介绍了在自动布局与自动布线中需要进行的一些辅助设置，如在布局前进行元器件预布局、设置安全间距、在布线前设置网络线宽和工作层等，这些都是在 PCB 设计中经常用到的。同时介绍了在 PCB 设计中的一些常用的操作和设置，都是比较实用的内容。

练 习

1．按以下要求绘制印制电路板图。

电路板尺寸：宽小于 3000mil、高小于 2500mil。物理边界与电气边界的距离为 50mil，不显示标题栏和刻度尺，不显示图例字符，显示电路板尺寸标注，四角不开口，板内部无开口，使用插接式元器件，元器件管脚间只允许穿过一条导线。

（1）绘制串联晶体多谐振荡器电路，如图 9.100 所示，并分别绘制单面板和双面印制电路板图，相关元器件属性见表 9.3。

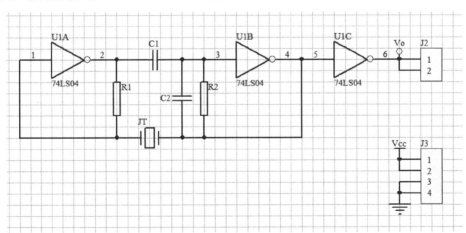

图 9.100　串联晶体多谐振荡器电路

表 9.3　图 9.100 元器件属性列表

Lib Ref（元件名称）	Designator（元件标号）	Part Type（元件标注）	Footprint（元件封装）
74LS04	U1	74LS04	DIP14
RES2	R1、R2		AXIAL0.4
CAP	C1、C2		RAD0.2
CRYSTAL	JT		RAD0.2
CON2	J2		SIP2

（续表）

Lib Ref（元件名称）	Designator（元件标号）	Part Type（元件标注）	Footprint（元件封装）
CON4	J3		SIP4
U1 在 Protel DOS Schematic Libraries.ddb 中			
其余元件在 Miscellaneous Devices.ddb			
元件封装库：Advpcb.ddb			

（2）绘制比较器电路，如图 9.101 所示，并分别绘制单面板和双面印制电路板图，相关元器件属性见表 9.4。

注意：电路中的 A、B、Y(A<B)等是网络标号，要放置在导线上，不能直接放置在元件符号的引脚上。

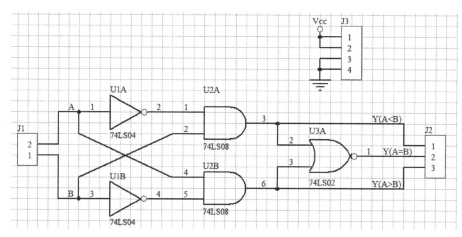

图 9.101　比较器电路图

表 9.4　图 9.101 元器件属性列表

Lib Ref（元件名称）	Designator（元件标号）	Part Type（元件标注）	Footprint（元件封装）
74LS04	U1	74LS04	DIP14
74LS08	U2	74LS08	DIP14
74LS02	U3	74LS02	DIP14
CON2	J1		SIP2
CON3	J2		SIP3
CON4	J3		SIP4

（3）反相放大器电路，如图 9.102 所示，相关元器件属性见表 9.5。

2．分别绘制第 1 题中所示各原理图对应的双面印制电路板图。

电路板尺寸要求同上。其余要求：

（1）安全间距 15mil。

（2）电源网络（VCC）线宽 30mil，电源网络在 Top Layer 布线。

（3）接地网络（GND）线宽 40mil，接地网络在 Bottom Layer 布线。

（4）其余线宽 15mil。

（5）要求布线后对一些走线不够合理的地方进行手工调整。

注：本章练习题在第 10 章还要用到。

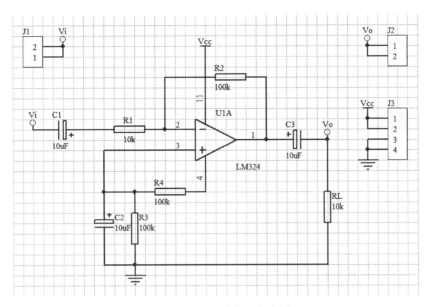

图 9.102 反相放大器电路图

表 9.5 图 9.102 元器件属性列表

Lib Ref（元件名称）	Designator（元件标号）	Part Type（元件标注）	Footprint（元件封装）
LM324	U1	LM324	DIP14
RES2	R1、R2、R3、R4、RL	10k、100k、100k、100k、10k	AXIAL0.3
ELECTRO1	C1、C2、C3	10uF	RB.2/.4
CON2	J1		SIP2
CON2	J2		SIP2
CON4	J3		SIP4
U1 在 Protel DOS Schematic Libraries.ddb 中			
其余元件在 Miscellaneous Devices.ddb			
元件封装库：Advpcb.ddb			

第10章

PCB 编辑器常用编辑方法

在 PCB 设计中，进行手工编辑是必不可少的一个步骤，本章主要介绍 PCB 编辑器中的常用编辑方法。

10.1 放置对象

在 PCB 设计中，要在电路板上放置元件封装，然后根据元件间的电气连接关系放置导线并放置一些标注文字等。Protel 99 SE 提供了放置工具栏来实现以上操作，使用起来非常方便。

执行菜单命令 View | Toolbars | Placement Tools，即可打开如图 10.1 所示的放置工具栏（Placement Tools）。下面我们就放置工具栏中的各放置对象按钮的操作及各对象的属性加以说明。另外，放置工具栏中大部分按钮的功能，还可以通过执行主菜单 Place 中的各命令来实现。

图 10.1　放置工具栏

10.1.1　放置元件封装

1. 放置元件封装的操作步骤

在放置元件封装前，必须在 PCB 文件中加载该封装所在的封装库。

下面以放置电阻封装 AXIAL0.3 为例说明操作过程。

已知电阻封装 Footprint 为 AXIAL0.3，元件标号 Designator 为 R1，元件标称 Comment 为 100K。

① 单击放置工具栏的 ▦ 按钮，或执行菜单命令 Place | Component，弹出如图 10.2 所示"（Place Component（放置元件）"对话框。

② 在"Footprint"文本框输入元件封装名称（如 AXIAL0.3），如果不知道元件封装名，可在图 10.2 中单击"Browse"按钮在元件封装库中浏览；在"Designator"文本框输入元件标号（如 R1）；在"Comment"文本框输入元件型号或标称值（如 100K）。

③ 设置完毕单击"OK"按钮，光标变成十字形，并在光标上连接了所选的元件封装。移动光标到放置元件的位置，可按空格键旋转元件的方向，最后单击鼠标左键确定。

④ 系统再次弹出"Place Component"对话框，可继续放置元件。单击"Cancel"按钮，结束命令状态。

2．元件封装的属性设置

在放置元件的命令状态下，按下 Tab 键；或用鼠标左键双击某元件；或用鼠标右键单击某元件，在弹出的快捷菜单中选择 Properties 命令；或执行菜单命令 Edit | Change，光标变成十字形，选取元件，均可弹出"Component（元件）"属性设置对话框。

打开其他对象的属性设置对话框的操作类似，后面不再说明。如图 10.3 所示，设置的参数说明如下。

- Designator：设置元件标号。
- Comment：设置元件型号或标称值。
- Footprint：设置元件封装。
- Layer：设置元件所在工作层。
- Rotation：设置元件旋转角度。
- X-Location 和 Y-Location：元件所在位置的 X、Y 方向坐标值。
- Lock Prims：此项有效，该元件封装图形不能被分解开（一般不要取消选中状态）。
- Locked：此项有效，该元件封装被锁定。不能进行移动、删除等操作。
- Selection：此项有效，该元件处于被选取状态，呈高亮。

图 10.3 中的 Designator 和 Comment 选项卡的功能是对元件这两个属性的进一步设置，较容易理解，这里不再赘述。

注：在 Locked 属性中，它和 Tools | Preferences 命令打开的"Preferences"对话框中的 Options 选项卡下的 Protect Locked Objects 复选框有关。当该复选框有效时，不能对锁定的对象进行移动、删除等操作；如该复选框无效，对锁定的对象进行操作时，会弹出一个要求确认的对话框。

练一练：在一个新建的 PCB 文件中，放置电阻、电容、二极管、集成电路等元器件封装，并设置它们的属性。

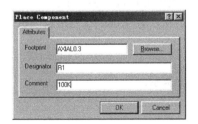

图 10.2 "Place Component（放置元件）"对话框

图 10.3 "Component（元件）"属性设置对话框

10.1.2 放置焊盘

虽然在元件的封装上已经包含了焊盘，但有时由于设计需要，要单独放置一些焊盘。

1．放置焊盘的步骤

① 单击放置工具栏中的▣按钮，或执行菜单命令 Place | Pad。

② 光标变为十字形，光标中心带一个焊盘。将光标移到放置焊盘的位置，单击鼠标左键，便放置了一个焊盘。注意，焊盘中心有序号。

③ 这时，光标仍处于命令状态，可继续放置焊盘。单击鼠标右键或双击鼠标左键，都可结束命令状态。

2. 设置焊盘的属性

在放置焊盘过程中按下 Tab 键，或用鼠标左键双击放置好的焊盘，均可弹出"Pad（焊盘）"属性设置对话框。如图 10.4（a）中所示，它包括 3 个选项卡，可设置焊盘的有关参数。

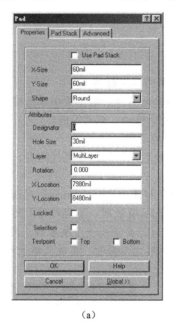

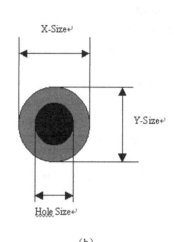

(a)   (b)

图 10.4   "Pad（焊盘）"属性设置对话框

（1）Properties 选项卡。

- Use Pad Stack 复选框：设定使用焊盘栈。此项有效，本栏将不可设置。
- X-Size、Y-Size：设定焊盘在 X 和 Y 方向的尺寸，如图 10.4（b）中所示。
- Shape：选择焊盘形状。从下拉列表中可选择焊盘形状，有 Round（圆形）、Rectangle（正方形）和 Octagonal（八角形）。
- Designator：设定焊盘的序号，从 0 开始。
- Hole Size：设定焊盘的通孔直径，如图 10.4（b）中所示。
- Layer：设定焊盘的所在层，通常在 Multi Layer。
- Rotation：设定焊盘旋转角度。
- X-Location、Y-Location：设定焊盘的 X 和 Y 方向的坐标值。
- Locked ：此项有效，焊盘被锁定。
- Selection：此项有效，焊盘处于选取状态。
- Testpoint：将该焊盘设置为测试点。有两个选项，即 Top 和 Bottom。设为测试点后，在焊盘上会显示 Top Bottom Test-Point 或 Bottom Test-Point 文本，且 Locked 属性同时被选取，使之被锁定。

（2）Pad Stack（焊盘栈）选项卡。在 Properties 选项卡中，Use Pad Stack 复选框有效时，该选

项卡才有效。在该选项卡中，是关于焊盘栈的设置项。焊盘栈就是在多层板中同一焊盘在顶层、中间层和底层可各自拥有不同的尺寸与形状。分别在 Top、Middle 和 Bottom 三个区域中，设定焊盘的大小和形状。

（3）Advanced（高级设置）选项卡，如图 10.5 所示。

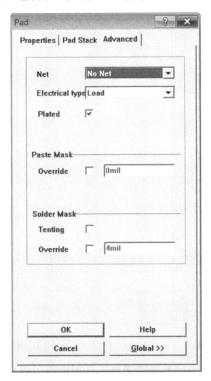

图 10.5　Advanced（高级设置）选项卡

- Net：设定焊盘所在的网络。
- Electrical type：设定焊盘在网络中的电气类型，包括 Load（负载焊盘）、Source（源焊盘）和 Terminator（终结焊盘）。
- Plated：设定是否将焊盘的通孔孔壁加以电镀处理。
- Paste Mask：设定焊盘助焊膜的属性。选择 Override 复选框，可设置助焊延伸值。
- Solder Mask：设定阻焊膜的属性。选择 Override 复选框，可设置阻焊延伸值；如选取 Tenting，则阻焊膜是一个隆起，且不能设置阻焊延伸值。

练一练：练习放置焊盘，在放置时，注意焊盘编号的变化并设置焊盘的形状等属性。

10.1.3　放置螺丝孔

螺丝孔的作用是固定电路板，螺丝孔可以通过放置焊盘的操作实现，但是这些孔与焊盘不同，焊盘的中心是通孔，孔壁上有电镀（即沉铜），孔口周围是一圈铜箔便于焊锡。螺丝孔一般不需要导电部分，也不需要焊锡。螺丝孔的孔径根据工艺要求确定，本节将孔径设置为 100mil，具体操作如下。

① 按"10.1.2"节的操作，调出"Pad"属性设置对话框，将 Hole Size、X-Size、Y-Size 的值全部改为 100mil，如图 10.6 所示，单击"OK"按钮。

② 在电路板的规定位置单击鼠标左键，即放置一个螺丝孔，如图 10.7 中左侧所示。继续单击鼠标左键放置其他螺丝孔，单击鼠标右键退出放置状态。

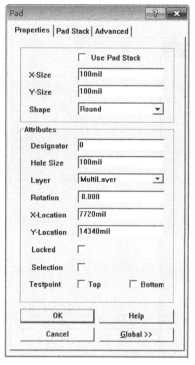

图 10.6　螺丝孔的属性设置　　　　　图 10.7　放置的螺丝孔（左）和焊盘（右）

图 10.7 中 0#焊盘为螺丝孔，1#为普通焊盘，从图中可以看出 1#焊盘周围的颜色与中间颜色不同，周围颜色表示铜箔，中间颜色表示孔，螺丝孔中只有孔没有铜箔。

螺丝孔的放置切不能随意，必须严格按照工艺尺寸放置。

10.1.4　放置过孔

对于双面板或多层板，不同层之间的电气连接是依靠过孔实现的。

1. 放置过孔的步骤

① 单击放置工具栏的 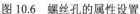 按钮，或执行菜单命令 Place | Via。

② 光标变成十字形，将光标移到放置过孔的位置，单击鼠标左键，放置一个过孔。

③ 将光标移到新的位置，可继续放置其他过孔。

④ 单击鼠标右键，退出命令状态。

2. 过孔属性设置

在放置过孔过程中，按 Tab 键，或用鼠标左键双击已放置的过孔，将弹出"Via（过孔）"属性设置对话框，如图 10.8 所示，可设置过孔的有关参数。

- Diameter：设定过孔直径。
- Hole Size：设置过孔的通孔直径。
- Start Layer、End Layer：设定过孔的开始层和结束层的名称。
- Net：设定该过孔属于哪个网络。

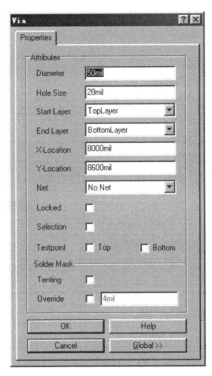

图 10.8　"Via（过孔）"属性设置对话框

其他参数的设置方法与焊盘属性的设置类似，这里不再赘述。

练一练： 练习放置过孔，仔细观察焊盘与过孔的区别，注意过孔与焊盘所在层有何不同。

10.1.5　放置铜膜导线

1. 放置导线的操作步骤

① 单击放置工具栏中的 按钮，或执行菜单命令 Place | Interactive Routing（交互式布线）。

② 绘制直线：当光标变成十字形，将光标移到导线的起点，单击鼠标左键；然后将光标移到导线的终点，再单击鼠标左键，一条直导线被绘制出来，单击鼠标右键，结束本次操作。

③ 绘制折线：与绘制直线不同的是，当导线出现 90°或 45°转折时，在终点处要双击鼠标左键。

要特别注意，手工绘制电路板的折线时，铜膜导线一般不应为 90°角而应当是 45°角。

④ 绘制完一条导线后，光标仍处于十字形，将光标移到其他新的位置，再绘制其他导线。

⑤ 最后，单击鼠标右键，退出该命令状态。

2. 设置导线的参数

在绘制导线过程中按下 Tab 键，弹出"Interactive Routing（交互式布线）"设置对话框，如图 10.9 所示。

主要设置导线的宽度、所在层和过孔的内外径尺寸。

在绘制导线完毕后，用鼠标左键双击该导线，弹出"Track（导线）"属性设置对话框，如图 10.10 所示。设置的参数说明如下。

● Width：导线宽度。

- Layer：导线所在的层。
- Net：导线所在的网络。
- Locked：导线位置是否锁定。
- Selection：导线是否处于选取状态。
- Start-X：导线起点的 X 轴坐标。
- Start-Y：导线起点的 Y 轴坐标。
- End-X：导线终点的 X 轴坐标。
- End-Y：导线终点的 Y 轴坐标。
- Keep Out：该复选框选取，则此导线具有电气边界特性。

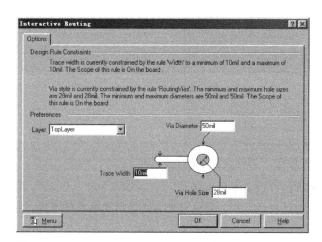 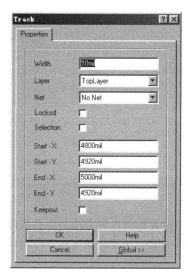

图 10.9　"Interactive Routing（交互式布线）"设置对话框　　图 10.10　"Track（导线）"属性设置对话框

3. 对绘制好的导线进行编辑

对绘制好的导线，除了修改其属性外，还可以对它进行移动和拆分。操作步骤如下。

① 用鼠标左键单击已绘制的导线，导线状态如图 10.11（a）所示，有一条高亮线并带有三个高亮方块。

② 用鼠标左键单击导线两端任一高亮方块，光标变成十字形。移动光标可任意拖曳导线的端点，导线的方向被改变，如图 10.11（b）所示。

③ 用鼠标左键单击导线中间的高亮方块，光标变成十字形。移动光标可任意拖曳导线，此时直导线变成了折线，如图 10.11（c）所示。

④ 直导线变成了折线后，将光标移到折线的任一段上，按住鼠标左键不放并移动它，该线段被移开，原来的一条导线变成了两条导线，如图 10.11（d）所示。

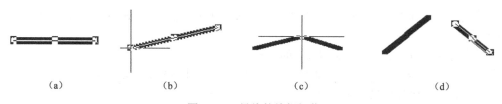

（a）　　　　　　　　（b）　　　　　　　　（c）　　　　　　　　（d）

图 10.11　导线的编辑操作

4．切换导线工作层

改变导线的工作层，可以让一条导线位于不同的工作层上。如何让一条导线位于两个不同的信号层上？下面以双面电路板为例，操作步骤如下。

① 在顶层放置一条导线，在默认状态下，导线的颜色为红色。

② 在导线的终点，按下小键盘的*键，你会发现当前层变成了底层，并在导线的终点处自动添加了一个过孔，单击鼠标左键，确定过孔的位置。

③ 继续移动光标放置导线，在默认状态下，导线的颜色变成了蓝色。效果如图 10.12 所示。

5．绘制元件封装之间的导线

在绘制元件之间的导线时，要特别注意按照飞线指示进行连接，如图 10.13 中的飞线，拐弯时不要使用直角，图 10.13 中正在绘制 C1 与 R2 之间的连线。

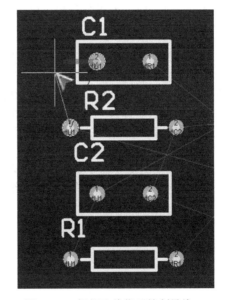

图 10.12　将一条导线放置在两个信号层上　　　　图 10.13　根据飞线指示绘制导线

练一练：

（1）放置导线后，在"Track"对话框中修改导线的宽度和所在的层，看一看有何变化。

（2）练习对一条已放置的导线进行移动和拆分的操作。

（3）练习将一条导线放置在顶层和底层的操作，注意添加的过孔和导线颜色的变化。

（4）拆掉第 9 章已绘制完毕的 PCB 文件中的一条线，进行手工连接。

10.1.6　放置连线

连线一般是在非电气层上绘制电路板的边界、元件边界、禁止布线边界等，它不能连接到网络上，绘制时不遵循布线规则。而导线是在电气层上元件的焊盘之间构成电气连接关系的连线，它能够连接到网络上。在手工布线时，即使使用连线工具按照飞线指示进行连接，系统也不会显示两端已连接，因此在布线时，一定要采用放置导线（交互式布线）的方法。

1．放置连线的操作步骤

① 单击放置工具栏的  按钮，或执行菜单命令 Place | Line。

② 放置连线的方法与放置导线类似，不再赘述。

2. 设置连线的参数

在放置连线过程中按下 Tab 键，弹出"Line Constraints（连线）"属性设置对话框，如图 10.14 所示。主要设置连线的宽度和所在的层。

放置连线完毕后的连线参数设置、连线的编辑操作与放置导线中所讲方法相同。但放置连线切换层时，不会出现连接的过孔。

练一练：分别绘制导线和连线，分析一下它们有何不同。

10.1.7 放置字符串

在制作电路板时，常需要在电路板上放置一些字符串，说明本电路板的功能、电路设置方法、设计序号和生产时间等。这些字符串可以放置在机械层，也可以放置在丝印层。

1. 放置字符串的操作步骤

① 单击放置工具栏的 T 按钮，或执行菜单命令 Place | String。

② 光标变成十字形，且光标上带有字符串。此时按下 Tab 键，将弹出"String（字符串）"属性设置对话框，如图 10.15 所示。在对话框中可设置字符串的内容（Text）、大小（Height、Width）、字体（Font，有三种字体）、字符串的旋转角度（Rotation）和是否镜像（Mirror）等参数。

③ 设置完毕后，单击"OK"按钮，退出对话框。将光标移到相应的位置，单击鼠标左键确定，完成一次放置操作。

④ 此时，光标还处于命令状态，用同样的方法，放置其他字符串。

⑤ 最后，双击鼠标左键或单击右键来结束命令状态。

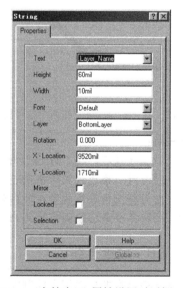

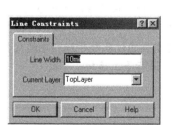

图 10.14 "Line Constraints（连线）" 图 10.15 "String（字符串）"属性设置对话框
属性设置对话框

2. 字符串属性设置

当放置字符串后，用鼠标左键双击字符串，弹出如图 10.15 所示的"String"对话框。

在"String"对话框中，最重要的属性是 Text，它用来设置在电路板上显示的字符串的内容（仅单行）。可以在框中直接输入要显示的内容，也可以从该下拉列表中选择系统设定好的特殊字符串。

特殊字符串是一种在打印或输出报表时，根据 PCB 文件信息进行解释出来的字符串。如放置特殊字符串.Print_Date，系统在进行打印时，会用当时的系统日期来替代这个特殊字符串。在默认状态下，在工作窗口看到的都是特殊字符串的原始名称，要想看到解释后的字符串内容，可使用 Tools | Preferences 命令打开"Preferences"对话框，切换到 Display 选项卡，然后选取 Convert Special Strings 复选框即可。

3. 字符串的选取、移动和旋转操作

① 字符串的选取操作：用鼠标左键单击字符串，该字符串就处于被选取状态，在字符串的左下方出现一个"＋"号，而在右下方出现一个小圆圈，如图 10.16（a）所示。

② 字符串的移动操作：将光标放在字符串上，按住鼠标左键不放，就可将字符串移动到其他位置上。也可在"String"对话框中对 X-Location 和 Y-Location 属性进行修改，同样达到移动的目的。

③ 字符串的旋转操作：首先选取字符串，然后用鼠标左键单击一下右下方的小圆圈，字符串变为细线显示模式，旋转光标，该字符串就会以"＋"号为中心做任意角度的旋转，如图 10.16（b）所示。在属性对话框中对 Rotation 属性进行修改，也可以达到旋转的目的。

另外，用鼠标左键按住字符串不放，同时按下键盘的 X 键，字符串进行左右翻转；按下 Y 键，字符串将进行上下翻转；按下空格键，字符串进行逆时针旋转操作。

（a）　　　　　　　　　　（b）

图 10.16　字符串的选取与旋转操作

【例 10-1】在图 10.17 中为接插件 J2、J3 引出端加标注。

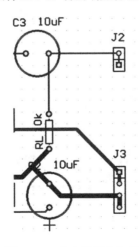

图 10.17　在电路板上加标注

首先为 J2 加标注。标注只能写在 Top Overlay 或 Bottom Overlay。

① 在 PCB 文件下部工作层标签的 Top Overlay 上单击鼠标左键，将当前层设置为 Top Overlay。

② 双击 J2 所连导线，弹出导线的属性对话框，如图 10.18 所示。根据图 10.18 中可知，该导线所连网络为 VO。关闭导线的属性对话框。

③ 单击放置工具栏的 T 按钮，并按下 Tab 键，在字符串属性对话框的 Text 中输入 Vo，如图 10.19 所示，单击"OK"按钮，将 Vo 放置在 J2 引出端一侧。

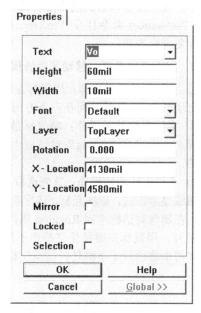

图 10.18　J2 所连导线属性对话框　　　　图 10.19　在 Text 中输入 Vo

④ 按以上方法分别对 J3 的焊盘 1、2，和焊盘 3、4 进行标注，标注后如图 10.20 所示。

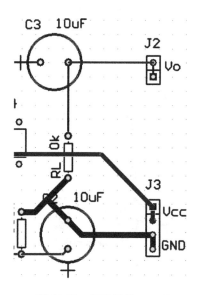

图 10.20　标注后的 J2、J3

练一练：

（1）练习放置字符串，并对字符串的内容、大小、旋转角度等参数进行设置。

（2）练习放置特殊字符串，并显示对特殊字符串解释后的内容。

10.1.8　放置矩形填充

在完成电路板的布线工作后，一般在顶层或底层会留有一些面积较大的空白区（没有走线、过孔和焊盘），根据地线尽量加宽和利于元件散热原则，应将空白区用实心的矩形覆铜区域来填充。

1. 放置矩形填充的操作步骤

① 单击放置工具栏中的■按钮，或执行菜单命令 Place | Fill。

② 光标变为十字形，将光标移到放置矩形填充的位置，单击鼠标左键，确定矩形填充的第一个顶点，然后拖曳鼠标，拉出一个矩形区域，再单击鼠标左键，完成一个矩形填充的放置。

③ 此时，光标仍处于命令状态，可继续在新位置放置矩形填充。

④ 最后，单击鼠标右键，结束命令状态。

2. 设置矩形填充的属性

在放置矩形填充的过程中，按下 Tab 键，弹出矩形填充的属性对话框，如图 10.21 所示。主要的参数设置如下。

- Layer：矩形填充所在工作层。
- Net：矩形填充所属于的网络。
- Corner1-X、Corner1-Y：矩形填充第一个角的 X、Y 坐标值。
- Corner2-X、Corner2-Y：矩形填充对角线位置的 X、Y 坐标值。

图 10.21　矩形填充的属性设置对话框

3. 矩形填充的选取、移动、缩放和旋转操作

① 矩形填充的选取：直接用鼠标左键单击放置好的矩形填充，使其处于被选取状态。在矩形填充的四角和四边中点，出现控制点；中心出现"+"号和一个小圆圈，如图 10.22（a）所示。

② 矩形填充的移动：用鼠标左键直接按住矩形填充，矩形填充可随鼠标任意移动。

③ 矩形填充的缩放：在选取状态下，用鼠标左键先单击某个顶点，光标变成十字形，再拖曳

光标可任意对矩形填充进行缩放；用鼠标左键先单击矩形填充的四条边的某个中点，光标变成十字形，再拖曳光标可任意改变矩形填充的高度或宽度，如图10.22（b）所示。

④ 矩形填充的旋转：在选取状态下，用鼠标左键先单击小圆圈，光标变成十字形，再拖曳光标，矩形填充会绕"+"号任意旋转，如图10.22（c）所示。

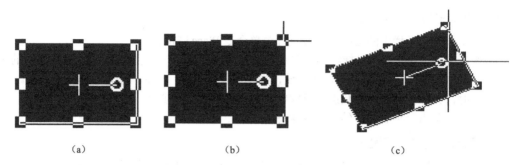

（a） （b） （c）

图10.22 矩形填充的选取、缩放和旋转操作

10.1.9 放置多边形平面填充

为增强电路的抗干扰能力，可在电路板上放置多边形平面填充。

1. 放置多边形填充的操作步骤

① 单击放置工具栏中的 ⌐ 按钮，或执行菜单命令 Place | Polygon Plane。

② 弹出多边形平面填充的属性设置对话框，如图10.23所示。在对话框中设置有关参数后，单击"OK"按钮确认，进入放置多边形填充状态。

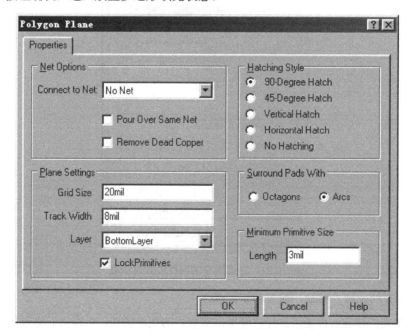

图10.23 多边形平面填充的属性设置对话框

③ 当光标变成十字形时，单击左键确定多边形的起点。然后，移动光标，在各顶点处单击左

键确认，最后，在终点处单击右键，系统自动将多边形的起点和终点连接起来，构成多边形平面并完成填充。

2. 设置多边形平面填充的属性

多边形平面填充属性设置对话框中，主要有以下设置。

- Net Options 选项区域：设置多边形平面填充与电路网络间的关系。

  Connect to Net：在其下拉列表中选择所隶属的网络名称。

  Pour Over Same Net 复选框：该项有效时，在填充时遇到该连接的网络就直接覆盖。

  Remove Dead Copper 复选框：该项有效时，如果遇到死铜的情况，就将其删除。我们把已经设置与某个网络相连，而实际上没有与该网络相连的多边形平面填充称为死铜。

- Plane Setting 选项区域。

  Grid Size 文本框：设置多边形平面填充的栅格间距。

  Track Width 文本框：设置多边形平面填充的线宽。

  Layer：设置多边形平面填充所在的层。

- Hatching Style 选项区域：设置多边形平面填充的格式。

  在多边形平面填充中，采用 5 种不同的填充格式，如图 10.24 所示。

(a) 90°格　　　　(b) 45°格　　　　(c) 垂直格　　　　(d) 水平格　　　　(e) 无格

图 10.24　5 种不同的填充格式

- Surround Pad With 选项区域：设置多边形平面填充环绕焊盘的方式。

  多边形平面填充环绕焊盘，在多边形填充属性对话框中，提供两种方式，即八边形方式和圆弧方式，如图 10.25 所示。

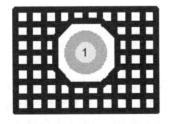 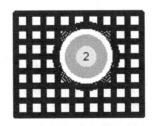

(a) 八边形方式　　　　　　　　　　　(b) 圆弧方式

图 10.25　多边形环绕焊盘的方式

- Minimum Primitives 区域：设置多边形平面填充内最短的走线长度。

【例 10-2】图 10.26 是第 9 章中的图 9.53，将 U1 在 Bottom Layer 进行覆铜，覆铜所接网络为 GND。

① 将当前层设置为 Bottom Layer。

② 单击放置工具栏中的 按钮，在"Properties"对话框中按图 10.27 所示进行设置。

③ 设置完毕，单击"OK"按钮，在 U1 四周绘制一个矩形，如图 10.28 所示。

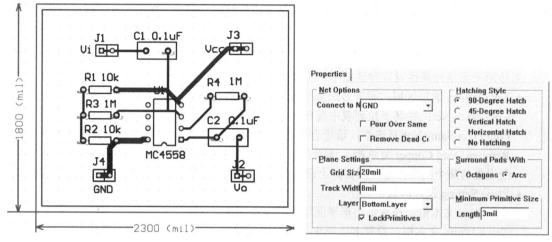

图 10.26　多边形覆铜　　　　　　　　　　　图 10.27　U1 覆铜的设置

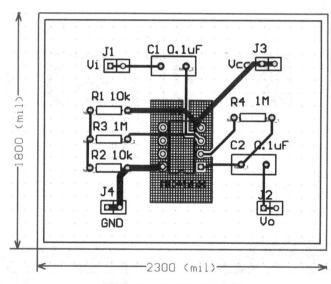

图 10.28　U1 覆铜后的效果

　　注意：矩形填充与多边形平面填充是有区别的。矩形填充将整个矩形区域以覆铜全部填满，同时覆盖区域内所有的导线、焊盘和过孔，使它们具有电气连接；而多边形平面填充用铜线填充，并可以设置绕过多边形区域内具有电气连接的对象，不改变它们原有的电气特性。另外，直接拖曳多边形平面填充就可以调整其放置位置，此时会出现一个确认对话框，询问是否重建，我们应该选择“Yes”按钮，要求重建，以避免发生信号短路现象。

　　练一练：练习放置矩形填充和多边形平面填充，根据所讲内容，练习有关的操作，并比较这两种填充的区别。

10.1.10　放置位置标注

　　放置位置标注的功能是将当前光标所处位置的坐标值显示在工作层上。一般放置在非电气层，如顶层（底层）丝印层或机械层。

1. 放置位置标注的操作步骤

① 单击放置工具栏中的 按钮，或执行菜单命令 Place | Coordinate。

② 光标变成十字形，且有一个变化的坐标值随光标移动，光标移到放置的位置后单击鼠标左键，完成一次操作。放置好的坐标左下方有一个十字符号。

③ 最后，单击鼠标右键，结束命令状态。

2. 设置坐标位置的属性

在命令状态下按 Tab 键，或在放置后用鼠标左键双击坐标，系统弹出"Coordinate（坐标）"属性设置对话框，如图 10.29 所示。设置内容包括对坐标十字符号的高度（Size）和宽度（Line Width）；坐标值的单位格式（Unit Style）；坐标值的高度（Text Height）、宽度（Text Width）、字体（Font）、所在层（Layer）和坐标值（X-Location、Y-Location）等参数进行设置。单位格式有 3 种形式：None（无单位）、Normal（常规表示）、Brackets（括号表示）。

图 10.30 第一行的设置参数为 Size（10mil），Unit Style（None）。

图 10.30 第二行的设置参数为 Size（30mil），Unit Style（Normal）。

图 10.30 第三行的设置参数为 Size（60mil），Unit Style（Brackets）。

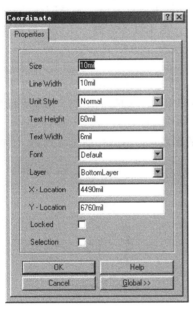

5080,13860

5080mil,13640mil

5080,13440 （mil）

图 10.29　"Coordinate（坐标）"属性设置对话框 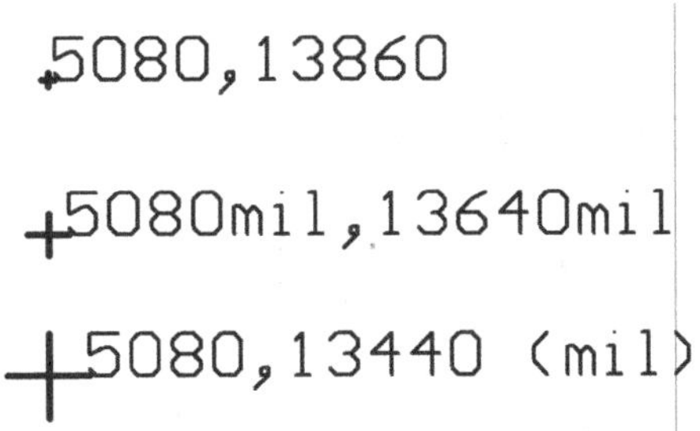　　　　图 10.30　参数设置

10.1.11　放置尺寸标注

在 PCB 设置中，有时需要标注某些尺寸的大小，如电路板的尺寸、特定元件外形间距等，以方便印制电路板的制造。一般尺寸标注放在机械层。

1. 放置尺寸标注的操作步骤

① 单击放置工具栏中的 按钮，或执行菜单命令 Place | Dimension。

② 光标变成十字形。移动光标到尺寸的起点，单击鼠标左键，确定标注尺寸的起始位置。

③ 可向任意方向移动光标，中间显示的尺寸随光标的移动而不断变化，到终点位置单击鼠标左键加以确定，完成一次尺寸标注，如图 10.31 所示。

$$\longleftarrow 540mil \longrightarrow$$

图 10.31　尺寸标注（尺寸标注单位的常规表示形式）

④ 如不再放置，单击鼠标右键，结束尺寸标注操作。

2．设置尺寸标注的属性

在放置标注尺寸命令状态下按下 Tab 键，或用鼠标左键双击已放置的标注尺寸，均可弹出尺寸标注属性对话框，如图 10.32 所示，对有关参数进一步设置。尺寸标注的单位格式同放置坐标操作。

10.1.12　放置圆弧

1．三种绘制圆弧的方法和一种绘制圆的方法

（1）用边缘法绘制圆弧：通过圆弧上的两点即起点与终点来确定圆弧的大小，绘制步骤如下。

① 单击放置工具栏的 按钮，或执行菜单命令 Place|Arc（Edge）。

② 光标变成十字形，移动光标到放置圆弧的位置，单击鼠标左键，确定圆弧的起点；然后再移动光标到适当的位置，单击鼠标，确定圆弧的终点；单击鼠标右键，完成一段圆弧的绘制，图 10.33 为用边缘法绘制的圆弧。

（2）用中心法绘制圆弧：通过确定圆弧的中心、起点和终点来确定一个圆弧，绘制步骤如下。

① 单击放置工具栏的 按钮，或执行菜单命令 Place|Arc（Center）。

② 光标变成十字形，移动光标到所需位置单击鼠标，以确定圆弧的中心。移动光标拉出一个圆形，单击鼠标，光标跳到圆的右侧水平位置。

③ 沿圆移动光标到新位置，单击鼠标，确定圆弧的起点；再沿圆移动光标到另一个位置，单击鼠标，确定圆弧的终点。

④ 单击鼠标右键，结束命令状态，完成一段圆弧的绘制，如图 10.34 所示。

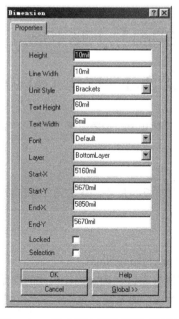

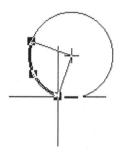

图 10.33　边缘法绘制圆弧

图 10.32　尺寸标注属性设置对话框　　　　图 10.34　中心法绘制圆弧

（3）用角度旋转法绘制圆弧：通过确定圆弧的起点、圆心和终点来确定圆弧，绘制步骤如下。

① 单击放置工具栏的 ⊙ 按钮，或执行菜单命令 Place | Arc（Any Angle）。

② 光标变成十字形，将光标移到所需的位置单击鼠标，确定圆的起点，然后再移动光标到适当的位置，单击鼠标，以确定圆弧的圆心，这时光标跳到圆的右侧水平位置。移动光标到另一个位置，单击鼠标，确定圆弧的终点。

③ 单击鼠标右键，结束命令状态，完成一段圆弧的绘制。

（4）绘制圆：通过确定圆心和半径，来绘制一个圆，绘制步骤如下。

① 单击放置工具栏的 ⊙ 按钮，或执行菜单命令 Place | Full Circle。

② 光标变成十字形，移动光标到所需的位置，单击鼠标左键，确定圆的圆心；再移动光标，拉出一个圆，确定圆的半径，单击鼠标确认。

③ 单击鼠标右键，结束命令状态，完成一个圆的绘制。

2．编辑圆弧

在绘制圆弧状态下，按 Tab 键，或用鼠标左键双击绘制好的圆弧，系统将弹出圆弧属性设置对话框，如图 10.35 所示。圆弧的主要参数如下。

- Width：设置圆弧的线宽。
- Layer：设置圆弧所在层。
- Net：设置圆弧所连接的网络。
- X-Center 和 Y-Center：设置圆弧的圆心坐标。
- Radius：设置圆弧的半径。
- Start Angle 和 End Angle：设置圆弧的起始角度和终止角度。

练一练：练习放置三种圆弧和一种圆的方法，并比较这三种绘制圆弧方法的区别。

10.1.13 补泪滴操作

为了增强电路板的铜膜导线与焊盘（或过孔）连接的牢固性，避免因钻孔等而导致断线，需要将导线与焊盘（或过孔）连接处的导线宽度逐渐加宽，形状就像一个泪滴，所以这样的操作称补泪滴。

下面就将图 10.37 中电阻 R2 两个焊盘改为泪滴焊盘，具体的操作步骤如下。

① 使用选取命令，选择电阻 R2。

② 执行菜单命令 Tools | Teardrops，弹出泪滴属性设置对话框，如图 10.36 所示。主要设置参数如下。

- General 选项区域。

  All Pads：该项有效，对符合条件的所有焊盘进行补泪滴操作。

  All Vias：该项有效，对符合条件的所有过孔进行补泪滴操作。

  Selected Objects Only：该项有效，只对选取的对象进行补泪滴操作。

  Force Teardrops：该项有效，将强迫进行补泪滴操作。

  Create Report：该项有效，把补泪滴操作数据存成一份 .Rep 报表文件。

- Action 选项区域：选择"Add"单选框，将进行补泪滴操作；选择"Remove"单选框，将进行删除泪滴操作。

- Teardrops Style 选项区域：选择"Arc"单选框，将用圆弧导线进行补泪滴操作；选择"Track"单选框，将用直线导线进行补泪滴操作。

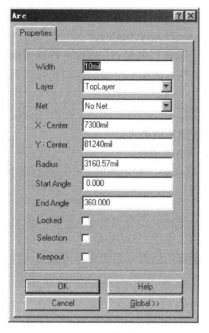

图 10.35　圆弧属性设置对话框

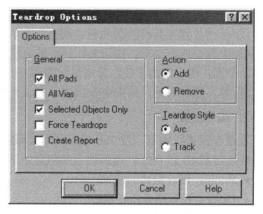

图 10.36　泪滴属性设置对话框

③ 因为仅对一个元件的焊盘进行补泪滴操作，在对话框中设置参数的结果如图 10.36 所示，最后单击"OK"按钮结束。补泪滴前后的效果如图 10.37 所示。

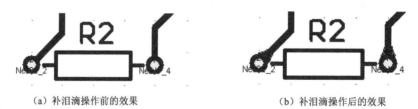

（a）补泪滴操作前的效果　　　　　　　　　（b）补泪滴操作后的效果

图 10.37　补泪滴操作

▐▶ 10.2　对象的复制、粘贴、删除、排列、旋转等

要求：如图 10.38 所示，对电阻 R1 复制、粘贴后，生成一个电阻 R2。

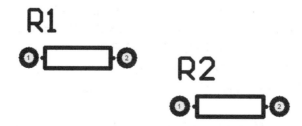

图 10.38　复制、粘贴操作

10.2.1　对象的复制、粘贴和删除

1．对象的复制

以复制电阻 R1 为例。

① 按住鼠标左键，在 R1 四周画出一个矩形，将电阻 R1 选中。

② 执行菜单命令 Edit | Copy 或按 Ctrl+C 组合键，使光标变成十字形。

③ 将十字光标移动至 R1 图形上，并单击鼠标左键，确定粘贴时的基准点（可选择 R1 的一个焊盘，如 1#焊盘的中心为基准点）。这一步一定要做，否则不能粘贴。

2．对象的粘贴

（1）直接粘贴。以粘贴生成 R2 为例。

接本节"对象的复制"的操作，执行菜单命令 Edit | Paste 或按 Ctrl+V 组合键或单击粘贴图标，一个电阻符号粘贴在十字光标上（在复制操作中选择的基准点位于十字光标的中心），在适当位置单击鼠标左键，完成粘贴。

被粘贴电阻的标号自动变为 R2。

（2）直线方式阵列粘贴。要求：直接粘贴为三个电阻垂直排列，电阻序号依次增长。

① 对电阻 R1 进行复制操作。

② 执行菜单命令 Edit | Paste Special，系统弹出"Paste Special"对话框，如图 10.39 所示。

③ 在对话框中选择 Paste Array 选项卡，如图 10.40 所示。

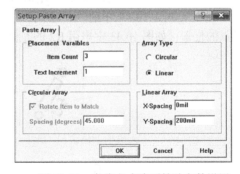

图 10.39　"Paste Special"对话框　　　　图 10.40　直线方式阵列粘贴参数设置

Placement Varaibles 区域：设置粘贴的数量和器件标号的增长变量。

- Item Count：要粘贴的对象个数。这里设置为 3。
- Text Increment：元器件标号的增长变量，如果设置为 1，则元器件标号依次增长。

Array Type 区域：设置粘贴后的排列方式。

- Circular：环形方式。
- Linear：直线方式。

Linear Array 区域：直线方式粘贴时的水平和垂直间距。

- X-Spacing：水平间距。这里水平间距设置为 0，说明粘贴后呈垂直排列。
- Y-Spacing：垂直间距。

④ 设置完毕，单击"OK"按钮，在适当位置单击鼠标左键即可完成阵列粘贴。粘贴的效果如图 10.41 所示。3 个电阻为垂直排列，间距为 200mil。元件标号从 R2 开始依次增加。

（3）环形方式阵列粘贴。要求：粘贴 6 个电阻，电阻标号依次增长，电阻之间的角度为 60°。

① 对电阻 R1 进行复制操作。

② 执行菜单命令 Edit | Paste Special，系统弹出"Setup Paste Special"对话框，在对话框中选择 Paste Array 选项卡，如图 10.42 所示。

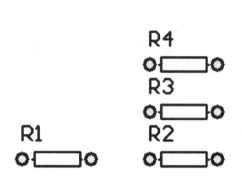

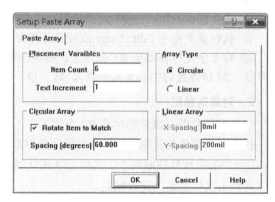

图 10.41　直线方式阵列粘贴效果　　　　　图 10.42　环形方式阵列粘贴参数设置

Circular Array 区域：环形方式粘贴参数设置。

● Rotate Item to Match：粘贴对象是否旋转，选中表示旋转。

● Spacing（degrees）：粘贴对象之间的角度。

图 10.42 中设置的参数含义为共粘贴 6 个电阻，电阻标号依次增长，电阻之间的角度为 60.000。

③ 设置完毕，单击"OK"按钮，在粘贴时应当单击两次鼠标左键。第一次单击鼠标左键是确定粘贴圆心（如图 10.43 中的"+"所示），第二次单击鼠标左键是确定粘贴后最小标号电阻粘贴基准点的位置（如图 10.43 中电阻 R2 的左侧焊盘），这个基准点是在复制操作时确定的。

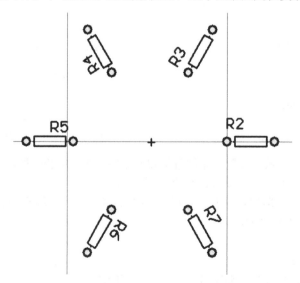

图 10.43　环形方式阵列粘贴效果

3．对象的删除

第一种方法：

① 按住鼠标左键在要删除的对象周围确定出范围，将其选中。

② 按键盘上的 Shift+Delete 组合键，光标变成十字形，将十字光标在选中的对象上单击左键即可删除。

第二种方法：

① 直接执行菜单命令（无须选中对象）Edit | Delete，光标变成十字形，将十字光标在要删除的对象上单击鼠标左键即可。

② 单击右键退出删除状态。

10.2.2　对象的排列

将图 10.44 所示电阻等间隔排成一列。

① 在图 10.44 所示的 3 个电阻外围按住鼠标左键画一个虚线框，将 3 个电阻全部选中。

② 执行菜单命令 Tools | Interactive Placement | Align，系统弹出"Align Components"对话框，如图 10.45 所示。

- Horizontal（水平方向）区域包括以下内容：No Change（不做任何改变）、Left（对象左对齐）、Center（对象中间对齐）、Right（对象右对齐）、Space equally（水平方向等间隔分布）。
- Vertical（垂直方向）区域包括以下内容：No Change（不做任何改变）、Top（对象顶端对齐）、Center（对象中间对齐）、Bottom（对象底端对齐）、Space equally（垂直方向等间隔分布）。

本例中水平方向选择左对齐，垂直方向选择等间隔分布，如图 10.45 所示。

③ 设置完毕，单击"OK"按钮，完成电阻的排列。

④ 此时，3 个电阻仍处于选中状态，单击 ✕ 按钮，取消选中状态即可。排列结果如图 10.46 所示。

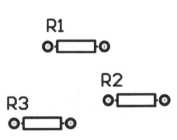
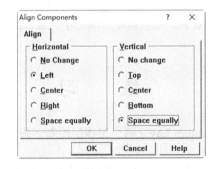
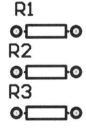

图 10.44　电阻排列前　　　　图 10.45　"Align Components"对话框　　　图 10.46　电阻排列效果

10.2.3　对象的旋转

1．对象旋转的操作方法

在对象放置过程中处于浮动状态时按空格键，或在已放置好的对象上按住鼠标左键，再按空格键。每按一次空格键，对象旋转一次，系统默认的旋转角度是 90°。

2．对象旋转的设置

在 PCB 设计中，有时需要元件封装改变一个角度倾斜放置，这就需要修改系统的旋转角度设置。

① 执行菜单命令 Tools | Preferences，系统弹出"Preferences"对话框。

② 在对话框中选择 Options 选项卡，在 Other 区域中将 Rotation 的值改为所需要的角度（如 45°），如图 10.47 所示。

③ 设置完毕，单击"OK"按钮。

这样，每次按空格键时，对象就旋转 45°。

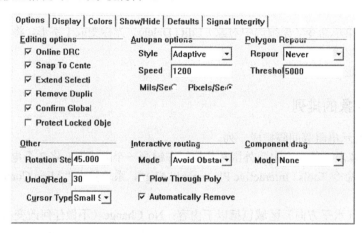

图 10.47　设置旋转角度

本 章 小 结

本章主要介绍了 PCB 设计中的编辑方法，其中很多操作在设计 PCB 板图时都是必不可少的，读者在自己的设计实践中可以体会到。在阵列粘贴中特意介绍了环形方式阵列粘贴，在对象的旋转中，着重介绍了旋转角度的设置，这些都是为满足不同设计的需要。

练 习

1. 练习在 Top Layer 和 Bottom Layer 两个工作层绘制一条铜膜导线。注意：两个工作层相连的地方要有过孔。

2. 对第 9 章各练习题 PCB 文件中各接插件的引出端进行标注。

3. 在第 9 章各练习题中任意确定一个元件封装，对其在 Bottom Layer 进行覆铜操作，要求覆铜网络接 GND。

4. 练习环形方式阵列粘贴。

5. 练习修改 PCB 文件中的旋转角度。

6. 在第 9 章各练习题中选择一些焊盘进行补泪滴操作。

第11章

报表的生成与 PCB 文件的打印

Protel 99 SE 的 PCB 设计系统提供了生成各种报表的功能，它可以给设计者提供有关设计过程及设计内容的详细资料。在 Reports 菜单项中，如图 11.1 所示，共有 Selected Pins（选取引脚报表）、Board Information（电路板信息报表）、Design Hierarchy（设计层次报表）、Netlist Status（网络状态报表）、Signal Integrity（信号分析报表）、Measure Distance（距离测量报表）和 Measure Primitives（对象距离测量报表）7 个选项。另外还有有关 CAM 数据报表，如 NC 钻孔报表、元件报表和插件表报表等。我们仍以第 10 章的例子，来讲解各种报表的功能及生成过程。

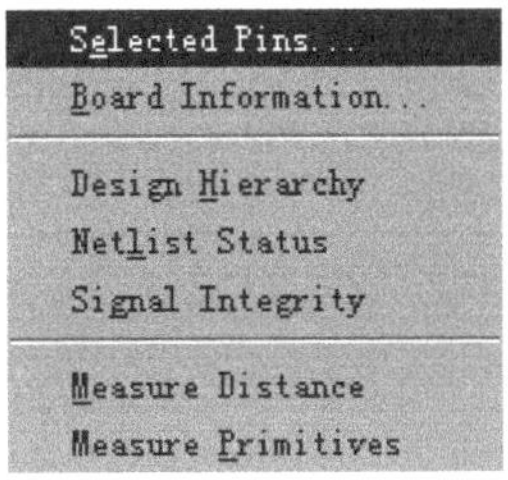

图 11.1　Reports 菜单

⫸ 11.1　生成选取引脚报表

选取引脚报表的主要功能是将当前选取元件的引脚或网络上所连接元件的引脚在报表中全部列出来，并由系统自动生成后缀为.DMP 报表文件。生成选取引脚报表的操作步骤如下。

1. 生成某元件的选取引脚报表的操作步骤

① 打开要生成选取引脚报表的 PCB 文件。

② 在 PCB 管理器中，单击 Browse PCB 选项卡，在 Browse 下拉列表中选择 Components（元件），在下边的列表框中立刻列出了该电路板使用的所有元件。在元件列表框中，选择一个元件（如 U12），然后单击"Select"按钮，选取该元件，如图 11.2 所示。利用这个方法可选中多个元件。在 PCB 图中，被选取的元件呈高亮。

③ 执行菜单命令 Reports | Selected Pins，弹出如图 11.3 所示的"Selected Pins（引脚选择）"对话框。在对话框中，列出当前所有被选取元件的引脚。选择其中一个引脚，单击"OK"按钮，就会出现如图 11.4 所示的选取引脚报表文件，扩展名为.DMP，内容为所选中元件的全部引脚。

2. 生成某网络的选取引脚报表的操作步骤

与生成某元件的选取引脚报表不同的是，在 PCB 管理器中浏览的对象选择的是网络，在生成的选取引脚报表中的内容为该网络所连接的不同元件的全部引脚，让设计者便于验证网络连接关系是否正确，如图 11.5 所示。

练一练：按照上面所讲的操作步骤，生成某个元件或某个网络的选取引脚报表列表，并对照 PCB 图，看与实际连线关系是否相符。

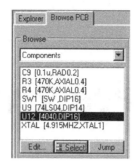

图 11.2　选择元件

图 11.3　"Selected Pins（引脚选择）"对话框

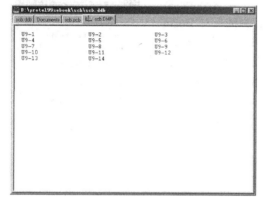

图 11.4　生成某元件的选取引脚报表

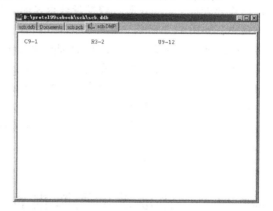

图 11.5　生成某网络的选取引脚报表

11.2　生成电路板信息报表

电路板信息报表是为设计者提供所设计的电路板的完整信息，包括电路板尺寸、电路板上的焊盘、过孔的数量及电路板上的元件标号等。生成电路板信息报表的操作步骤如下。

① 执行菜单命令 Reports | Board Information。

② 弹出如图 11.6 所示的 "PCB Information（电路板信息）"对话框。包括 3 个选项卡，包含的信息如下。

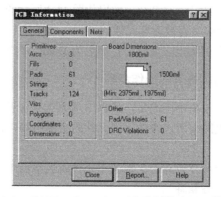

图 11.6　"PCB Information（电路板信息）"对话框

- General 选项卡：主要显示电路板的一般信息。在 Board Dimensions 栏，显示电路板的尺寸；在 Primitives 栏，显示电路板上各对象的数量，如圆弧、矩形填充、焊盘、字符串、导线、过孔、多边形平面填充、坐标值、尺寸标注等内容；在 Other 栏，显示焊盘和过孔的钻孔总数和违反 DRC 规则的数目。
- Components 选项卡：用于显示当前电路板上所使用的元件总数和元件顶层与底层的元件数目信息，如图 11.7 所示。
- Nets 选项卡：用于显示当前电路板中的网络名称及数目，如图 11.8 所示。单击"Pwr/Gnd"按钮，会显示内部层的有关信息。

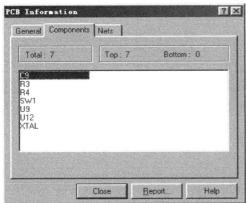

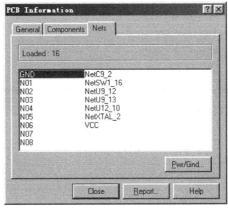

图 11.7 Components 选项卡   图 11.8 Nets 选项卡

③ 单击"Report"按钮，弹出如图 11.9 所示的选择报表项目对话框，用来选择要生成报表的项目。单击"All On"按钮，选择所有项目；单击"All Off"按钮，不选择任何项目；选中 Selected objects only 复选框，仅产生所选中项目的电路板信息报表。

④ 单击"Report"按钮，将按照所选择的项目生成相应的报表文件，文件名与相应 PCB 文件名相同，扩展名为.rep。报表文件的具体内容如下。

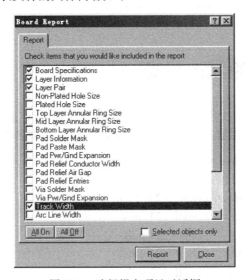

图 11.9 选择报表项目对话框

```
Specifications For scb.PCB
On 17-Jun-2003 at 00:17:37
Size Of board              1.8 x 1.5 sq in
Equivalent 14 pin components    0.70 sq in/14 pin component
Components on board          7
```

Layer	Route	Pads	Tracks	Fills	Arcs	Text
Top Layer	0	43	0	0	0	
Bottom Layer	0	38	0	0	0	
Mechanical 4	0	4	0	0	0	
Top Overlay	0	35	0	3	17	
KeepOut Layer	0	4	0	0	0	
Multi Layer	61	0	0	0	0	
Total	61	124	0	3	17	

Layer Pair	Vias
Total	0

Track Width	Count
10mil （0.254mm）	90
12mil （0.3048mm）	20
30mil （0.762mm）	14
Total	124

练一练： 分析上面电路板信息报表的具体内容。

⫸ 11.3 生成网络状态报表

网络状态报表用于显示电路板中的每一条网络走线的长度。执行菜单命令 Reports | Netlist Status，系统自动打开文本编辑器，产生相应的网络状态报表，扩展名也为.rep。报表文件内容如下：

```
Nets report For Documents\scb.PCB
On 17-Jun-2003 at 00:26:32
GND    Signal Layers Only   Length:1296 mils
N01    Signal Layers Only   Length:221 mils
N02    Signal Layers Only   Length:221 mils
N03    Signal Layers Only   Length:481 mils
N04    Signal Layers Only   Length:180 mils
N05    Signal Layers Only   Length:521 mils
```

```
N06        Signal Layers Only    Length:646 mils
N07        Signal Layers Only    Length:646 mils
N08        Signal Layers Only    Length:680 mils
NetC9_2      Signal Layers Only  Length:1684 mils
NetSW1_16     Signal Layers Only  Length:2985 mils
NetU12_10     Signal Layers Only  Length:673 mils
NetU9_12     Signal Layers Only  Length:1269 mils
NetU9_13     Signal Layers Only  Length:1405 mils
NetXTAL_2     Signal Layers Only  Length:1326 mils
VCC        Signal Layers Only    Length:1280 mils
```

注意，当对电路板重新布线后，再生成的网络走线长度将会发生变化。

练一练：分析上面网络状态报表的具体内容。

ⅢⅣ 11.4 生成设计层次报表

设计层次报表用于显示当前的.ddb 设计数据库文件的分级结构。执行菜单命令 Reports|Design Hierarchy，生成的设计层次报表内容如下所示。

```
Design Hierarchy Report for D:\protel99seboOK\sch\scb.ddb
Documents
      PCB1.DRC
      PCB1.PCB
      PCB2.PCB
      Place1.Plc
      Place2.Plc
      Place3.Plc
      scb.DRC
      scb.Lib
      scb.NET
      scb.PCB
      scb.REP
      scb.Sch
scb.DMP
```

ⅢⅣ 11.5 生成 NC 钻孔报表

焊盘和过孔在电路板加工时都需要钻孔。钻孔报表用于提供制作电路板时所需的钻孔资料，直接用于数控钻孔机。生成钻孔报表的操作步骤如下。

① 执行菜单命令 File | New，系统弹出如图 11.10 所示的"New Document（新建文件）"对话框，选择 CAM output configuration（辅助制造输出设置文件）图标。

② 然后单击"OK"按钮，系统将弹出如图 11.11 所示的"Choose PCB（PCB 文件选择）"对话框，选择需要生成钻孔报表的 PCB 文件。

③ 单击"OK"按钮，系统弹出如图 11.12 所示的"Output Wizard（输出向导）"对话框。

图 11.10　选择 CAM output configuration 图标

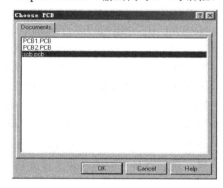

图 11.11　选择需要生成钻孔报表的 PCB 文件

④ 单击"Next"按钮，系统弹出如图 11.13 所示的对话框，选择需要生成的文件类型，我们选择 NC Drill。

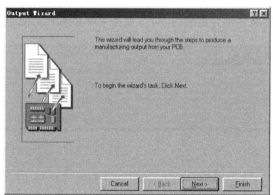

图 11.12　"Output Wizard（输出向导）"对话框

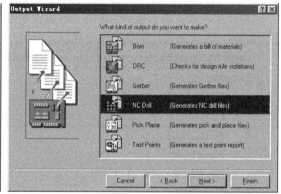

图 11.13　选择钻孔文件类型

⑤ 单击"Next"按钮，系统弹出如图 11.14 所示的对话框，输入将产生的 NC 钻孔报表文件名称。

⑥ 单击"Next"按钮，系统弹出如图 11.15 所示的对话框，用于设置单位和单位格式。

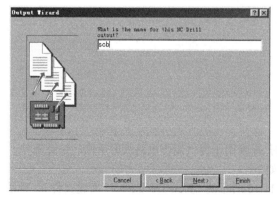

图 11.14　输入钻孔报表文件名称

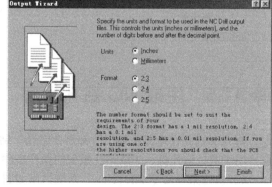

图 11.15　设置单位和单位格式

单位选择英制或公制。单位格式，如果是英制单位有 2:3、2:4 和 2:5 三种，以 2:3 为例，表示使用 2 位整数 3 位小数的数字格式。

⑦ 单击"Finish"按钮，完成 NC 钻孔报表文件的创建，系统默认文件的名称为 CAMManager1.cam。

⑧ 双击 CAMManager1.cam 文件，执行菜单命令 Tools | Generate CAM File，系统将自动在 Documents 文件夹下建立 CAM for sch 文件夹，下面有 3 个文件，包括 sch.drr、sch.drl 和 sch.txt。打开 sch.ddr 文件，其内容如下。

```
---------------------------------------------------------------------

NCDrill File Report For: scb.PCB      17-Jun-2003    01:41:19

---------------------------------------------------------------------

Layer Pair : Top Layer to Bottom Layer
ASCII File : NCDrillOutput.TXT
EIA File    : NCDrillOutput.DRL
Tool          Hole Size            Hole Count Plated        Tool Travel
---------------------------------------------------------------------

T1      28mil（0.7112mm）    4      1.42 Inch（36.01 mm）
T2      32mil（0.8128mm）    50     9.75 Inch（247.55 mm）
T3      30mil（0.762mm）     3      1.01 Inch（25.73 mm）
T4      60mil（1.524mm）     4      NPTH    6.02 Inch（153.02 mm）
---------------------------------------------------------------------

Totals                         61     18.20 Inch（462.31 mm）
Total Processing Time : 00:00:01
```

练一练：练习对 PCB 文件生成 NC 钻孔报表文件，并分析报表的内容。

⑪ 11.6　生成元件报表

元件报表就是一个电路板或一个项目所用元件的清单。对于一个简单的电路板，元件较少，设计者通过查看电路板就一目了然了。而对于复杂的电路板，电路板上元件密布，查看起来就比较困难。使用元件列表，可以帮助设计者了解电路板上的元件信息，有利于设计工作顺利进行。生成 PCB 元件报表的操作步骤如下。

① 执行菜单命令 File | New，系统弹出如图 11.10 所示的"New Document"对话框。在图中选择 CAM Output Configuration，用来生成辅助文件制造输出文件。

② 单击"OK"按钮，出现的画面如图 11.11 和图 11.12 所示，用以选择产生元件报表的 PCB 文件和使用输出向导。

③ 单击"Next"按钮，系统弹出如图 11.13 所示对话框。在对话框中选择 Bom。

④ 单击"Next"按钮，在弹出的对话框中输入元件报表文件名为 scb，再单击"Next"按钮，弹出如图 11.16 所示的对话框，用来选择文件格式，包括 Spreadsheet（电子表格格式）、Text（文本格式）、CSV（字符格式）。默认为 Spreadsheet。

⑤ 单击"Next"按钮，系统弹出图 11.17 所示的对话框，用以选择元件的列表形式。系统提供了两种列表形式：List 形式将当前电路板上所有元件全部列出，每个元件占一行，所有元件按

顺序向下排列；Group 形式将当前电路板上具有相同的元件封装和元件名称的元件作为一组列出，每一组占一行。这里选择 List 形式。

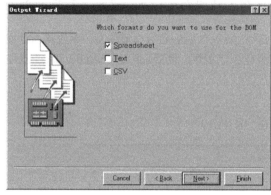 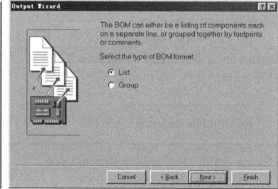

图 11.16　选择元件报表输出文件格式　　　　图 11.17　选择元件列表形式

⑥ 单击"Next"按钮，系统弹出如图 11.18 所示元件排序依据选择对话框。选择 Comment，表示用元件名称来对元件报表排序。Check the fields to be included in the report 区域用于选择元件报表所包含的范围，包括 Designator、Footprint 和 Comment。采用图中的默认选择。

⑦ 单击"Next"按钮，系统弹出完成对话框，单击"Finish"按钮完成。此时，系统生成辅助制造管理文件，默认文件名为 CAMManager2.cam，但它不是元件报表文件。

⑧ 进入 CAMManager2.cam，然后执行菜单命令 Tools | Generate CAM files，系统将产生 BOM for scb.bom 文件，其内容如图 11.19 所示。

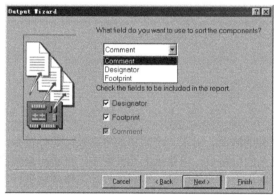 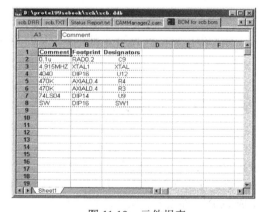

图 11.18　选择元件排序依据　　　　　　　图 11.19　元件报表

练一练：练习生成元件报表文件，并对元件报表内容进行分析，以核对是否缺少元件。

➡ 11.7　生成信号完整性报表

信号完整性报表是根据当前电路板文件的内容和 Signal Integrity 设计规则的设置内容生成的信号分析报表。该报表用于为设计者提供一些有关元件的电气特性资料。生成报表的操作步骤如下。

① 执行菜单命令 Reports | Signal Integrity。

② 执行该命令后，系统将切换到文本编辑器，并在其中产生信号完整性报表文件，扩展名为.SIG。如对 scb.PCB 文件生成的信号完整性报表文件名为 scb.SIG，内容如下：

```
Documents\scb.SIG - Signal Integrity Report
-------------------------------------------------
Designator to Component Type Specification
-------------------------------------------------
C                      Capacitor
R                      Resistor
U                      IC
Power Supply Nets
-------------------------------------------------
VCC                    5.000 Volts
GND                    0.000 Volts
Capacitors
-------------------------------------------------
C9                     0.1uF
Resistors
-------------------------------------------------
R3                     470k
R4                     470k
ICs with valid models
-------------------------------------------------
ICs With No Valid Model
-------------------------------------------------
SW1          SW            Closest match in library will be used
U12          4040          Closest match in library will be used
XTAL         4.915MHz      Closest match in library will be used
U9           74LS04        Closest match in library will be used
```

⇒ 11.8 生成插件表报表

元件插件表报表用于插件机在电路板上自动插入元件。生成元件插件表报表的操作步骤如下。

① 同 11.5 节步骤 ①。

② 同 11.5 节步骤 ②。

③ 同 11.5 节步骤 ③。

④ 同 11.5 节步骤 ④。在如图 11.13 所示的选择产生文件类型的对话框中，选择 Pick Place（Generates Pick and Place file）类型。

⑤ 同 11.5 节步骤 ⑤。输入插件表报表文件名称，如 scb。

⑥ 单击"Next"按钮，弹出如图 11.16 所示的对话框，用来选择文件格式，包括 Spreadsheet、

Text、CSV。选择 Spreadsheet。

⑦ 单击"Next"按钮，在弹出的对话框中用于选择所使用的单位。单位分为英制和公制，默认选择英制。

⑧ 同 11.5 节步骤⑦。系统默认文件的名称为 CAMManager3.cam。

⑨ 进入 CAMManager3.cam 文件，然后执行菜单命令 Tools | Generate CAM Files，系统将建立名称为 Pick Place for scb.pik 元件位置报表文件。打开该文件，如图 11.20 所示。

	A	B	C	D	E	F	G	H	I	J	K
1	Designato	Footprint	Mid X	Mid Y	Ref X	Ref Y	Pad X	Pad Y	Layer	Rotation	Comment
2	U9	DIP14	370mil	940mil	220mil	1240mil	220mil	1240mil	T	360	74LS04
3	XTAL	XTAL1	400mil	280mil	300mil	280mil	300mil	280mil	T	360	4.915MHZ
4	U12	DIP16	1010mil	890mil	860mil	1240mil	860mil	1240mil	T	360	4040
5	SW1	DIP16	1490mil	890mil	1340mil	1240mil	1340mil	1240mil	T	360	SW
6	R4	AXIAL0.4	1400mil	280mil	1600mil	280mil	1600mil	280mil	T	180	470K
7	R3	AXIAL0.4	912.5mil	280mil	712.5mil	280mil	712.5mil	280mil	T	360	470K
8	C9	RAD0.2	680mil	960mil	680mil	1060mil	680mil	1060mil	T	270	0.1u

图 11.20　插件表报表（以表格显示）

11.9　距离测量报表

在电路板文件中，要想准确地测量出两个点之间的距离，可以使用 Reports | Measure Distance 命令。具体操作步骤如下。

① 打开 PCB 文件。

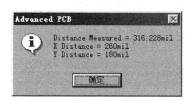

图 11.21　距离测量报表对话框

② 执行菜单命令 Reports | Measure Distance。

③ 执行该命令后，光标变成十字形，用鼠标左键分别在起点和终点位置单击一下，就会弹出如图 11.21 所示的距离测量报表对话框。

图 11.21 中，Distance Measured 为两个点之间的直线距离长度，X Distance 为 X 轴方向水平距离的长度，Y Distance 为 Y 轴方向垂直距离的长度。

11.10　对象距离测量报表

与距离测量功能不同的是，它是测量两个对象（焊盘、导线、标注文字等）之间的距离。具体操作步骤如下。

① 打开 PCB 文件。

② 执行菜单命令 Reports | Measure Primitives。

③ 执行该命令后，光标变成十字形，然后使用鼠标左键在两个对象的测量位置单击一下，就会弹出如图 11.22 所示的对象距离测量报表对话框。

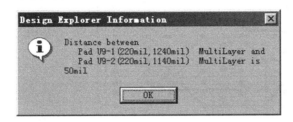

图 11.22　对象距离测量报表对话框

图 11.22 中，会将对象测量点的坐标、工作层和距离测量结果显示出来。两个焊盘之间的最近距离为 50mil。

11.11　打印电路板图

Protel 99 SE 中，提供了打印各种形式电路板图的功能。在计算机已经安装了打印机的前提下，打印前首先要对打印机进行设置，然后再打印输出。

11.11.1　打印机的设置

打印机设置的操作过程如下。

① 打开要打印的 PCB 文件，如 scb.PCB。

② 执行菜单命令 File|Printer/Preview。

③ 命令执行后，系统生成 Preview scb.PPC 文件，如图 11.23 所示。

④ 进入 Preview scb.PPC 文件，然后执行菜单命令 File | Setup Printer，系统弹出如图 11.24 所示的对话框，可以设置打印的类型。设置内容如下。

- 在 Printer 区域的 Name 下拉列表中，可选择打印机的型号。
- 在"PCB Filename"文本框中，显示要打印的 PCB 文件名。
- 在 Orientation 栏中，可选择打印方向，包括 Portrait（纵向）和 Landscape（横向）。
- 在 Margins 栏中，在"Horizontal"文本框设置水平方向的边距范围，选取 Center 复选框，将以水平居中方式打印；在"Vertical"文本框设置垂直方向的边距范围，选取 Center 复选框，将以垂直居中方式打印。
- 在 Scaling 栏中，"Print Scale"文本框用于设置打印输出时的放大比例； X Correction 和 Y Correction 两个文本框用于调整打印机在 X 轴和 Y 轴的输出比例。
- 在 Print What 下拉列表中，有 3 个选项，分别如下。
  Standard（标准）：根据 Scaling 设置值提交打印。
  Whole Board On Page：整块板打印在一张图纸上。
  PCB Screen Region：打印电路板屏幕显示区域。

⑤ 设置完毕后，单击"OK"按钮，完成打印机设置。

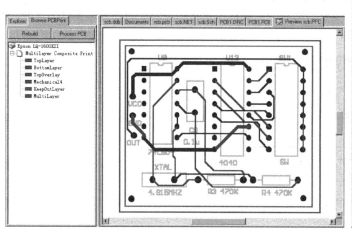

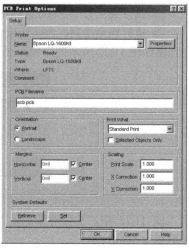

图 11.23　Preview scb.PPC 文件　　　　　　　图 11.24　"打印机设置"对话框

11.11.2　设置打印模式

系统提供了一些常用的打印模式。可以从 Tools 菜单项中选取，如图 11.25 所示。菜单中各项的功能如下。

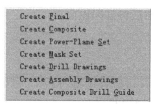

图 11.25　Tools 功能菜单中的打印模式

① Create Final：主要用于分层打印的场合，是经常采用的打印模式之一。如图 11.26 所示，左侧窗口已经列出了各层打印输出时的名称，选取某层，右侧窗口将显示该层打印的预览图。

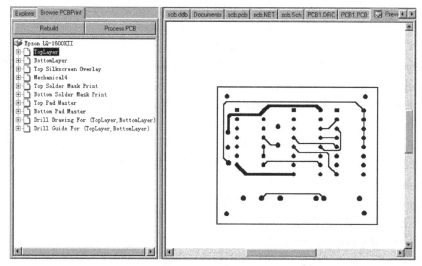

图 11.26　Final 打印模式

② Create Composite：主要用于叠层打印的场合，是经常采用的打印模式之一。如图 11.27 所示，左侧窗口已经列出了一起打印输出的各层名称，右侧窗口显示了各层叠加在一起的打印预览图。打印机要选用彩色打印机，才能将各层用颜色区分开。

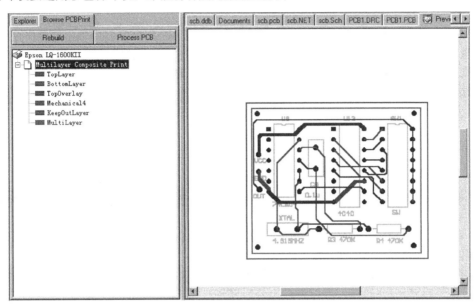

图 11.27　Composite 打印模式

③ Create Power-Plane Set：主要用于打印电源/接地层的场合。

④ Create Mask Set：主要用于打印阻焊层与助焊层的场合。

⑤ Create Drill Drawings：主要用于打印钻孔层的场合。

⑥ Create Assembly Drawings：主要用于打印与 PCB 顶层和底层相关内容的场合。

⑦ Create Composite Drill Guide：主要用于 Drill Guide、Drill Drawing、KeepOut、Mechanical 这几个层组合打印的场合。

11.11.3　打印输出

设置好打印机，确定打印模式后，就可执行主菜单 File 中的 4 个打印命令，进行打印输出。

- File | Print All，或用鼠标左键单击主工具栏中的 ▤ 按钮，打印所有的图形。
- File | Print Job，打印操作对象。
- File | Print Page，打印指定页面。执行该命令后，系统弹出如图 11.28 所示的打印页码输入对话框，以输入需要打印的页码。
- File|Print|Current：打印当前页。

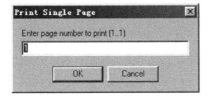

图 11.28　打印页码输入对话框

本 章 小 结

本章主要介绍了 PCB 各种常用报表的功能与生成方法，以及 PCB 打印输出的操作过程。PCB 各种报表的功能是不同的，有的报表用于对 PCB 图的进一步检查校对；有的报表则用于印制电路板的生产加工，要根据实际需要生成相应的报表。对于 PCB 的打印输出，要掌握分层打印和叠层打印的操作方法。

练 习

1. 请说出以上所讲的各种报表中，哪些用于对 PCB 图的检查校对，哪些用于印制电路板的生产加工？

2. 在 Protel 99 SE 系统提供的实例中，选择设计图 4 Port Serial Interface Board.PCB，对它分别生成电路板信息报表、NC 钻孔报表和元件报表。

3. 在你的计算机上，安装打印机，选择一个 PCB 文件，将顶层、底层和顶层丝印层分层打印出来。

第12章

PCB 元器件封装库

尽管 Protel 软件系统提供的元器件封装相当丰富，但设计者总会遇到在已有元器件封装库中找不到合适封装的情况。对于这种情况，有时需要设计者对已有元器件封装进行改造，有时又需要设计者自行创建新的元器件封装。Protel 99 SE 提供了一个功能强大的元器件封装库编辑器，以实现元器件封装的编辑和管理工作。本章通过使用不同方法绘制电解电容的插接式和表贴式封装，介绍封装的各种绘制方法以及使用。本章特别增加了根据实际元器件确定封装参数的内容，以解决在实际 PCB 设计中最常见的元器件封装确定问题。

12.1 创建 PCB 元器件封装

12.1.1 手工绘制 PCB 元器件封装

1. 创建 PCB 元器件封装库文件

在已经打开的设计数据库文件（ddb 文件）中，双击 Documents 文件夹，在空白处单击右键，在快捷菜单中选择 New，在弹出的“New Document”对话框中，选择 PCB Library Document 图标，如图 12.1 所示，单击“OK”按钮，创建了一个 PCB 元器件封装库文件。

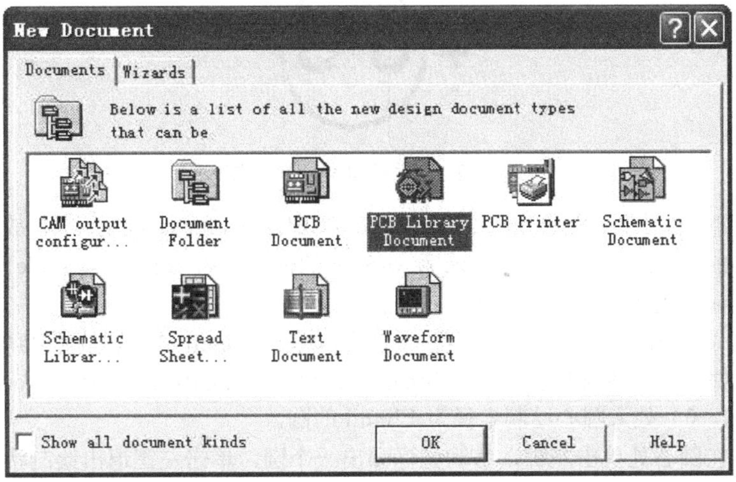

图 12.1　在“New Document”对话框中选择 PCB Library Document 图标

图 12.2 所示为 PCB 元器件封装库文件画面，其中坐标原点在画面十字中心处，一个画面对应一个元件封装，图中 PCBCOMPONENT_1 是右侧画面对应的默认元件封装名。

执行菜单命令 Tools | Preferences，在弹出的"Preferences"对话框中选择 Display 选项卡，选中 Origin Marker，在坐标原点处显示原点标记。

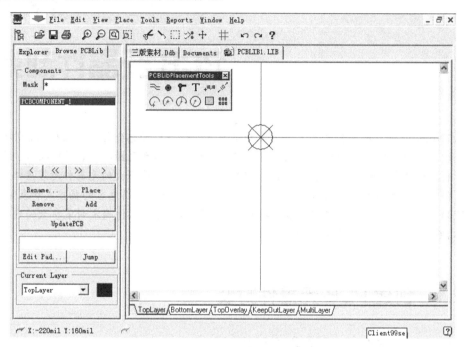

图 12.2　PCB 元件封装库文件画面

2．手工绘制插接式 PCB 元器件封装

要求：绘制图 12.3 所示电解电容元件封装。两个焊盘间距 120mil，焊盘直径 70mil，焊盘孔径 35mil，元件轮廓半径 120mil，焊盘号分别为 1、2，1#焊盘为正。

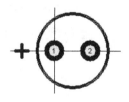

图 12.3　电解电容元件封装

（1）放置焊盘。执行菜单命令 Place | Pad 或单击 PCBLibPlacementTools 工具栏放置焊盘图标 ●，按 Tab 键在焊盘的属性对话框中将 X-Size 和 Y-Size 的值设置为 70mil，将 Hole Size 的值设置为 35mil，将 Designator 的值设置为 1，如图 12.4 所示。

单击"OK"按钮在原点处放置 1#焊盘，在距 1#焊盘 120mil 的位置放置 2#焊盘。

（2）绘制元件轮廓。将当前层设置为 Top Overlay，单击 PCBLibPlacementTools 工具栏绘制圆图标 ⊙，以（60，0）处为圆心绘制半径为 120mil 的圆。

操作方法：在圆心处单击左键，移动光标画出一个圆，单击左键退出绘制状态，双击圆，在圆的属性对话框中将半径 Radius 的值设置为 120mil，如图 12.5 所示。

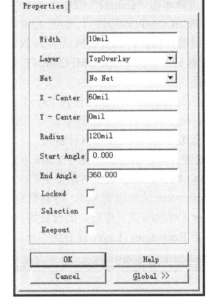

图 12.4　焊盘属性设置　　　　图 12.5　元件封装轮廓属性设置

（3）绘制正极性标志。将当前层设置为 Top Overlay，单击 PCBLibPlacementTools 工具栏放置文字标注图标 **T**，按 Tab 键在"String"对话框的"Text"文本框中输入"+"后，单击"OK"按钮，在图 12.3 所示位置放置正极性标志。

（4）设置元件封装参考点。执行菜单命令 Edit | Set Reference | Pin1，设置引脚 1 为参考点（子菜单中的 Center 为设置元件中心作为参考点，Location 为自行指定一个位置作为参考点）。

（5）重命名。单击图 12.2 左侧管理窗口中的"Rename"按钮将元件封装重新命名为 CAP1。

（6）保存。单击主工具栏中的保存图标，对所绘制的封装符号进行保存。

3．手工绘制表贴式 PCB 元器件封装

要求：绘制图 12.6 所示表贴式电解电容封装。两个焊盘间距：75mil；焊盘尺寸：高 60mil，宽 52mil；元件轮廓线长：60mil；焊盘号分别为 1、2，1#焊盘为正，轮廓线与 1#焊盘中心距为 40mil；两个焊盘的中心距为 75mil，如图 12.6 所示，图中元器件封装轮廓线中间的标记为原点标记。

在本例中，重点学习在 PCB 封装库文件中，建立新封装画面的方法和在表贴式元器件封装中焊盘参数的设置。

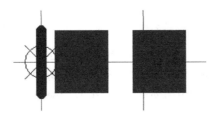

图 12.6　表贴式电解电容封装

（1）建立一个新的元器件封装画面。接本节"手工绘制插接式 PCB 元器件封装"操作，执行菜单命令 Tools | New Component 或单击图 12.2 左侧管理窗口中的"Add"按钮，系统弹出如图 12.7 所示的"Component Wizard（创建元器件封装向导）"对话框，单击"Cancel"按钮，则创建一个新的元器件封装画面，如果单击"Next"按钮则进入创建元器件封装向导。

本例选择单击"Cancel"按钮，在左边的管理器窗口元器件封装名列表中出现一个新的元器件封装名 PCBCOMPONENT_1，如图 12.8 所示（如果在文件中已有一个名为 PCBCOMPONENT_1 的元器件封装，则新建的封装默认名为 PCBCOMPONENT_1 - DUPLICATE）。

单击图 12.8 中的 PCBCOMPONENT_1 元器件封装名，则在图 12.2 右侧编辑窗口出现一个新的封装画面。

在新的封装画面中可以通过按 Page Up 键放大画面，直到栅格大小合适，执行菜单命令 Edit | Jump | Reference 将光标直接跳到坐标原点处。

（2）绘制表贴式 PCB 元器件封装。

① 放置焊盘。执行菜单命令 Place | Pad 或单击 PCBLibPlacementTools 工具栏放置焊盘图标 ⊙，按 Tab 键在焊盘的属性对话框中将 X-Size 的值设置为 52mil，Y-Size 的值设置为 60mil，将焊盘号 Designator 的值设置为 1，特别要注意图 12.9 中的 Hole Size（焊盘孔径）、Shape（焊盘形状）、Layer（焊盘所在工作层）的设置均与插接式封装不同。其中 Hole Size 的值设置为 0，Shape 设置为矩形 Rectangle，Layer 设置为 Top Layer，如图 12.9 所示。

图 12.7 "Component Wizard（创建元器件封装向导）"对话框

图 12.8 新建元器件封装的默认名称

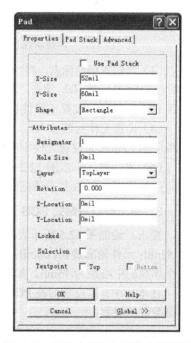

图 12.9 表贴式元器件焊盘参数设置

设置完毕，单击"OK"按钮，在坐标为（40，0）的位置放置 1#焊盘。

因为两个焊盘之间的间距是 75mil，因此需将光标移动的最小间距（锁定栅格）设置为 5mil，方法是单击主工具栏的设置锁定栅格图标 ⊞，在弹出的"Snap Grid"对话框中输入 5mil，如图 12.10 所示。

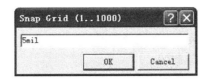

图 12.10　设置锁定栅格为 5mil

完成锁定栅格的设置后，在坐标为（115，0）的位置放置 2#焊盘。

② 绘制轮廓线。单击屏幕下方的 Top Overlay 标签，使其变为当前层，执行菜单命令 Place | Line 或单击 PCBLibPlacementTools 工具栏中的绘制直线图标 ≂，在原点处绘制长为 60mil 的垂直线，注意轮廓线要相对于原点对称。

③ 设置元器件封装参考点。执行菜单命令 Edit | Set Reference | Pin1 设置引脚 1 为参考点。

④ 封装重命名与保存。按第一个实例介绍的方法，将封装名修改为 EC1 并保存。

12.1.2　利用向导绘制 PCB 元器件封装

利用向导绘制插接式电解电容封装，参数如本章"12.1.1"节。

（1）执行菜单命令 Tools | New Component 或单击图 12.2 左侧管理窗口中的"Add"按钮，弹出"Component Wizard"对话框，如图 12.7 所示。

（2）单击"Next"按钮，弹出选择元件封装类型对话框，图 12.11 中列出了各种封装类型，本例选择电容封装 Capacitors。

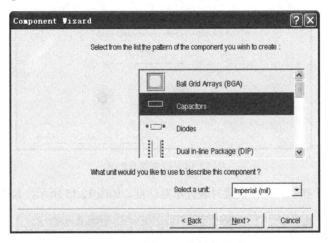

图 12.11　选择元器件封装类型

（3）单击"Next"按钮，弹出选择封装种类对话框，如图 12.12 所示。

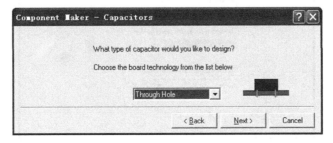

图 12.12　选择封装种类

图 12.12 中有两个选项，含义如下。

- Through Hole：插接式封装，本例选择该项。
- Surface Mount：表面粘贴式封装。

（4）单击"Next"按钮，弹出设置焊盘尺寸对话框，按图 12.13 所示设置焊盘尺寸。

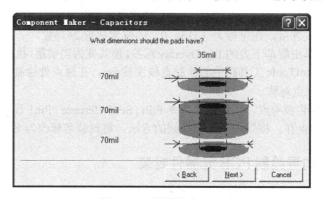

图 12.13　设置焊盘尺寸

（5）单击"Next"按钮，弹出设置焊盘间距对话框，设置焊盘间距为 120mil，如图 12.14 所示。

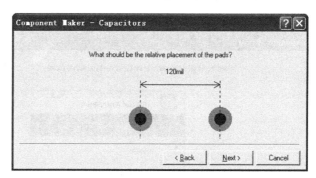

图 12.14　设置焊盘间距

（6）单击"Next"按钮，弹出设置封装外形对话框，如图 12.15 所示，其中各项内容含义如下。

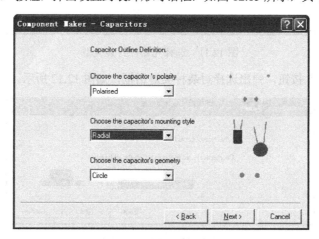

图 12.15　设置封装外形

- Choose the capacitor's polarity 区域：选择电容是否有极性。

  Not Polarised：无极性电容。

  Polarised：极性电容，本例选择此项。

- Choose the capacitor's mounting style 区域，选择电容外形是轴向还是径向。

  Axial：轴向。

  Radial：径向，本例选择此项。

- Choose the capacitor's geometry 区域，选择电容外形的具体类型。

  Circle：圆形，本例选择此项。

  Oval：圆角矩形。

  Rectangle：矩形。

（7）单击"Next"按钮，弹出设置外形轮廓尺寸对话框，设置轮廓半径为 120mil，如图 12.16 所示。

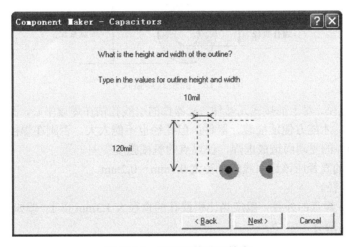

图 12.16　设置封装外形轮廓

（8）单击"Next"按钮，弹出设置封装名称对话框，输入元件封装名称（如 CAP2）后，单击"Next"按钮，单击"Finish"按钮，完成封装绘制，元件封装如图 12.17 所示。此时正极性标记在 2#焊盘附近。

图 12.17　用向导绘制的电容封装

（9）将正极性标记拖曳到图 12.3 所示位置，单击保存图标即可。

12.1.3　根据实际元件绘制封装实例

设计印制电路板图最关键的是要正确绘制元器件封装，使元器件放置在印制电路板上时位置准确、安装方便，而正确绘制元器件封装的前提就是根据实际元器件确定封装参数。

确定元器件封装参数的方法主要有两种：一是参照生产厂商提供的元器件外观数据文件，二是对元器件进行实际测量。本书主要介绍通过实际测量确定元器件封装参数的方法。

1. 根据实际元器件确定封装参数的原则与方法

元器件封装四要素：器件引脚间的距离；焊盘孔径（针对插接式元件）与焊盘直径；元器件轮廓以及与元器件电路符号引脚之间的对应。

（1）元器件引脚间的距离。

确定元器件封装引脚间距离最重要的原则是对于具有软引线的元器件，引脚最好直插入焊盘孔中（如电容、三极管、二极管等），或经过简单加工即可直接插入焊盘孔中（如电阻），对于具有硬引线的元器件（如开关、蜂鸣器、继电器等），引脚间的距离与焊盘间的距离要完全一致，如果元器件有定位孔，孔的位置也必须准确无误。

（2）焊盘孔径（针对插接式元件）与焊盘尺寸。

图 12.18　插接式焊盘尺寸

① 确定焊盘孔径。对于插接式元器件，元器件的引线孔钻在焊盘中心，孔径应该比所焊接的引线直径略大一些，才能方便地插装元器件；但孔径也不能太大，否则在焊接时不仅用锡量多，而且容易因为元器件的晃动而造成虚焊，使焊点的机械强度变差。

元器件引线孔的直径应该比引线的直径大 0.1mm～0.2mm。

② 确定焊盘外径。

a. 在单面板中：焊盘的外径一般应当比引线孔的直径大 1.3mm 以上，即如果焊盘的外径为 D，引线孔的孔径为 d，应有

$D \geqslant d + 1.3$（mm）

在高密度的单面板上，焊盘的最小直径可以是

$D_{min} = d + 1$（mm）

如果外径太小，焊盘容易在焊接时粘断或剥落，但也不能太大，否则生产时需要延长焊接时间，用锡量多，增加成本，并且也会影响印制板的布线密度。

b. 在双面板中：由于焊锡在金属化孔内也形成浸润，提高了焊接的可靠性，所以焊盘的外径可以比单面板的略小一些。

当 $d \leqslant 1mm$ 时，$D_{min} \geqslant 2d$

（3）元器件轮廓。元器件轮廓的尺寸不需要非常准确，但最好不要小于实际轮廓在电路板上的投影尺寸。

（4）与元器件电路符号引脚之间的对应。元器件封装参数中除了机械尺寸要准确无误，与元器件电路符号引脚之间的对应也是至关重要的，是关系到电路能否正确工作的重要因素。

以电解电容为例。图 12.19～图 12.24 中所示即为电解电容引脚和焊盘的对应关系。图 12.20 中引脚 Number（引脚号）的值为 1，这是电解电容符号正极引脚的引脚号，它必须对应于图 12.22 中电解电容封装符号中正极的焊盘序号，即图 12.23 中 Designator 的值，所以在图 12.23 中 Designator 的值为 1。因此在绘制实际元器件封装符号时，必须考虑元器件电气符号的引脚号，并根据实际元器件的引脚电气特性确定相应的焊盘序号。

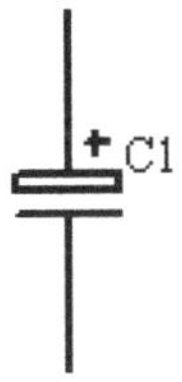

图 12.19 电解电容符号

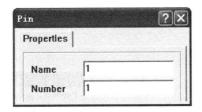

图 12.20 电解电容正极引脚号

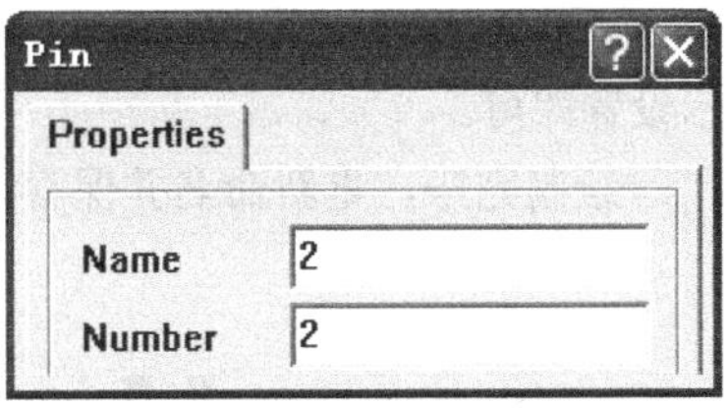

图 12.21 电解电容负极引脚号

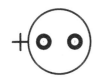

图 12.22 电解电容封装

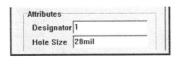

图 12.23 电解电容封装正极焊盘序号

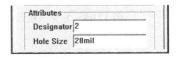

图 12.24 电解电容封装负极焊盘序号

2. 发光二极管封装

本节以 ϕ3mm 发光二极管为例，介绍根据实际元器件绘制封装的方法。ϕ3mm 发光二极管即管帽的直径是 3mm，如图 12.25 所示。

发光二极管在使用时应注意两点。一是两个引脚有正负极，这一点从封装外形上就可以看出，长的引脚是正极，因此在封装符号中要有极性标识。二是发光二极管在安装时多数是立式安装，即两个引脚直接插入印制板中，因此两个焊盘之间的距离最好与引脚的实际距离一致，这样既便于插件又不容易损坏。

图 12.25 发光二极管

在系统提供的常用封装库 Advpcb.ddb 中，没有发光二极管的封装，只有普通二极管封装符号 DIODE0.4 和 DIODE0.7，即两个焊盘之间的距离分别是 400mil 和 700mil，距离不太适合使用，因此发光二极管的封装应自己绘制。

（1）ϕ3mm 发光二极管封装参数。

① 引脚间距离。测量值：约为 100mil，确定值：100mil。

② 焊盘参数。测量值：约为 0.7mm，确定值：0.8mm（可确定为 30mil，1mil = 0.0254mm）。焊盘直径：2×0.8 = 1.6（mm）（可确定为 65mil）。

因为两个焊盘之间的距离较近，焊盘直径不能做得太大，为了增加焊盘的抗剥离强度，将焊盘设计为椭圆形。又为了使正负极更加明显，将正极的焊盘设计为矩形。

焊盘 X 轴方向的直径：55mil，Y 轴方向的直径：65mil。

③ 封装轮廓。半径为 80mil 的圆，在 Top Overlay 工作层绘制。

④ 与电路符号引脚之间的对应。发光二极管的电路符号如图 12.26 所示，图 12.26 中两个引脚显示的 A 和 K 分别是正极和负极的引脚号 Number，因此发光二极管封装符号中的焊盘号也分别应为 A 和 K，这一点要特别注意。

（2）绘制发光二极管封装符号。绘制完成的发光二极管封装符号如图 12.27 所示。

图 12.27 中的十字中心是坐标原点。

图 12.28 所示是 1#焊盘，即焊盘号为 "A" 的属性对话框，图中焊盘形状 Shape 的属性值是

Rectangle（矩形），在焊盘号为"K"的属性设置中将这一项设置为 Round，其余按照图 12.28 所示设置即可。

绘制完毕，重新命名并保存。

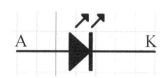

图 12.26　发光二极管电路符号

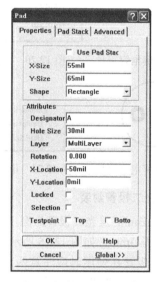

图 12.27　发光二极管封装符号　　　　图 12.28　发光二极管封装符号焊盘属性设置

12.1.4　使用自己绘制的元器件封装

本节以在 PCB 文件中放置"12.1.1"节中绘制的 CAP1 为例，介绍在不同情况下使用自己绘制的元器件封装符号的方法。

1．在同一设计数据库中使用

（1）直接放置到 PCB 文件中。在同一设计数据库中新建或打开一个 PCB 文件，再切换到 PCB 元件封装库 CAP1 元器件封装画面，单击图 12.2 左侧管理窗口中的"Place"按钮，则画面自动切换到 PCB 文件中，如果没有打开的 PCB 文件，系统自动新建一个 PCB 文件，画面自动切换到该文件中，且 CAP1 元器件封装符号粘在十字光标上处于放置状态，按 Tab 键可在元器件属性对话框中输入元件属性值，单击左键进行放置。

（2）在装入网络表时使用。要在装入网络表时使用自己绘制的元器件封装，关键是要将元器件封装名写在原理图相应元件符号的 Footprint 属性中。

① 在绘制原理图时，在相应的电解电容符号 Footprint 属性中写入 CAP1。

② 打开 CAP1 所在的 PCB 封装库文件。

③ 新建或打开 PCB 文件，进行装入网络表操作即可。

2．在不同设计数据库中使用

（1）直接放置到 PCB 文件中。打开另外一个设计数据库（如 Schpcblx.ddb），新建或打开一个 PCB 文件。在 PCB 文件中，单击主工具栏中的加载元器件封装库图标 ，加载 CAP1 所在的设计数据库（ddb 文件）；执行菜单命令 Place | Component 或单击 Placement Tools 工具栏中的放置封装符号按钮 ，在弹出的"Place Component"对话框 Footprint 中输入 CAP1，在 Designator 中输

入元件标号，在 Comment 中输入元件标称，单击"OK"按钮，单击左键进行放置。

（2）在装入网络表时使用。

① 在绘制原理图时，在相应的电解电容符号 Footprint 属性中写入 CAP1。

② 新建或打开一个 PCB 文件，首先加载 CAP1 所在的设计数据库（ddb 文件），进行装入网络表操作即可。

（3）将 CAP1 所在的 PCB 封装库文件复制到目前要使用的设计数据库中。

① 在 Protel 99 SE 中分别打开 CAP1 所在的设计数据库和将要使用的设计数据库。

② 在 CAP1 所在的 PCB 封装库文件图标上单击鼠标右键，在弹出的快捷菜单中选择 Copy。

③ 将当前界面切换到目前要使用的设计数据库中，在工作窗口空白处单击鼠标右键，选择 Paste，则将 CAP1 所在的 PCB 封装库文件粘贴到目前的设计数据库中，可以按照本节中"在同一设计数据库中使用"里介绍的方法进行操作。

12.2 PCB 封装库文件常用命令介绍

12.2.1 浏览元件封装

在 PCB 元器件封装库文件管理器窗口（左侧窗口）中，单击 Browse PCBLib 选项卡，即可对元器件封装库中所有符号进行浏览，如图 12.29 所示。

在元器件封装库浏览管理器中，"Mask"文本框（元器件封装符号过滤框）用于元器件封装符号过滤，就是将符合过滤条件的元件封装符号在列表框中显示。在"Mask"文本框中输入过滤条件，如"D*"，则在元器件封装符号列表框仅显示以字母"D"打头的所有元器件封装符号。

当在元器件封装符号列表框中选取某个符号名称，该元件的封装就在工作窗口中显示。

单击 < 按钮，相当于选择菜单的 Tools | Prev Component 命令，可浏览前一个元件封装；单击 > 按钮，它相当于选择 Tools | Next Component 命令，可浏览下一个元件封装；单击 << 按钮，它相当于选择 Tools | First Component 命令，可浏览库中的第一个元件封装；单击 >> 按钮，它相当于选择 Tools | Last Component 命令，可浏览最后一个元件封装。

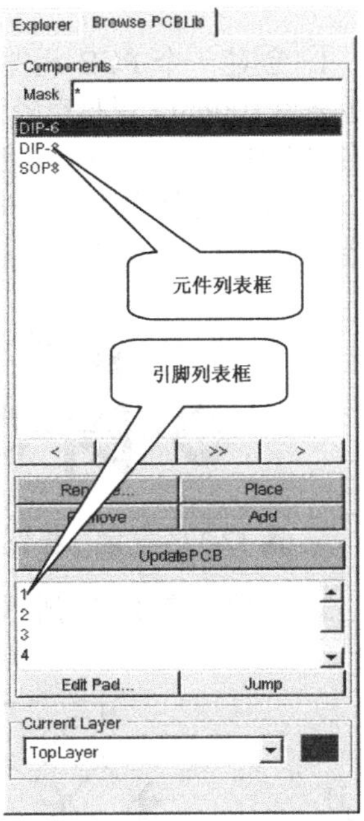

图 12.29 元器件封装库浏览器

12.2.2 删除元器件封装符号

如果想从元器件封装库中删除某个元件封装，可以先在元器件封装列表框中选取该元件封装名，然后单击"Remove"按钮，在弹出的确认框中，单击"Yes"按钮即可。

12.2.3 放置元器件封装符号

通过元器件封装库管理器，还可以进行放置元器件封装符号的操作。

预先打开要放置元器件封装符号的 PCB 文件，然后切换到元件封装库文件界面，在 PCB 元器件封装符号管理器的元器件封装符号列表框中选取要放置的元器件封装符号，单击"Place"按钮，则系统自动切换到 PCB 文件，移动光标将该元件封装符号放到适当的位置。如果在放置之前，没有打开任何一个 PCB 文件，系统会自动建立一个 PCB 文件，并打开它以放置元件封装。

本 章 小 结

本章主要介绍了 PCB 元器件封装符号的绘制与使用。第一节重点介绍了通过手工方式和系统内置的向导创建新元器件封装符号的方法，以及封装符号的使用。其中在绘制元器件封装符号中，不仅介绍了常用插接式元件封装符号的绘制，还介绍了表贴式元器件封装符号的绘制，特别通过实例介绍了如何根据实际元器件确定封装参数的方法，"12.1"节还介绍了如何使用自己绘制的元器件封装符号的方法；"12.2"节介绍了元器件封装库中的一些常用命令。

练　　习

1. 创建一个 PCB 元件封装库文件，绘制光敏二极管封装符号，如图 12.30 所示，两个焊盘的距离为 200mil，焊盘直径为 62mil，焊盘孔径为 32mil，焊盘号分别为 1、2，1#焊盘为正（提示：单击主工具栏中的 ⊞ 图标减小 Snap 的值后，再用绘制直线图标绘制箭头，效果更好）。

2. 绘制可调电阻封装符号，如图 12.31 所示，焊盘间距为 100mil，焊盘直径为 62mil，焊盘孔径为 35mil，焊盘号分别为 1、2、3，1#焊盘设置为方形 Rectangle。

图 12.30　光敏二极管封装符号

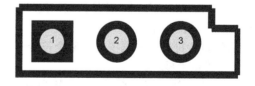

图 12.31　可调电阻封装符号

3. 电路如图 12.32 所示，相关元器件属性见表 12.1，按要求完成各项任务。

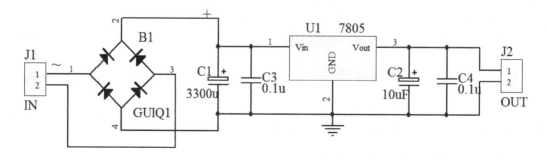

图 12.32　直流稳压电路

表 12.1 直流稳压电路元器件属性列表

Lib Ref（元器件名称）	Designator（元器件标号）	Part（元器件标注）	Footprint（元器件封装）
CON2	J1、J2	IN、OUT	SIP2
BRIDGE1	B1	GUIQ1	自制
ELECTRO1	C1	33000u	RB.3/.6
ELECTRO1	C2	10u	RB.2/.4
CAP	C3、C4	0.1u	RAD0.2
VOLTREG	U1	7805	TO-126
所有元器件均在 Miscellaneous Devices.ddb 中			

要求：

（1）新建一个设计数据库文件，以下新建的所有文件应全部包含在此设计数据库文件中。

（2）新建一个 PCB 元件封装库文件，绘制二极管整流器 B1 封装。图 12.33 是二极管整流器的实物图片，它的引脚功能分别为中间两个引脚是交流输入，两端是直流输出，位于斜角边的引脚是直流"+"输出。因此在绘制封装时要特别注意焊盘号与原理图元件符号中引脚号的对应。

图 12.33 二极管整流器 B1

图 12.34 是二极管整流器对应的封装符号。其中两个焊盘之间的间距是 200mil，焊盘形状选择圆形，尺寸为 X-Size（800mil），Y-Size（160mil），孔径（40mil）。

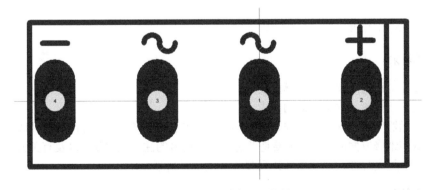

图 12.34 二极管整流器封装符号

（3）新建一个原理图文件，绘制图 12.32 所示电路（注意绘制顺序，为什么先绘制封装，再绘制原理图）。

（4）新建一个 PCB 文件，绘制双面印制板图。

电路板尺寸：宽（2200mil），高（1200mil）。

线宽：所有线宽均为 80mil。

要求布局合理，整齐美观。

第13章

PCB 板图设计实例

到第 12 章为止，已经介绍了使用 Protel 软件进行 PCB 设计的主要方法。在本章中将从实用角度出发通过两个实例说明 Protel 软件在 PCB 设计中的应用。

这两个实例是作者根据实际绘图精心选择的。每个实例从开始到完成都是一个完整的设计过程。在这一过程中，即有软件操作，又有根据电路原理和工艺要求进行布局和布线方面的考虑，还有具体的操作步骤。因此在这两个实例中处处体现了从印制电路板生产实际出发、从整机性能出发、从整机装配调试出发的设计理念，读者不仅要学到软件操作，掌握操作步骤，更重要的是知道为什么要选择这个操作，选择这个操作的目的是什么，结果是什么，使读者从软件的操作者真正转变为设计者。

这两个实例中的 PCB 图都是用手工布线进行绘制的，读者可以跟随本章练一练手工绘制印制电路板图的方法，这是在实际设计中必须具备的能力。

13.1 印制电路板设计技巧

要设计出符合要求的印制电路板，仅会软件操作是远远不够的，还需有一些布局、布线的知识。本节将介绍一些布局、布线的基本规则，有关布局布线的详细介绍，请读者参考有关书籍。

13.1.1 设计布局

1. 布局要求

（1）要保证电路功能和性能指标的实现。

（2）满足工艺检测、维修方面的要求。

工艺是指元器件排列顺序、方向、引线间距等，在批量生产和采用自动插装机时尤为突出。对于检测和维修方面的要求，主要是考虑检测时信号的注入或测试，以及有关元器件替换等。

（3）适当兼顾美观性，如元器件排列整齐，疏密得当等。

2. 布局规则

（1）就近原则。元器件的摆放应根据电路图就近安放。

（2）信号流原则。按信号流向布放元件，避免输入、输出，高低电平部分交叉、成环。

（3）散热原则。有利于发热元件的散热。

（4）合理布置电源滤波/去耦电容。电源滤波电容应接在电源的入口处。为了防止电磁干扰，一般在集成电路的电源端要加去耦电容，尤其对于多片数字电路（IC）更不可少。这些电容必须加在靠近数字电路电源处且与数字电路地线连接。

13.1.2 布线规则

（1）各类信号走线不能形成环路。

（2）引脚间走线越短越好。

（3）需要转折时，不要使用直角，可用 45°角或圆弧转折，这样不仅可以提高铜箔的固着强度，在高频电路中也可减少高频信号对外的发射和相互之间的耦合。

（4）尽量避免信号线近距离平行走线。若无法避免平行分布，可在平行信号线的反面布置大面积的"地"来大幅度减少干扰。在相邻的两个工作层，走线的方向必须相互垂直。

（5）对于高频电路可对整个板进行"铺铜"操作，以提高抗干扰能力。

（6）在布线过程中，应尽量减少过孔，尤其是在高频电路中。因为过孔容易产生分布电容。

13.1.3 接地线布线规则

（1）印制电路板内接地的基本原则是低频电路须一点接地，如图 13.1 和图 13.2 所示。

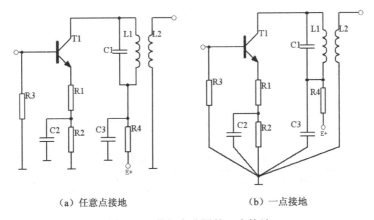

（a）任意点接地　　　　　　　　（b）一点接地

图 13.1 单级电路图的一点接地

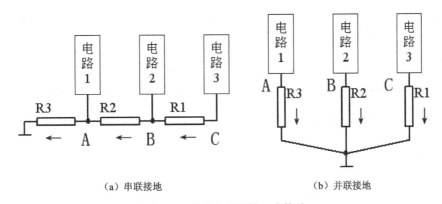

（a）串联接地　　　　　　　　（b）并联接地

图 13.2 多级电路图的一点接地

（2）高频电路应就近接地，而且要用大面积接地方法。

（3）在板面允许的情况下，接地线应尽可能宽。

（4）接地线不能形成环路。

Ⅲ▶ 13.2　单面印制电路板设计实例

本节的任务是完成直流稳压电源电路图和印制板图的绘制，印制电路板要求如下。

（1）印制电路板尺寸：宽（54mm）、高（28mm）。

（2）绘制单面板。

（3）三端稳压器 U1 要有散热片。

（4）隐藏所有元器件标注。

（5）因为是电源电路，铜箔导线要尽量宽。

（6）在电路板四角距两侧边分别为 2.2mm 的位置放置安装孔，孔径 118mil。

直流稳压电源电路如图 13.3 所示，表 13.1 是该电路图所有元器件的属性列表。

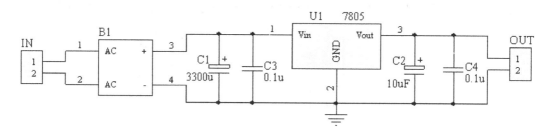

图 13.3　直流稳压电源电路

表 13.1　直流稳压电源电路元器件属性列表

Lib Ref（元器件名称）	Designator（元器件标号）	Part（元器件标注）	Footprint（元器件封装）
CON2	IN、OUT		待定
自制	B1		待定
ELECTRO1	C1	3300uF	待定
ELECTRO1	C2	10uF	待定
Cap	C3、C4	0.1uF	待定
VOLTREG	U1	7805	待定
元器件库：Miscellaneous Devices.ddb			

因为本章是实际 PCB 板图设计举例，一切设计均从实际出发，因此本章所给出实例中的封装均根据实际元器件确定。

在 Protel 99 SE 中新建一个设计数据库，如"直流稳压电源.ddb"，将本节所建文件均保存在该设计数据库中。

以下顺序即为印制板图设计顺序。

13.2.1　绘制原理图元器件符号

在图 13.3 所示的电路图中，二极管整流器 B1 符号需要自行绘制。

在"直流稳压电源.ddb"的 Documents 文件夹中新建一个原理图元器件库文件，在其中绘制二极管整流器符号，如图 13.4 所示。

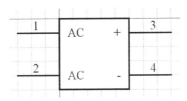

图 13.4　二极管整流器符号

矩形轮廓：高（5 格），宽（5 格），栅格尺寸为 10mil。

引脚参数如下：

Name	Number	Electrical Type	Length
AC	1	Passive	30
AC	2	Passive	30
+	3	Passive	30
−	4	Passive	30

绘制完毕将其保存。

13.2.2　确定并绘制元器件封装符号

在"直流稳压电源.ddb"的 Documents 文件夹中新建一个 PCB 元器件封装库文件，绘制以下各符号。

1. 电解电容 C1

C1 因为容量较大（3300uF），所以封装的尺寸也较大，如图 13.5 所示。

图 13.5　电解电容 C1

电解电容 C1 封装参数设置如下。

① 元器件引脚间距离：测量值约为 300mil；确定值为 300mil。

② 引脚孔径：测量值小于 1.2mm；确定值 47mil。

　　焊盘直径：1.2 +1.3 = 2.5mm，确定值 100mil。

③ 元器件轮廓：半径大约为 7mm 的圆；半径确定值为 280mil。

④ 与元器件电路符号引脚之间的对应：正极焊盘的焊盘序号 Designator 的值为 1，负极焊盘的焊盘序号 Designator 的值为 2。

绘制完成的电解电容 C1 封装符号如图 13.6 所示。

2. 电解电容 C2

C2 的电容量是 10μF，体积比 C1 小，所以各尺寸也比 C1 小，如图 13.7 所示。

电解电容 C2 封装参数设置如下。

① 元器件引脚间距离：测量值约为 200mil；确定值为 200mil。

② 引脚孔径：测量值小于 1.0mm；确定值 40mil。

　　焊盘直径：1.0 +1.3 = 2.3mm，确定值 100mil。

③ 元器件轮廓：半径大约为 4mm 的圆；半径确定值为 150mil。

④ 与元器件电路符号引脚之间的对应：正极焊盘的焊盘序号 Designator 的值为 1，负极焊盘的焊盘序号 Designator 的值为 2。

绘制完成的电解电容 C2 封装符号如图 13.8 所示。

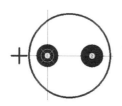  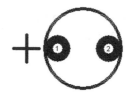

图 13.6　绘制完成的电解电容 C1 封装符号　　图 13.7　电解电容 C2　　图 13.8　电解电容 C2 封装

3. 无极性电容 C3、C4

无极性电容 C3、C4 如图 13.9（a）所示。

（a）无极性电容实物　　　　　　　　　　（b）无极性电容符号

图 13.9　无极性电容 C3、C4

无极性电容 C3、C4 封装参数设置如下。

① 元器件引脚间距离：大约为 200mil；确定值为 200mil。

② 引脚孔径：小于 0.8mm，确定值为 31mil，则焊盘直径确定为大于 2.1mm，确定值为 80mil。

③ 元器件轮廓为矩形。

④ 与元器件电路符号引脚之间的对应。

图 13.9（b）是无极性电容的电路符号，图中的"1"和"2"分别是两个引脚的引脚号，因此两个引脚的焊盘序号 Designator 的值分别为 1 和 2。

绘制完成的无极性电容 C3、C4 封装符号如图 13.10 所示。

4. 二极管整流器 B1

图 13.11 所示为实际的二极管整流器，它的引脚功能分别为中间两个引脚是交流输入，两端为直流输出，位于斜角边的引脚为直流"+"输出。

二极管整流器的封装一般都能从系统提供的元器件封装库 International Rectifiers.ddb 中找到相应的封装符号，只是要特别注意引脚顺序、焊盘的大小和孔径。

因为元器件封装中最关键的尺寸是引脚间距，只要引脚间距合适，一般均可利用系统提供的封装符号进行修改。

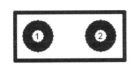

图 13.10　无极性电容 C3、C4 封装符号　　　图 13.11　二极管整流器 B1

（1）实际测量参数。

① 元器件引脚间距离：大约为 3.8mm（150mil）。

② 引脚孔径：大约 1.2mm（47mil），则焊盘直径大约应为 2.5mm（100mil）。

③ 元器件轮廓为矩形。

将以上参数换算为英制，可以看出其英制参数与系统在封装库 International Rectifiers.ddb 中提供的整流器（硅桥）封装 D-44 参数基本一致（主要指引脚距离一致），因此对 D-44 封装稍加修改即可使用。

图 13.12 为 D-44 整流器封装符号。

（2）D-44 整流器封装符号焊盘参数。

① 焊盘间距：150mil（无须修改）。

② 焊盘孔径：40mil（应改为 47mil）。

③ 焊盘直径：X 方向 80mil，Y 方向 160mil（两个方向均应改为 100mil）。

④ 实际引脚排列。

在图 13.11 中从左向右引脚的依次排列为"直流-"输出、"交流"输入、"交流"输入、"直流+"输出，与图 13.12 所示 D-44 的引脚排列一致。

⑤ 与电路符号的引脚对应。

图 13.13 所示为二极管整流器的电路符号。

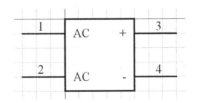

图 13.12　D-44 整流器封装符号　　　图 13.13　二极管整流器电路符号

从电路符号中可以看出，引脚参数为：

Name	Number
AC	1
AC	2
+	3
−	4

其中与焊盘序号相对应的引脚号分别是 1、2、3、4，而图 13.12 所示 D-44 中的焊盘序号分别为-、AC1、AC2、+，焊盘序号与引脚号的表示方法不一致，必须修改。

修改方法是将 D-44 的焊盘序号从左向右分别改为 4、2、1、3。

⑥ 在元件轮廓中要有表示斜角的标志。

修改后的二极管整流器封装符号如图 13.14 所示。

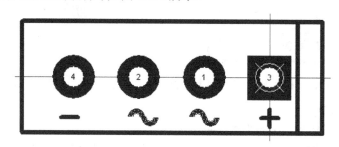

图 13.14　修改后的二极管整流器封装符号

（3）整流二极管封装符号的绘制。在这一问题中重点介绍将 D-44 复制到自己建的封装库文件中及进行修改的方法。

① 在自己建的 PCB 封装库文件中建立一个新画面。

按照第 12 章介绍的方法，在自己建的 PCB 封装库文件中建立一个新画面。

② 打开系统提供的二极管整流器封装符号。

已知 D-44 在系统提供的封装库 International Rectifiers.ddb 中。

在步骤"①"新建一个画面的状态下，单击"打开"按钮，在弹出的"Open design Database"对话框中的 C:\Program Files\Design Explorer 99 SE\Library\Pcb\Generic Footprints 路径下选择 International Rectifiers.ddb，单击"打开"按钮，在 International Rectifiers.ddb 文件中双击 International Rectifiers.Lib 图标，则打开该封装库，在屏幕左侧的管理器窗口选择封装名 D-44，则在右侧的编辑窗口显示 D-44 封装图形。

③ 将 D-44 封装图形复制到自己建的封装库文件中。

在使用 Protel 系统自带的元器件封装库文件时，经常会遇到有些符号不太符合要求，需要进行修改。遇到这种情况，最好不要直接在系统的元器件封装库中修改，要将符号复制到自己建的库文件中再修改，以保证系统元器件封装库的原貌和完整。

在 D-44 封装图形界面执行菜单命令 Edit | Select | All 选中 D-44 封装图形，执行菜单命令 Edit | Copy，光标变成十字形，将十字光标在 D-44 封装图形上单击鼠标左键（最好在坐标原点处单击鼠标左键），这是在确定粘贴时的基准点（这一点非常重要），如果没有执行这一操作，则粘贴不能正常进行。

单击主工具栏中的取消选中状态按钮 ，取消对 D-44 封装图形的选中状态，然后关闭 International Rectifiers.ddb 文件，在系统弹出询问是否对变化进行保存时，选择 No。

回到自己建的封装库文件新建画面中，单击主工具栏中的粘贴按钮 ，将符号粘贴到新建画面中，最好将基准点放在坐标原点处。

粘贴后单击主工具栏中的取消选中状态按钮 ，取消选中状态。

④ 修改 D-44 封装符号。

按以下参数修改 D-44 封装符号。焊盘间距为 150mil；焊盘孔径为 47mil；焊盘直径：X 方向 100mil，Y 方向 100mil。

焊盘序号 Designator 修改如下。

D-44 的 Designator	修改后的 Designator	修改后的 Shape（形状）
+	3	Rectangle
~	1	Round
~	2	Round
–	4	Round

⑤ 在元件轮廓中靠近"+"极附近再绘制一条垂直线以表示斜角的位置。

⑥ 执行菜单命令 Edit | Set Reference | Location，用鼠标左键单击 3#焊盘的中心作为封装的参考点。

⑦ 对封装符号重命名，并保存。

5. IN、OUT 连接器

IN、OUT 连接器采用 3.96mm 两针连接器，如图 13.15 所示。

3.96mm 两针连接器是标准件，封装符号可以在系统提供的 3.96mm Connectors.ddb 元器件封装库中找到，图 13.16 所示即为系统提供的 3.96mm 两针连接器封装 MT6CON2V。

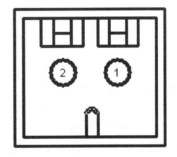

图 13.15　3.96mm 两针连接器　　　　图 13.16　MT6CON2V 封装符号

在保持两个焊盘间距不变的情况下，对这一符号稍加修改即可使用。修改后的 IN、OUT 连接器封装如图 13.17 所示。

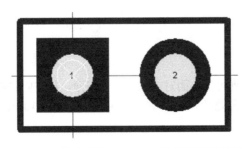

图 13.17　修改后的 IN、OUT 连接器封装符号

图 13.17 连接器封装符号参数如下。

① 元器件引脚间距离：156mil。

② 引脚孔径改为 63mil，焊盘直径改为 110mil，将 1#焊盘设置为矩形 Rectangle。

③ 元器件轮廓按图 13.17 修改。

④ 与元器件电路符号引脚之间的对应：焊盘序号分别为 1、2，1#焊盘设置为矩形。

按本节所讲"二极管整流器 B1"中介绍的方法，将封装库 3.96mm Connectors.ddb 中的 MT6CON2V 复制到自己建的封装库文件新建画面中，进行修改。

注：3.96mm Connectors.ddb 的存放路径为 C:\Program Files\Design Explorer 99 SE\Library\Pcb\Connectors。

6. 三端稳压器 7805

三端稳压器 7805 如图 13.18 所示。根据生产厂商提供的封装可知，7805 的封装是 TO-220，这一封装已在系统提供的元器件封装库文件 Advpcb.ddb 中存在，如图 13.19 所示。

但是本项目中要求 7805 装有散热片，而且要立式安装，如图 13.20 所示，因此在封装中必须要考虑散热片所占空间。

图 13.18　三端稳压器 7805

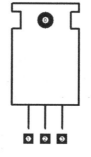
图 13.19　TO-220 封装符号

图 13.20　装有散热片的 7805

7805 封装参数设置如下。

① 元器件引脚间距离：100mil。

② 引脚孔径 1.1mm（43mil）；焊盘直径：考虑到焊接的牢固可以将焊盘设计为椭圆形，焊盘 X 方向的直径可改为 75mil，Y 方向的直径可改为 100mil。

③ 元器件轮廓。修改为矩形图形，按散热片在印制板的投影，尺寸大约为高 10mm，宽 15mm。

④ 与元器件电路符号引脚之间的对应。

三端稳压器的电路符号如图 13.21 所示。

电路符号的引脚参数为：

Name	Number
Vin	1
GND	2
Vout	3

根据实际元件的引脚排列可知，面对三端稳压器正面，从左向右焊盘序号应依次为 1、2、3。

在图 13.22 中除绘制了散热片以外，还在散热片的位置增加了两个接地焊盘，焊盘的尺寸：孔径 47mil，直径 100mil。

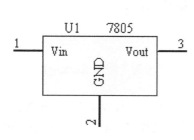
图 13.21　三端稳压器电路符号

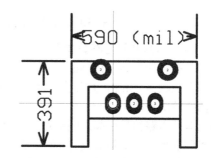
图 13.22　修改后的三端稳压器封装符号

13.2.3　绘制原理图

按照图13.3所示绘制电路原理图，图中每个元件符号的封装（Footprint）都要输入在"13.2.2"中确定的封装符号名称下。绘制完毕，根据原理图创建网络表文件。

13.2.4　绘制单面印制电路板图

1. 新建 PCB 文件

在"直流稳压电源.ddb"的 Documents 文件夹中新建一个 PCB 文件。

2. 规划电路板

（1）确定电路板工作层。单面板需要以下工作层。

顶层（Top Layer）：放置元器件。因为本例中的元器件都是插接式封装，元器件都放置在顶层。

底层（Bottom Layer）：布线。

机械层（Mechanical Layer）：绘制电路板的物理边界。

顶层丝印层（Top Overlay）：显示元器件封装轮廓和标注字符。

多层（Multi Layer）：放置焊盘。

禁止布线层（KeepOut Layer）：绘制电路板的电气边界。

（2）创建机械层。执行菜单命令 Design | Mechanical Layers，在弹出的对话框中，选取 Mechanical 4（机械层4），层的名称采用默认值，并选取 Visible（可见）和 Display In Single Layer Mode（单层显示时在各层显示）两个复选框。

创建 Mechanical 4 后用鼠标左键单击屏幕下方的工作层标签进行更新，使 Mechanical 4 标签显示出来。

（3）设置当前原点。执行菜单命令 Edit | Origin | Set 或在 Placement Tools 工具栏中单击设置原点按钮 ⊗，用十字光标在左下角的任一位置单击鼠标左键，则此点变为当前原点。

（4）显示原点标志。执行菜单命令 Tools | Preferences，在"Preferences"对话框中选择 Display 选项卡，选中 Origin Marker 复选框，单击"OK"按钮。

（5）在机械层绘制电路板物理边界。在 PCB 文件的工作窗口按 Q 键，将单位切换为公制。

本例中要求印制板的尺寸为宽 54mm，高 28mm。单击 Mechanical 4 工作层标签，将 Mechanical 4 设置为当前层。按照尺寸要求，在 Mechanical 4 绘制物理边界。

（6）绘制电气边界。用鼠标左键单击 KeepOut Layer 工作层标签，将 KeepOut Layer 设置为当前层，按照绘制物理边界的方法绘制电气边界，绘制完成的电气边界和物理边界如图13.23所示。

图 13.23　绘制完成的电气边界和物理边界

3. 加载元器件封装库

本例中，主要用到自己建的封装库。使用自己建的 PCB 封装库最简单的方法是在 PCB 文件所在的 ddb 设计数据库中打开自己建的 PCB 封装库，这时可在 PCB 文件中直接使用该封装库中的符号。本例采用这种方法，前提是 PCB 文件和 PCB 封装库必须在同一个 ddb 设计数据库中。

4．装入网络表

装入网络表，实际上就是将原理图中元器件对应的封装和各元器件之间的连接关系装入到 PCB 设计系统中。

在 PCB 文件中执行菜单命令 Design | Load Nets，在弹出的"Load/Forward Annotate Netlist（装入网络表）"对话框中单击"Browse"按钮，选择根据原理图创建的网络表文件，在确定无错误后，单击"Execute"按钮，将元器件封装和连接关系装入到 PCB 文件中，如图 13.24 所示。

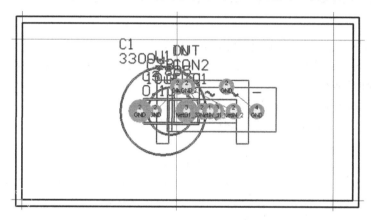

图 13.24　装入网络表后的 PCB 图

5．元器件布局

（1）元器件的自动布局。执行菜单命令 Tools | Auto Placement | Auto Placer，在 Auto Place 自动布局对话框中选择群集式布局方式，布局后的效果如图 13.25 所示。

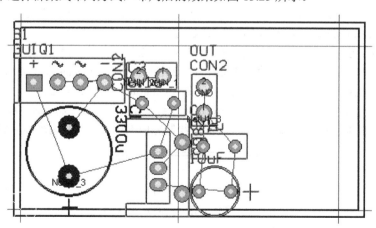

图 13.25　自动布局后的效果

（2）手工调整布局。如图 13.25 所示，自动布局后的效果不能直接使用，在手工调整布局时要考虑既要保证电路功能和性能指标的实现，又要满足工艺、检测、维修方面的要求，同时还要适当兼顾美观，如元器件排列整齐，疏密得当等。

本例中，布局时应考虑的问题如下。

① 应该按照信号流向进行布局。因为输入是交流，输出是直流，所以输入、输出的位置应尽量远。

② 因为 7805 有散热片，在设计其位置时要考虑对其他元器件的影响。

③ 要考虑元器件之间的连线尽量短。

④ 隐藏所有元器件标注。

根据以上考虑，调整后的元器件布局如图 13.26 所示。

在调整元器件布局时应注意要按照飞线的指示摆放元器件，尽量减少飞线的交叉。

图 13.26 中所有元器件标注均被隐藏，隐藏的操作方法是：双击任一元器件封装符号，系统弹出"Component（元器件）"属性对话框，在对话框中选择 Comment 选项卡，在图中选中 Hide 复选框，如图 13.27 所示。

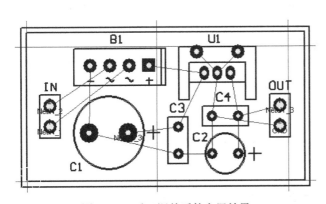

图 13.26 手工调整后的布局效果

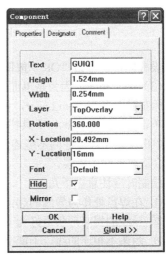

图 13.27 在 Comment 选项卡中选中 Hide 复选框

在图 13.27 中单击"Global"按钮，设置全局修改，如图 13.28 所示。

按图 13.28 所示进行设置，而后单击"OK"按钮，则所有元器件标注均被隐藏。

6. 布线

（1）布线方法。布线方法有多种，如完全手工布线、完全自动布线、自动布线后进行手工调整等。本例因为布线较少，可以采用完全手工布线的方法。

（2）设置布线规则。本例虽然是手工布线，但要最大限度利用系统提供的各项功能，以简化操作。

这里只须设置线宽规则，本例设置线宽的考虑因素：

① 因为是电源电路，铜膜导线应尽可能宽。

② TO-220 封装的 7805 最大输出电流在 1A 左右。

在工程中，一般遵循 1mm 线宽的铜箔允许通过 1A 电流的规则。本例中结合印制电路板的实际情况（印制电路板尺寸较大，有较大的布线空间），可以选择线宽为 2mm。

设置方法：在 PCB 文件的工作窗口，按 Q 键将计量单位改为公制（mm）。

执行菜单命令 Design | Rules，在弹出的"Design Rules（设计规则）"对话框中选择 Routing 选项卡，在 Routing 选项卡中选择 Width Constraint（设置布线宽度）选项，设置布线宽度为 2mm，如图 13.29 所示。

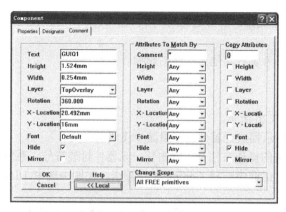

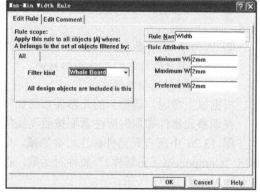

图 13.28　设置全局修改参数　　　　　　图 13.29　设置 Minimum Width、Maximum

Width 和 Preferred Width 均为 2mm

设置完毕，单击"OK"按钮，返回上一级对话框，单击"Close"按钮关闭该对话框即可。

（3）手工布线。因为是单面板，全部走线都在 Bottom Layer。在屏幕下方的工作层标签中，用鼠标左键单击 Bottom Layer，使其设置为当前层。

单击 Placement Tools 工具栏中的交互式布线按钮 ，按照飞线的指示进行布线。如果在绘制过程中出现两个焊盘之间不能连线，说明这两个焊盘之间没有飞线连接，此时千万不能强行连接，否则会造成连线的错误。

绘制时应注意以下几点。

① 在焊盘处作为导线的起点或终点时，都应在焊盘中心位置开始或结束绘制。

② 导线的拐弯形状最好为 45°角。

③ 两条不相连的线，不能交叉。

第一步：在留出 GND 的空间后，先绘制各信号线，如图 13.30 所示。

第二步：绘制接地线。接地线应是印制板中最粗的线，有条件的地方应使用矩形填充或多边形填充。特别是 7805 散热片下铜箔面积应尽量大，可以加强散热效果。图 13.31 是使用了矩形填充后的情况。

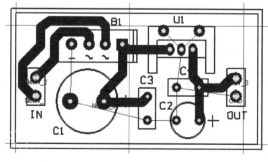
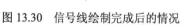

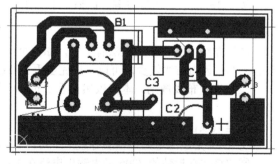

图 13.30　信号线绘制完成后的情况　　　　图 13.31　绘制了大部分接地线后的情况

图 13.31 中放置矩形填充的操作如下。

单击 Placement Tools 工具栏中绘制矩形填充按钮 ，按 Tab 键系统弹出矩形填充属性对话框，在对话框中设置矩形填充的网络连接为 GND，如图 13.32 所示。设置完毕单击"OK"按钮，分别在矩形填充的两个对角线位置单击鼠标左键，则可放置好一个矩形填充。图 13.31 中的接地部分由 4 个矩形填充组成。

　　继续用交互式布线工具连接所有未连接的线路，在图 13.33 中，所有未与接地网络连接的焊盘均被连接，因此所有飞线均不显示了。

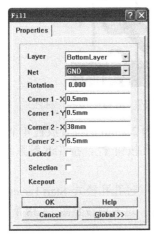

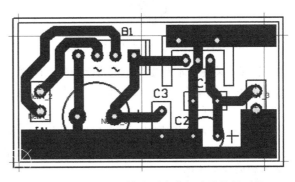

图 13.32　设置矩形填充的网络连接为 GND　　　　　图 13.33　补齐所有未与地连接的网络

　　在图 13.34 中，将两个矩形填充结合部的直角连接改为 45°角连接，方法是在两个矩形填充之间再放置一个 45°角的矩形填充。45°角矩形填充的属性设置如下，在矩形填充对话框中，设置 Rotation（旋转角度）属性为 45°，如图 13.35 所示。

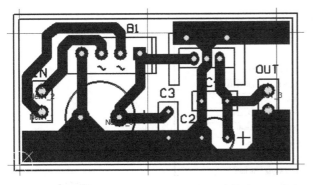

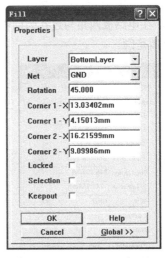

图 13.34　改变两个矩形填充之间的直角连接为 45°角　　图 13.35　将矩形填充设置为 45°角放置

　　通过图 13.35 的设置后，绘制的矩形填充如图 13.36 所示。

　　将 45°角置的矩形填充放到图 13.33 中，则出现图 13.34 所示效果。

7．标注与放置安装孔

　　（1）标注。对输出端进行标注。标注字符应放置在 Top Overlay 工作层。

　　① 用鼠标左键单击 Top Overlay 工作层标签，将 Top Overlay 设置为当前层。

　　② 用鼠标左键单击 Placement Tools 工具栏中的放置文字标注按钮 **T**，对输出端进行标注，如图 13.37 所示。

图13.36　45°角放置的矩形填充　　　　图13.37　对输出端进行标注

（2）放置安装孔。本例要求在电路板四角距两侧边分别为2.2mm的位置放置4个安装孔。

① 用鼠标左键单击Placement Tools工具栏中的放置过孔按钮，按Tab键系统弹出"Via（过孔）"属性对话框。

② 在"Via对话框中对Diameter（过孔外径）、Hole Size（过孔孔径）、Start Layer（过孔起始工作层）、End Layer（过孔终止工作层）和Net（连接的网络）这5项按照图13.38所示进行设置（一定要设置网络为接地）。

③ 设置完毕按要求在四角分别放置4个过孔。

④ 用鼠标左键单击Top Overlay工作层标签，将Top Overlay设置为当前层，用鼠标左键单击Placement Tools工具栏中的绘制圆按钮，按Tab键系统弹出"Arc"属性对话框。

⑤ 在"Arc"属性对话框中对Layer（工作层）、Net（连接网络）、Radius（圆的半径）这3项按照图13.39所示进行设置，其中半径的值应为过孔孔径的一半。

⑥ 在电路板四角与过孔为同心的位置分别放置4个圆，如图13.40所示。图中中心图形是过孔，外围是圆。

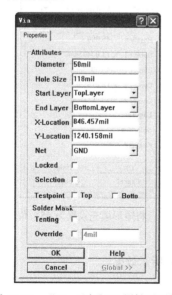

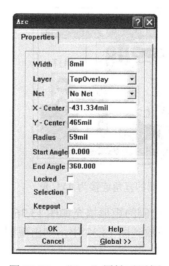

图13.38　"Via（过孔）"属性对话框　　图13.39　"Arc"属性对话框　　图13.40　放置好的螺丝孔

图13.41是设计完成的PCB图。在图13.41中，左上角的安装孔因为不能与GND网络相连，可以将该过孔的Net值设置No Net，不与任何网络相连。

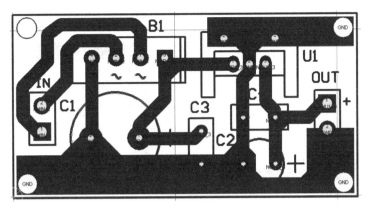

图 13.41　绘制完成的 PCB 图

13.2.5　原理图与 PCB 图的一致性检查

检查思路是分别根据原理图和印制电路板图产生两个网络表文件，再利用系统提供的网络表比较功能检查两图是否一致。

1．根据印制板图产生网络表文件

在 PCB 文件中执行菜单命令 Design | Netlist Manager，系统弹出 "Netlist Manager（网络列表管理器）" 对话框，如图 13.42 所示。

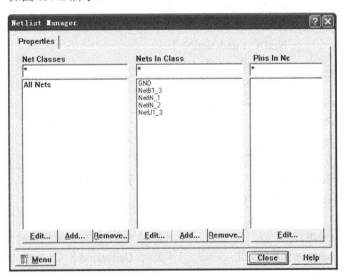

图 13.42　 "Netlist Manager（网络列表管理器）" 对话框

在图 13.42 中用鼠标左键单击左下角的 "Menu" 按钮，在弹出的子菜单中选择 Create Netlist From Connected Copper，如图 13.43 所示。

系统弹出要求确认是否根据当前打开的 PCB 文件产生网络表对话框，选择 Yes，即可产生网络表文件，该网络表的主文件名为 Generated+PCB 的主文件名，扩展名为.net。

2．对两个网络表文件进行比较

打开原理图文件，执行菜单命令 Reports | Netlist Compare，系统弹出选择网络表对话框，如

图 13.44 所示。

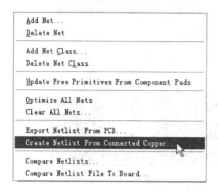

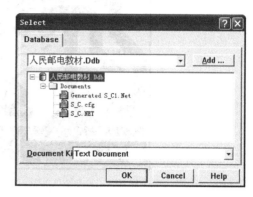

图 13.43　在子菜单中选择 Create Netlist From
Connected Copper

图 13.44　选择网络表对话框

　　选择根据原理图产生的网络表文件 S_C.NET，单击"OK"按钮，系统仍弹出图 13.44 所示对话框，再选择根据印制电路板图产生的网络表文件 Generated S_C1.Net，单击"OK"按钮，系统产生网络表比较文件 S_C.Rep。

　　以下是网络表比较文件 S_C.Rep 的内容。

```
两个网络表中互相匹配的网络：
Matched Nets          NetU1_3 and NetU1_3
Matched Nets          NetIN_2 and NetIN_2
Matched Nets          NetIN_1 and NetIN_1
Matched Nets          NetB1_3 and NetB1_3
Matched Nets          GND and GND
-----------------------------------------------
Total Matched Nets                    = 5   //互相匹配网络统计
Total Partially Matched Nets          = 0   //不匹配网络统计

Total Extra Nets in S_C.NET           = 0   //多余网络统计
Total Extra Nets in Generated S_C1.NET = 0

Total Nets in S_C.NET                 = 5   // S_C.NET 中的网络总数
Total Nets in Generated S_C1.NET      = 5   // Generated S_C1.NET 中的网络总数
-----------------------------------------------
```

比较结果，两个图完全相同。

▐▶ 13.3　双面印制电路板设计实例

　　本节的任务是完成单片机控制电路图和印制电路板图的绘制，印制电路板要求如下。
　　（1）印制板尺寸：宽（74mm）、高（54mm），安装孔位置见图 13.45（尺寸单位：mm）。

（2）绘制双面板。

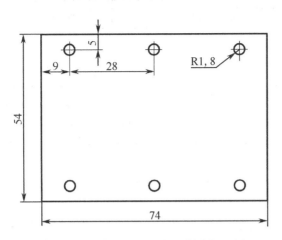

图 13.45 单片机控制电路印制板尺寸要求

（3）信号线宽为 15mil。

（4）接地网络和 VCC 的网络线宽为 40mil。

（5）从 J3 到三端稳压器 V1 输入端线宽为 60mil。

（6）分别在 Top Layer 和 Bottom Layer 对电路板进行整板铺铜。

单片机控制电路如图 13.46 所示，表 13.2 是该电路图所有元器件的属性列表。

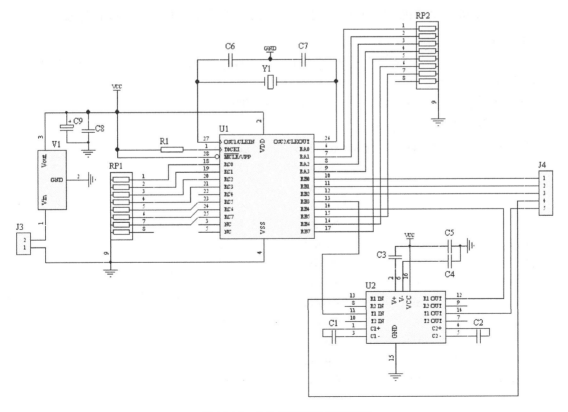

图 13.46 单片机控制电路原理图

表 13.2 单片机控制电路图元器件属性列表

Lib Ref（元器件名称）	Designator（元器件标号）	Part（元器件标注）	Footprint（元器件封装）
CON2	J3		待定
CON5	J4		待定
VOLTREG	V1		待定
CAP	C1～C8		待定
ELECTRO1	C9		待定
RES2	R1		待定
自制	RP1、RP2		待定
自制	U1		待定
自制	U2		待定
CRYSTAL	Y1		待定
元器件库：Miscellaneous Devices.ddb			

本例电路图中隐去了所有元器件标注。

在 Protel 99 SE 中新建一个设计数据库，如"单片机控制电路.ddb"，将本节所建文件均保存在该设计数据库中。

13.3.1 绘制原理图元器件符号

在图 13.46 所示的电路图中， RP1（RP2）、U1、U2 三个符号需自行绘制，以下分别进行介绍。

1. 绘制 U2

在"单片机控制电路.ddb"中新建一个原理图元器件库文件，在靠近坐标原点（十字中心）位置按图 13.47 所示绘制 U2。

矩形轮廓：高（7 格），宽（11 格），栅格尺寸为 10mil。

引脚参数如下：

Name	Number	Electrical Type	Length
C1+	1	Passive	30
V+	2	Passive	30
C1−	3	Passive	30
C2+	4	Passive	30
C2−	5	Passive	30
V−	6	Passive	30
T2 OUT	7	Passive	30
R2 IN	8	Passive	30
R2 OUT	9	Passive	30
T2 IN	10	Passive	30
T1 IN	11	Passive	30
R1 OUT	12	Passive	30
R1 IN	13	Passive	30
T1 OUT	14	Passive	30

| GND | 15 | Passive | 30 |
| VCC | 16 | Passive | 30 |

绘制完毕，重新命名并保存。

2．绘制电阻排 RP1、RP2

在原理图元器件库文件中执行菜单命令 Tools | New Component，新建一个元器件符号画面。以下每个元器件符号的绘制，都要新写一个元器件符号画面。

RP1、RP2 可以通过修改 Miscellaneous Devices.ddb 元器件符号库中提供的电阻排符号 RESPACK4 获得。操作思路是先将系统提供的符号复制到自己建的器件库文件中，再对其进行修改。

（1）将 RESPACK4 符号复制到自己建的原理图元器件库文件中，如图 13.48 所示。

（2）修改 RESPACK 符号。按图 13.49 所示进行修改，修改完毕重新命名并保存。

引脚参数如下：

Name	Number	Electrical Type	Length
1	1	Passive	30
2	2	Passive	30
...			
9	9	Passive	30

引脚修改完毕，隐藏每个引脚的引脚名。

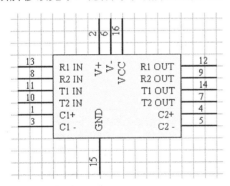

图 13.47 电路符号 U2

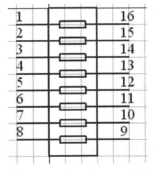

图 13.48 打开的 RESPACK 符号画面

3．绘制 U1

在原理图中新建一个画面，按图 13.50 所示绘制 U1。

矩形轮廓：高（14 格），宽（13 格），栅格尺寸为 10mil。

引脚参数如下：

Name	Number	Electrical Type	Length	CLK Dot
TOCKI	1	Passive	30	√
VDD	2	Power	30	
NC	3	Passive	30	
VSS	4	Power	30	
NC	5	Passive	30	
RA0	6	Passive	30	
RA1	7	Passive	30	

RA2	8	Passive	30	
RA3	9	Passive	30	
RB0	10	Passive	30	
RB1	11	Passive	30	
RB2	12	Passive	30	
RB3	13	Passive	30	
RB4	14	Passive	30	
RB5	15	Passive	30	
RB6	16	Passive	30	
RB7	17	Passive	30	
RC0	18	Passive	30	
RC1	19	Passive	30	
RC2	20	Passive	30	
RC3	21	Passive	30	
RC4	22	Passive	30	
RC5	23	Passive	30	
RC6	24	Passive	30	
RC7	25	Passive	30	
OSC2/CLKOUT	26	Passive	30	
OSC1/CLKIN	27	Passive	30	√
$\overline{\text{MCLR}}$/VPP	28	Passive	30	√

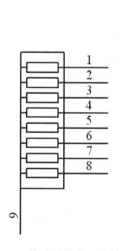

图 13.49　修改后的电阻排符号

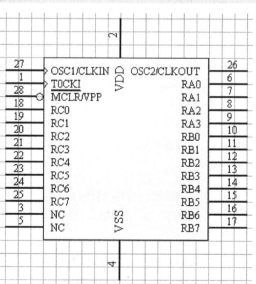

图 13.50　电路符号 U1

在放置第 1、第 27 引脚时，应选中"Pin"属性对话框中的时钟标志 CLK。

第 28 引脚的属性设置如图 13.51 所示，其中引脚名 Name 中应在字母 M 的后面输入一个反斜杠"\"，在 C、L、R 三个字母后面同样分别输入反斜杠"\"，引脚名中则显示如图 13.50 中所示的取反标志。

绘制完毕，重新命名并保存。

13.3.2　确定并绘制元器件封装符号

在"单片机控制电路.ddb"中新建一个元器件封装库文件，在该文件中绘制本节所有需要绘制的封装符号。

1. 电容 C1～C8 封装

C1～C8 均为无极性电容，可直接使用系统提供的 RAD0.1，只是将焊盘的孔径加大到 31mil 即可。

2. 电解电容 C9 封装

电解电容封装已在 13.2.2 中介绍，这里只给出确定后的电解电容 C9 封装参数。

① 元器件引脚间距离为 200mil。

② 引脚孔径为 31mil，则焊盘直径为 82mil。

③ 元器件轮廓：半径为 150mil。

④ 与元器件电路符号引脚之间的对应：焊盘号分别为 1、2，1#焊盘为正。

在自己建的 PCB 封装库文件中按图 13.52 所示绘制 C9 封装，封装轮廓在 Top Overlay 工作层绘制，焊盘属性见图 13.53 所示，正极标志在 1#焊盘附近。

绘制完毕，重新命名并保存。

3. 连接器 J3 封装

因为连接器 J3 在输入端，输入的是电源信号，电流较大，所以采用 3.96mm 两针连接器，将 3.96mm Connectors.ddb 中的 3.96mm 两针连接器封装 MT6CON2V 符号复制到自己建的 PCB 封装库文件中，按图 13.54 所示进行修改，图 13.55 所示是焊盘的属性设置。

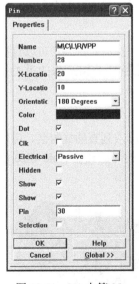

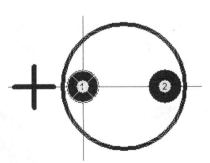

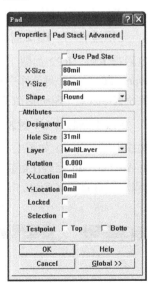

图 13.51　U1 中第 28　　　　图 13.52　电解电容 C9　　　　图 13.53　电解电容 C9
引脚属性设置　　　　　　　　　　　　　　　　　　焊盘属性设置

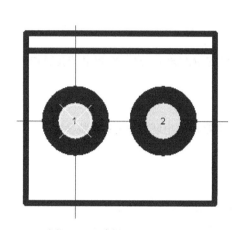

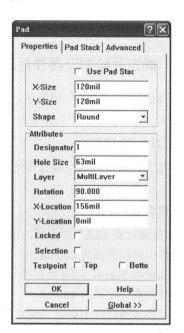

图 13.54　连接器 J3 封装符号　　　　　图 13.55　连接器 J3 焊盘属性设置

绘制完毕，重新命名并保存。

4. 连接器 J4 封装

连接器 J4 是 2.54mm 五针连接器，可以直接采用 Advpcb.ddb 元器件封装库中提供的 SIP5，只是需要将 SIP5 的焊盘孔径 Hole Size 修改为 35mil，焊盘直径 X-Size、Y-Size 修改为 70mil。

5. 电阻 R1 封装

电阻 R1 是卧式安装，可以直接采用 Advpcb.ddb 元器件封装库中提供的 AXIAL0.4。

6. 电阻排 RP1、RP2 封装

电阻排 RP1、RP2 如图 13.56 所示。从图中可以看出电阻排是单列直插式封装，可以直接采用 Advpcb.ddb 元器件封装库中提供的 SIP9，只是需要将 SIP9 的焊盘孔径 Hole Size 修改为 31mil，焊盘直径 X-Size、Y-Size 修改为 62mil。

7. 集成电路芯片 U1 封装

集成电路芯片 U1 如图 13.57 所示。从图中可以看出，U1 是 28 引脚双列直插式封装，可以直接使用 Advpcb.ddb 元器件封装库中提供的 DIP28，只是需要将 DIP28 的焊盘孔径 Hole Size 修改为 31mil，焊盘直径 X-Size、Y-Size 修改为 62mil。

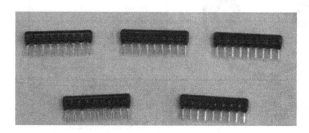

图 13.56　单列直插式电阻排　　　　　图 13.57　集成电路芯片 U1

8. 集成电路芯片 U2 封装

集成电路芯片 U2 也是双列直插式封装，可以直接使用 Advpcb.ddb 元器件封装库中提供的 DIP16，只是需要将 DIP16 的焊盘孔径 Hole Size 修改为 31mil，焊盘直径 X-Size、Y-Size 修改为 62mil。

9. 三端稳压器 V1 封装

本例中三端稳压器 V1 是卧式安装，如图 13.58 所示。这种安装方式占用空间较大，系统在 Advpcb.ddb 元器件封装库中已经提供了这种安装方式对应的封装符号 TO-220，如图 13.59 所示。

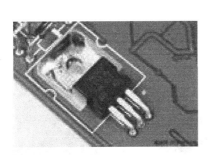

图 13.58 三端稳压器卧式安装图

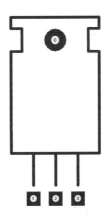

图 13.59 TO-220 封装符号

将图 13.59 中的焊盘参数稍加修改即可使用。其中 1#、2#、3#焊盘的参数修改如图 13.60 所示。

图 13.59 中散热片上 0#焊盘参数修改如图 13.61 所示，其中焊盘号应设置为 2，与图 13.59 三个焊盘的中间焊盘相连，焊盘孔径和焊盘直径设置为一致。

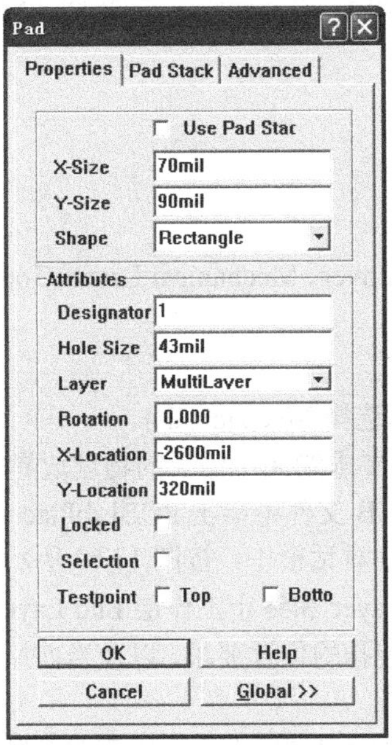

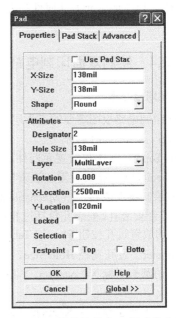

图 13.60 TO-220 封装符号中 1#、2#、
3#焊盘的参数修改

图 13.61 TO-220 封装符号中 0#焊盘的参数修改

修改后的 TO-220 封装符号如图 13.62 所示，图中散热片上大焊盘外围的圆是利用 PcbLibPlacementTools 工具栏上的绘制圆按钮 在 Top Overlay 工作层上绘制的，圆的半径 Radius 是 80mil。

在自己建的 PCB 封装库文件中新建一个画面，将 Advpcb.ddb 元器件封装库中的 TO-220 符号复制到以上新建的封装画面中进行修改，修改后重新命名并保存。

10. 晶振 Y1 封装

晶振 Y1 如图 13.63 所示，本例所采用晶振的封装可以直接使用 Advpcb.ddb 元器件封装库中的 XTAL1。

图 13.62　修改后的 TO-220 封装符号　　　　图 13.63　晶振

13.3.3　绘制原理图与创建网络表

根据表 13.2 所示元器件属性列表绘制图 13.46 所示电路图。绘制完毕，创建图 13.46 对应的网络表文件。

13.3.4　绘制双面印制电路板图

1. 规划电路板

双面印制电路板图需要的工作层有：Top Layer、Bottom Layer、Mechanical Layer、Top Overlay、Multi Layer、KeepOut Layer。

其中 Top Layer 不仅放置元器件，还要进行布线。

Mechanical Layer 的设置方法请参见"10.1.4"节，本例选择 Mechanical 4。

（1）绘制物理边界。在 Mechanical 4 按印制电路板尺寸要求绘制电路板的物理边界。

（2）绘制安装孔。安装孔包括过孔和过孔外围的圆。在 PCB 文件中单击 PCBLibPlacementTools 工具栏中的放置过孔按钮 ，按 Tab 键在弹出的"Via"属性对话框中，按图 13.64 所示设置过孔外径 Diameter、过孔孔径 Hole Size、过孔开始工作层 Start Layer 和终止工作层 End Layer 属性。

过孔的圆心坐标 X-Location、Y-Location 要严格按照安装孔的位置要求，以及当前原点的位置进行设置。

将当前工作层设置为 KeepOut Layer，单击 PCBLibPlacementTools 工具栏中的绘制圆按钮 ，在放置过孔的位置绘制一个与过孔孔径相等的同心圆。

（3）绘制电气边界。将当前工作层设置为 KeepOut Layer。在物理边界的内侧绘制电气边界，绘制完成的效果如图 13.65 所示，图中外围是物理边界，内侧是电气边界。

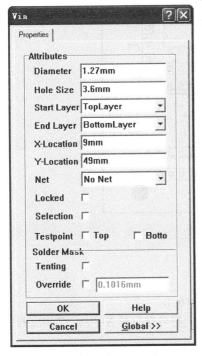

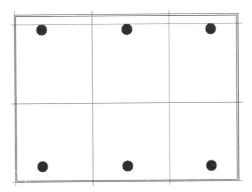

图 13.64　安装孔（过孔）的属性设置　　图 13.65　物理边界、电气边界和安装孔绘制完成后的情况

2. 装入网络表

（1）加载元器件封装库。本例所需的元器件封装库一个是系统提供的 Advpcb.ddb，另一个是自己建的元器件封装库。对于系统提供的元器件封装库 Advpcb.ddb，如果没有加载，参见"10.1.5"节中介绍的方法进行加载。对于自己建的元器件封装库，只要在设计数据库文件（.ddb 文件）中打开即可使用。

（2）装入网络表。在 PCB 文件中执行菜单命令 Design | Load Nets，将根据原理图产生的网络表文件装入到 PCB 文件中。

3. 元器件布局

为布局方便，先将所有元器件封装符号移出印制电路板边界，选中所有元器件封装符号并拖曳，即可将所有元器件封装符号移到印制电路板边界之外。

本例的元器件布局应注意以下三点。

（1）连接器 J3 输入的是电源信号，连接器 J4 输出的是单片机控制信号，两者应尽量远离，最好放置在电路板的两侧。

（2）本例电路的核心元器件是 U1，在布局时应先将 U1 放置到合适位置，其他元器件围绕 U1 进行放置，这是有核心元器件的布局原则。

（3）晶振 Y1 和晶振电路中的电容 C6、C7 的位置应尽量离 U1 较近。

按照以上原则，逐一将元器件封装符号拖入印制板边界相应位置，图 13.66 是完成布局后的情况。

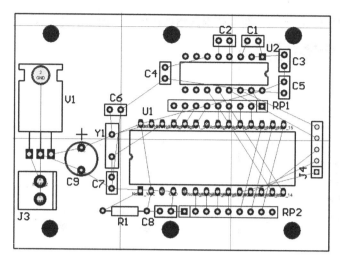

图 13.66　完成布局后的情况

4．布线

（1）调整焊盘参数。

① 调整 C1～C8 的焊盘，将焊盘孔径 Hole Size 设置为 31mil。

② 调整 J4 的焊盘，将焊盘孔径 Hole Size 设置为 35mil，将焊盘直径 X-Size、Y-Size 设置为 70mil。

③ 调整 RP1、RP2 的焊盘，将焊盘孔径 Hole Size 设置为 31mil，将焊盘直径 X-Size、Y-Size 设置为 62mil。

④ 调整 U1 的焊盘，将焊盘孔径 Hole Size 设置为 31mil，将焊盘直径 X-Size、Y-Size 设置为 62mil。

⑤ 调整 U2 的焊盘，将焊盘孔径 Hole Size 设置为 31mil，将焊盘直径 X-Size、Y-Size 设置为 62mil。

（2）设置布线规则。根据要求，本例的信号线宽是 15mil，GND 网络线宽是 40mil，VCC 网络线宽是40mil，从 J3 的第 2 引脚到三端稳压器输入第 1 引脚的线宽是 60mil，设置后的规则如图 13.67 所示。

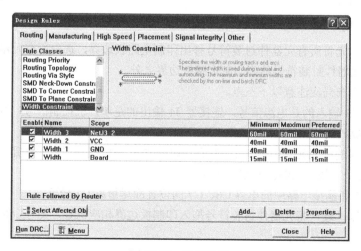

图 13.67　设置线宽

（3）手工布线。本例要求设计双面板。双面板对布线的要求是 Top Layer 和 Bottom Layer 都要走线，布线原则是两层的布线走向应互相垂直，即 Top Layer 如果多数是垂直方向走线，则 Bottom Layer 应多数是水平方向走线，或反之。

本例采用 Top Layer 为垂直布线，Bottom Layer 为水平布线。

将当前工作层设置为 Top Layer，按照飞线指示进行布线，图 13.68 所示是完成了大部分顶层布线后的情况。

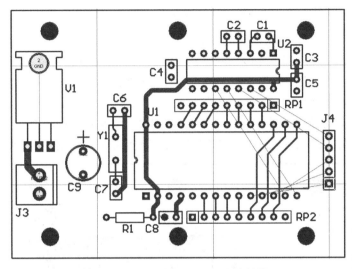

图 13.68　绘制了大部分顶层布线的情况

再将当前工作层设置为 Bottom Layer，按照飞线指示进行布线，图 13.69 所示是完成了大部分底层布线后的情况。

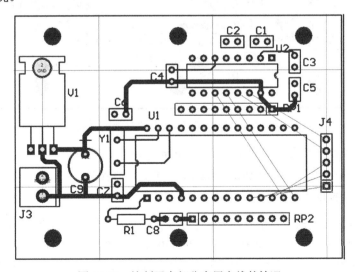

图 13.69　绘制了大部分底层布线的情况

在图 13.68 和图 13.69 中布线的特点是每条连线都只在同一层绘制，要么在 Top Layer，要么在 Bottom Layer。但是由于板面问题有时候在同一连接线中水平走线要在底层绘制，而垂直走线要在顶层绘制，底层和顶层之间需要通过过孔连接，如图 13.70 所示。图 13.70 中水平导线在底层绘制，垂直导线在顶层绘制，中间是过孔。图 13.68 和图 13.69 中没有绘制的线就需要这样的连接。

图 13.70　顶层和底层导线通过过孔连接

下面介绍图 13.70 所示导线的绘制方法。

在 Bottom Layer 绘制一条水平线，在水平线终点位置（需要换层的位置）按小键盘的*键，此时仍处于画线状态，而当前工作层变为 Top Layer，单击鼠标左键则在水平线终点位置出现一个过孔，继续画线操作，此时是在 Top Layer 画线，直到完成这一条线的绘制工作。

按照以上介绍的方法，绘制图 13.68、图 13.69 中没有绘制的需要通过过孔连接的线，结果如图 13.71 所示。在图 13.71 通过过孔连接的线中，水平线仍在底层绘制，垂直线仍在顶层绘制。

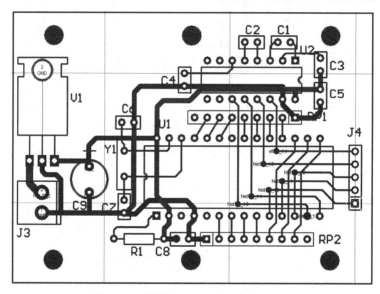

图 13.71　绘制需要通过过孔连接的导线

注：小键盘*键的作用是在 Top Layer 和 Bottom Layer 之间切换。

小键盘+键和-键的作用是依次切换工作层标签中显示的各层。

5. 铺铜（多边形填充）

（1）在三端稳压器的散热片位置放置矩形单层焊盘。将当前工作层设置为 Top Layer，单击 PlacementTools 工具栏中的放置焊盘按钮 ，按 Tab 键，系统弹出"Pad"属性对话框，在对话框中设置焊盘的形状为矩形，焊盘的尺寸如图 13.72 中 Properties 选项卡中 X-Size、Y-Size、Hole Size 所示，其中焊盘孔径要设置为 0，焊盘所在工作层要选择 Top Layer（即单层焊盘），焊盘接入网络应选择 GND，如图 13.72 所示 Advanced 选项卡中的 Net 选项。

按图 13.72 所示设置焊盘的属性后，将焊盘放置到三端稳压器 V1 的散热片位置，如图 13.73 所示。

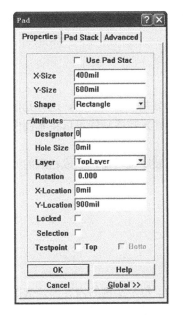

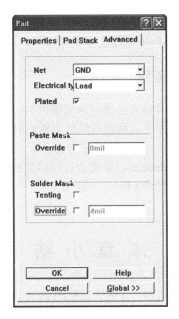

图 13.72　矩形焊盘属性设置

图 13.73　单层矩形焊盘放置到
三端稳压器 V1 的散热片位置

（2）进行整板铺铜。将当前工作层设置为 Top Layer，单击 PlacementTools 工具栏中的多边形平面填充按钮 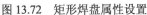，按图 13.74 进行设置后，对电路板进行整板铺铜。将当前工作层设置为 Bottom Layer，按上述方法再绘制一次多边形填充，注意此时 Layer 工作层应选择 Bottom Layer，则完成了整板铺铜。

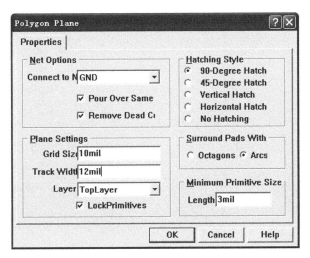

图 13.74　多边形填充属性设置对话框

根据"13.2.5"节介绍的方法检查原理图与 PCB 图的一致性。

13.3.5　印制电路板图的单层显示

在图 13.68 和图 13.69 中都是只显示了一个工作层的布线，这就是印制板图的单层显示。

在 PCB 文件中执行菜单命令 Tools | Preferences，系统弹出"Preferences"对话框，从中选择 Display 选项卡，选中 Single Layer Mode 单层显示模式即可。

13.3.6 创建项目元件封装库

本例中，一部分元器件封装符号是直接使用系统提供的，另一部分是自己绘制的，这些元器件封装符号分别放置在不同的封装库中，利用系统提供的创建项目元件封装库功能可以将本例中所有封装符号放置到一个封装库中，为设计提供了方便。

执行菜单命令 Design | Make Libraries，系统会自动切换到元件封装库编辑器，生成相应的元件封装库，文件名称为"PCB 主文件名.Lib"。

本 章 小 结

本章通过两个来自生产一线的实例，介绍了完整的 PCB 设计过程。每个实例的内容都是依据企业设计流程，逐一介绍设计方法和操作步骤，落实设计要求的。特别是在实例中详细介绍了所有元器件封装的确定方法，还介绍了一些在实际 PCB 设计中经常采用的操作，如对矩形填充后直角的处理等。在设计过程中还介绍了原理图与 PCB 一致性检查的方法，以及创建项目元件封装库的操作。这一章是对全书的总结。

附录 A　常用元件符号的元件名与所在元件库

名　称	元 件 符 号	元件名（Lib Ref）	元 件 库
电阻		RES2	Miscellaneous Devices.ddb
		RES1	Miscellaneous Devices.ddb
普通电容		CAP	Miscellaneous Devices.ddb
可调电容		CAPVAR	Miscellaneous Devices.ddb
电池		BATTERY	Miscellaneous Devices.ddb
二极管硅桥		BRIDGE1	Miscellaneous Devices.ddb
晶振		CRYSTAL	Miscellaneous Devices.ddb
九针连接器		DB9	Miscellaneous Devices.ddb
二极管		DIODE	Miscellaneous Devices.ddb
电解电容		ELECTRO1	Miscellaneous Devices.ddb
		ELECTRO2	Miscellaneous Devices.ddb
保险		FUSE1	Miscellaneous Devices.ddb
电感		INDUCTOR	Miscellaneous Devices.ddb
		INDUCTOR2	Miscellaneous Devices.ddb
指示灯		LAMP	Miscellaneous Devices.ddb
发光二极管		LED	Miscellaneous Devices.ddb
NPN 三极管		NPN	Miscellaneous Devices.ddb
		NPN1	Miscellaneous Devices.ddb

（续表）

名　称	元 件 符 号	元件名（Lib Ref）	元 件 库
光敏二极管		PHOTO	Miscellaneous Devices.ddb
PNP 三极管		PNP	Miscellaneous Devices.ddb
		PNP1	Miscellaneous Devices.ddb
可调电阻		POT1	Miscellaneous Devices.ddb
		POT2	Miscellaneous Devices.ddb
可控硅		SCR	Miscellaneous Devices.ddb
扬声器		SPEAKER	Miscellaneous Devices.ddb
开关		SW SPST	Miscellaneous Devices.ddb
		SW-PB	Miscellaneous Devices.ddb
变压器		TRANS1	Miscellaneous Devices.ddb
三端稳压器		VOLTREG	Miscellaneous Devices.ddb
稳压管		ZENER2	Miscellaneous Devices.ddb
555 元件		555	Protel DOS Schematic Libraries.ddb（Protel DOS SchematicLinear.Lib）
运算放大器		741	Protel DOS Schematic Libraries.ddb（Protel DOS Schematic Operational Amplifiers.Lib）
		1458	Protel DOS Schematic Libraries.ddb（Protel DOS Schematic Operational Amplifiers.Lib）
与非门		4011	Protel DOS Schematic Libraries.ddb（Protel DOS Schematic 4000 CMOS.Lib）

（续表）

名　称	元　件　符　号	元件名（Lib Ref）	元　件　库
与非门		74LS00	Protel DOS Schematic Libraries.ddb （Protel DOS Schematic TTL.Lib）
非门		4069	Protel DOS Schematic Libraries.ddb （Protel DOS Schematic 4000 CMOS.Lib）
		74LS04	Protel DOS Schematic Libraries.ddb （Protel DOS Schematic TTL.Lib）

参 考 文 献

[1] 谢淑如. Protel 99 SE 电路板设计. 北京：清华大学出版社，2001.

[2] 江思敏. Protel 电路设计教程. 北京：清华大学出版社，2002.

[3] 清源计算机工作室. Protel 99 SE 原理图与 PCB 设计. 北京：机械工业出版社，2004.

[4] 余家春. Protel 99 SE 电路设计实用教程[M]. 北京：中国铁道出版社，2004.

[5] 朱凤芝. 计算机辅助设计——电子 CAD 使用教程. 内部资料.

[6] 夏路易. 电路原理图与电路板设计教程 Protel 99 SE. 北京：希望电子出版社.

[7] 及力. 电子 CAD 综合实训. 北京：人民邮电出版社，2010.